高职高专规划教材

环境工程施工技术

—— 第二版 ——

王怀宇　王惠丰　雷旭阳　主编

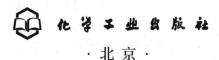

·北京·

内 容 提 要

全书分为两部分，共十三章。第一部分为环境工程图，主要介绍环境工程工艺图、环境工程建筑施工图、环境工程结构施工图。第二部分为环境工程施工，主要内容包括环境工程施工概述、环境工程施工管理、环境工程施工造价构成和计算、环境工程施工准备、环境土方工程及地基与基础工程施工、环境砌筑工程施工、钢筋混凝土结构工程施工、防腐及防水工程、环境设备安装工程施工、污水处理系统工程施工组织设计实例。

本书可作为高职高专环境工程、土建等专业师生的教材，也可供从事环境工程施工及相关专业的工作人员参考。

图书在版编目（CIP）数据

环境工程施工技术/王怀宇，王惠丰，雷旭阳主编．—2版．—北京：化学工业出版社，2020.9（2025.2重印）
高职高专规划教材
ISBN 978-7-122-37140-9

Ⅰ.①环… Ⅱ.①王…②王…③雷… Ⅲ.①环境工程-工程施工-高等职业教育-教材 Ⅳ.①X5

中国版本图书馆 CIP 数据核字（2020）第 091526 号

责任编辑：王文峡　　　　　　　　　　文字编辑：林　丹
责任校对：宋　玮　　　　　　　　　　装帧设计：史利平

出版发行：化学工业出版社（北京市东城区青年湖南街 13 号　邮政编码 100011）
印　　装：大厂回族自治县聚鑫印刷有限责任公司
787mm×1092mm　1/16　印张 17½　字数 446 千字　2025 年 2 月北京第 2 版第 7 次印刷

购书咨询：010-64518888　　　　　　　　售后服务：010-64518899
网　　址：http://www.cip.com.cn
凡购买本书，如有缺损质量问题，本社销售中心负责调换。

定　价：49.00 元　　　　　　　　　　　　　　　　　　　版权所有　违者必究

前　言

《环境工程施工技术》自 2009 年 1 月出版以来，受到广大读者的认可与支持。为了使该教材在论述的科学性、取材的广度性、内容的合理性等方面，更能适应高等职业技术教育迅速发展的需要以及职业院校对环境工程技术课程深化改革的要求，编者在广泛吸收读者意见和建议的基础上进行了修订再版。

由于环境工程施工技术课程是环保类专业的专业课程，因此该书的核心内容相对稳定，本书继续着重介绍环境工程施工技术规范、环境工程图纸的识读内容。教材删除了原书电器方面的内容，增加了环境工程造价和防腐内容，使该教材更能适应环境工程对施工人员的素质要求。

修订后的《环境工程施工技术》内容分为环境工程图和环境工程施工两部分内容，环境工程图部分共 3 章，环境工程施工部分共 10 章，配套了相应的图纸。

本书由邢台职业技术学院、沈阳工业大学和沈阳市环境保护工程设计研究院等行业技术人员共同编写。邢台职业技术学院王怀宇编写了第一~三章、第八~十章，沈阳工业大学王惠丰编写第四章、第五章、第七章，邢台职业技术学院雷旭阳编写了第六章、第十一章、第十二章，沈阳市环境保护工程设计研究院吴程阁编写了第十三章和附录。王怀宇负责全书的统稿工作。

由于编者水平有限，本书难免有不妥和疏漏之处，恳求读者批评与指正。

编　者

2020 年 4 月

第一版前言

环境工程施工是以环境工程设计方案为蓝本,利用各种工程技术方法和管理手段将环境工程的工程决策和设计方案转化为具体的环境保护工程设施的实施过程。作为环境工程决策与实施的重要过程,它不仅是环境工程设施质量和运行维护安全的基本保障,而且是环境工程项目进行成本控制的重要环节。

环境工程施工技术按照社会对环境治理人才的专业水平与能力要求编写。针对高职高专教育的特点和培养目标,注重理论和实践相结合,突出环境工程施工的专业素质和技能的培养;根据环境工程施工技术规范和要求及环境施工人员职业技能要求,重点介绍环境工程图纸的识读、施工和设备安装等技术。

全书由邢台职业技术学院、沈阳工业大学等院校部分教师和沈阳市环境保护工程设计研究院、沈阳华泰环保有限公司等行业技术人员共同编写。全书包括环境工程图和环境工程施工两篇,其中环境工程图篇包括四章,环境工程施工篇包括九章。王怀宇(邢台职业技术学院)编写第一篇的第一章,第二篇的第八章、第九章;王惠丰(沈阳工业大学)编写第二篇的第五章至第七章;张红军(沈阳华泰环保有限公司)编写第二篇的第十二章、第十三章;侯素霞(邢台职业技术学院)编写第二篇的第十章、第十一章;时金碧(邢台职业技术学院)编写第一篇的第二章、第三章;谭华(邢台职业技术学院)编写第一篇的第四章;吴程阁(沈阳市环境保护工程设计研究院)编写附录部分。王怀宇负责全书的统稿工作。

邢台职业技术学院张献奇教授对本书进行了全面审阅,并提出了很多宝贵意见,在此表示感谢!

由于编写时间和水平有限,书中不妥之处在所难免,真诚希望有关专家和读者批评指正。

编 者
2008 年 8 月

目 录

第一章 环境工程工艺图 …………………………………………………………… 1
第一节 制图基本规格 ………………… 1
一、图纸幅面 ……………………… 1
二、图纸标题栏与会签栏 ………… 2
三、比例 …………………………… 2
四、定位轴线 ……………………… 3
五、尺寸注法 ……………………… 3
六、标高 …………………………… 4
七、索引标志与详图标志 ………… 4
第二节 环境工程工艺构筑物工程图 … 4
一、池体 …………………………… 5
二、管廊 …………………………… 8
三、工艺构筑物的尺寸标注 ……… 9
复习思考题 …………………………… 10

第二章 环境工程建筑施工图 …………………………………………………… 11
第一节 概述 …………………………… 11
一、建筑物的设计程序 …………… 11
二、建筑物的分类和组成 ………… 11
三、建筑物施工图的内容 ………… 11
四、建筑施工图制图标准 ………… 12
五、阅读建筑工程图的方法 ……… 13
第二节 建筑总平面图 ………………… 14
一、建筑总平面图的形成和用途 … 14
二、建筑总平面图的图示方法 …… 15
三、建筑总平面图的图示内容 …… 15
四、建筑总平面图的阅读 ………… 16
第三节 建筑平面图 …………………… 17
一、建筑平面图的形成和用途 …… 17
二、建筑平面图的图示方法 ……… 17
三、建筑平面图的图示内容 ……… 18
第四节 建筑立面图 …………………… 18
一、建筑立面图的作用与命名方式 … 18
二、建筑立面图的图示内容 ……… 19
三、建筑立面图的读图步骤 ……… 19
第五节 建筑剖面图 …………………… 19
一、建筑剖面图的图示内容 ……… 19
二、建筑剖面图的阅读步骤 ……… 20
第六节 建筑详图 ……………………… 20
一、建筑详图的特点与分类 ……… 20
二、外墙身详图 …………………… 21
三、外墙身详图的阅读举例 ……… 21
复习思考题 …………………………… 23

第三章 环境工程结构施工图 …………………………………………………… 24
第一节 概述 …………………………… 24
一、结构施工图的内容和分类 …… 24
二、结构施工图的有关规定 ……… 24
三、结构施工图的识读和绘制 …… 26
第二节 钢筋混凝土结构的基本知识 … 27
一、钢筋混凝土构件简介 ………… 27
二、钢筋混凝土结构图的识读 …… 29
三、钢筋图的尺寸标注 …………… 30
四、配筋平面图的绘制 …………… 30
第三节 钢筋混凝土构件的平面整体表示法 ……………………………… 31
一、柱平法施工图制图规则 ……… 31
二、梁平法施工图制图规则 ……… 33
第四节 基础图 ………………………… 35
一、基础施工图的识图 …………… 35
二、识读基础平面图时要注意的几个方面 …………………………… 35
三、基础详图 ……………………… 36

第五节　钢结构图 ……………………… 37
　　　一、型钢及其连接 ………………… 37
　　　二、尺寸标注 ……………………… 41
　　　三、钢屋架施工图 ………………… 42
　　复习思考题 …………………………… 42

第四章　环境工程施工概述 ………………………………………………………………… 43
　　一、环境工程的定义 ………………… 43
　　二、环境工程的决策与实施 ………… 43
　　三、环境工程施工的内涵 …………… 43
　　四、环境工程施工的目标 …………… 44
　　五、环境工程施工的原则 …………… 44
　　六、环境工程施工的程序及内容 …… 44
　　复习思考题 …………………………… 45

第五章　环境工程施工管理 ………………………………………………………………… 46
　第一节　施工项目管理简介 …………… 46
　　一、施工项目管理的含义 …………… 46
　　二、施工项目管理的过程 …………… 46
　　三、施工项目管理的内容 …………… 48
　第二节　环境工程施工进度控制 ……… 48
　　一、施工进度目标分析 ……………… 49
　　二、施工进度控制的程序和内容 …… 49
　　三、施工进度控制的方法与措施 …… 51
　第三节　环境工程施工质量控制 ……… 51
　　一、施工质量控制概述 ……………… 51
　　二、施工质量控制的目标、原则 …… 52
　　三、施工质量控制过程 ……………… 52
　第四节　环境工程施工成本控制 ……… 54
　　一、施工成本控制概述 ……………… 54
　　二、施工成本控制的原则与依据 …… 55
　　三、施工成本控制的程序与手段 …… 55
　第五节　环境工程施工安全控制 ……… 57
　　一、环境工程施工安全控制概述 …… 57
　　二、环境工程施工安全控制的程序与
　　　　要求 ……………………………… 57
　　三、环境工程施工安全技术措施计划及其
　　　　实施 ……………………………… 58
　　复习思考题 …………………………… 60

第六章　环境工程施工造价构成和计算 …………………………………………………… 61
　第一节　概述 …………………………… 61
　第二节　设备及工器具购置费用的构成和
　　　　　计算 …………………………… 62
　　一、设备购置费的构成和计算 ……… 62
　　二、工具、器具及生产家具购置费的构成
　　　　和计算 …………………………… 65
　第三节　建筑安装工程费用的构成和计算 … 66
　　一、建筑安装工程费用的构成 ……… 66
　　二、按费用构成要素划分建筑安装费用项
　　　　目构成和计算 …………………… 66
　　三、按造价形成划分建筑安装工程费用项
　　　　目构成和计算 …………………… 71
　第四节　工程建设其他费用的构成和计算 … 75
　　一、建设用地费 ……………………… 75
　　二、与项目建设有关的其他费用 …… 78
　　三、与未来生产经营有关的其他费用 … 81
　第五节　预备费和建设期利息的计算 … 82
　　一、预备费 …………………………… 82
　　二、建设期利息 ……………………… 83
　第六节　环境工程项目投资估算 ……… 83
　　一、投资估算的概念及作用 ………… 83
　　二、投资估算的内容 ………………… 84
　　三、投资估算指标 …………………… 84
　　四、投资估算的常用编制方法 ……… 85
　　复习思考题 …………………………… 87

第七章　环境工程施工准备 ………………………………………………………………… 89
　第一节　施工准备概述 ………………… 89
　　一、施工准备的概念与意义 ………… 89
　　二、施工准备的分类 ………………… 89
　　三、施工准备工作的基本内容 ……… 89
　　四、施工准备的基本要求 …………… 90
　第二节　环境工程施工技术资料准备 … 91
　　一、图纸会审和设计交底 …………… 91
　　二、施工调查 ………………………… 93
　　三、编制施工组织设计 ……………… 94
　　四、编制施工图预算和施工预算

第三节　环境工程施工物资准备 …………… 96
　　一、施工物资准备的内容 ………………… 96
　　二、施工物资准备的程序 ………………… 97
　　三、物资准备的注意事项 ………………… 97
第四节　环境工程施工劳动组织准备 ………… 97
　　一、施工管理机构的建立 ………………… 98
　　二、建立施工班组 ………………………… 98
　　三、劳动力进场教育与技术培训 ………… 98
　　四、建立、健全施工管理制度 …………… 99
第五节　环境工程施工现场准备 ……………… 99
　　一、现场"三通一平" …………………… 99
　　二、现场勘测与测量 …………………… 100
　　三、搭建临时设施 ……………………… 100
　　四、现场物资准备 ……………………… 100
　　五、其他准备 …………………………… 101
复习思考题 ………………………………………… 101

第八章　环境土方工程及地基与基础工程施工 ………………………………………………… 102

第一节　工程施工土力学基础 ………………… 102
　　一、土的工程性质 ……………………… 102
　　二、土的工程分类 ……………………… 104
第二节　基坑与沟槽开挖 ……………………… 106
　　一、断面选择与土方量计算 …………… 106
　　二、土方边坡 …………………………… 107
　　三、边坡稳定性与土壁支护 …………… 108
　　四、基坑降水 …………………………… 110
　　五、土方机械化施工 …………………… 112
第三节　地基处理 ……………………………… 113
　　一、概述 ………………………………… 113
　　二、换填法 ……………………………… 114
　　三、重锤夯实法 ………………………… 116
　　四、振冲法 ……………………………… 117
第四节　基础工程施工 ………………………… 118
　　一、浅基础施工 ………………………… 118
　　二、桩基础施工 ………………………… 122
复习思考题 ………………………………………… 123

第九章　环境砌筑工程施工 …………………… 124

第一节　砌筑材料 ……………………………… 124
　　一、砌筑砂浆材料 ……………………… 124
　　二、砌筑砂浆的拌制要求 ……………… 126
　　三、砖与砌块 …………………………… 127
　　四、其他砌墙材料 ……………………… 129
第二节　脚手架与垂直运输设备 ……………… 130
　　一、脚手架工程 ………………………… 130
　　二、脚手架的施工注意事项 …………… 133
　　三、垂直运输设备 ……………………… 134
第三节　砖砌体的施工 ………………………… 136
　　一、砌筑材料的准备 …………………… 136
　　二、砖砌体的施工工艺 ………………… 137
　　三、砖砌体的砌筑方法 ………………… 138
　　四、常用砖砌体的组砌形式 …………… 138
　　五、砖基础的施工 ……………………… 140
　　六、砖柱 ………………………………… 141
　　七、砖垛的组砌 ………………………… 142
　　八、砖墙砌筑 …………………………… 143
　　九、砖过梁与檐口的组砌 ……………… 144
　　十、砌块建筑的施工工艺 ……………… 145
　　十一、特殊气候下的施工措施 ………… 147
第四节　钢结构的施工 ………………………… 148
　　一、高层钢结构建筑施工 ……………… 148
　　二、钢网架结构吊装施工 ……………… 150
第五节　环境装饰工程 ………………………… 152
　　一、抹灰工程 …………………………… 152
　　二、涂料工程 …………………………… 154
　　三、门窗工程 …………………………… 156
复习思考题 ………………………………………… 158

第十章　钢筋混凝土结构工程施工 …………… 160

第一节　钢筋工程施工 ………………………… 160
　　一、钢筋冷拉及强化 …………………… 160
　　二、钢筋的冷拔 ………………………… 162
　　三、钢筋配料 …………………………… 162
　　四、钢筋的连接 ………………………… 163
　　五、钢筋代换 …………………………… 170
第二节　模板工程 ……………………………… 170
　　一、模板系统的组成和基本要求 ……… 170
　　二、模板分类 …………………………… 171
　　三、组合钢模板 ………………………… 171
　　四、大模板 ……………………………… 175
　　五、滑升模板 …………………………… 177
　　六、爬升模板 …………………………… 178
　　七、台模板 ……………………………… 178

  八、隧道模板 …………………… 178
  九、模板的拆除 ………………… 179
 第三节　混凝土工程 ………………… 179
  一、施工配料 …………………… 180
  二、混凝土搅拌 ………………… 181
  三、混凝土的运输 ……………… 183
  四、混凝土的浇筑成型 ………… 184
  五、混凝土的养护 ……………… 192
 第四节　钢筋混凝土施工质量保证 … 194
  一、钢筋位移 …………………… 194
  二、混凝土梁、柱位移，胀模或节点
   错位 …………………………… 194
  三、混凝土裂缝 ………………… 194
  四、混凝土质量缺陷及其处理 … 196
 第五节　水池施工 …………………… 197
  一、水池类型 …………………… 197
  二、水池构造 …………………… 197
  三、池体防渗检验与处理 ……… 201
  四、池体抹灰施工 ……………… 201
  五、砖石砌筑的贮水池 ………… 202
 复习思考题 …………………………… 202

第十一章　防腐及防水工程 …………………… 203
 第一节　金属腐蚀的保护 …………… 203
  一、腐蚀机理 …………………… 203
  二、防腐材料 …………………… 205
  三、防腐施工的基本要求 ……… 205
 第二节　埋地管道腐蚀的原因及防腐
   途径 …………………………… 206
  一、埋地管道腐蚀原因 ………… 206
  二、埋地管道的腐蚀与防护 …… 206
  三、采取的防腐蚀措施 ………… 207
 第三节　管路系统的防腐 …………… 207
  一、水下管道的防腐 …………… 207
  二、架空管道的防腐 …………… 207
  三、蒸汽及供暖管道的防腐 …… 208
 第四节　输送酸、碱、盐类流体的管道
   防腐 …………………………… 208
  一、管道内壁衬里防腐 ………… 208
  二、管道内壁涂料防腐 ………… 208
  三、常见管路系统中的防腐问题 … 208
 第五节　钢筋混凝土的防腐 ………… 209
  一、腐蚀原因 …………………… 209
  二、腐蚀防治措施 ……………… 209
 第六节　金属结构的锈蚀及防护 …… 210
 第七节　砖砌体防腐 ………………… 211
  一、墙身防潮的方法 …………… 212
  二、防腐、防水层做法 ………… 212
 第八节　防水工程 …………………… 212
  一、防水工程处理对象 ………… 212
  二、防水材料 …………………… 213
  三、卷材防水层施工 …………… 214
  四、特殊部位施工 ……………… 217
  五、刚性防水层施工 …………… 219
  六、密封接缝防水施工 ………… 221
  七、堵漏技术 …………………… 223
 复习思考题 …………………………… 226

第十二章　环境设备安装工程施工 …………… 227
 第一节　环境管道工程施工 ………… 227
  一、管道的材料与特性 ………… 227
  二、管道的安装与质量检验 …… 228
  三、管道的防腐与保暖 ………… 234
 第二节　环境通用设备安装 ………… 236
  一、泵的安装与调试 …………… 236
  二、风机的安装与调试 ………… 238
 复习思考题 …………………………… 239

第十三章　污水处理系统工程施工组织设计实例 …………… 240
 一、工程概况 ………………………… 240
 二、施工总体部署 …………………… 240
 复习思考题 …………………………… 250

附录 …………………………………………… 251
 附录1　环保设施工艺图 …………… 251
 附录2　环境工程建筑施工图 ……… 260
 附录3　环境工程结构施工图 ……… 264

参考文献 ……………………………………… 272

第一章 环境工程工艺图

工程图是表达房屋、道路、桥梁、给水排水、环境污染治理等工程的图样，是工程设计的重要技术资料，是施工建造不可缺少的依据，是表达和交流技术思想的重要工具，因此，人们将它比喻为"工程界的语言"。设计者可以把自己的设计思想用图样的形式画出来，施工者则通过阅读图样，把设计者的意图体现出来，并根据图样制造出建筑物或构筑物。本章中简要介绍制图的基本规则、建筑图的基本表示方法、贮水池构筑物工艺图的基本表示方式以及施工图的基本表示方法。

第一节 制图基本规格

为了使图样的表达方法和形式统一，图面简明清晰，符合施工要求，有利于提高制图效率，以满足设计、施工、存档等要求，我国已经制订和颁布了有关制图的"中华人民共和国国家标准"，简称"国标"。对于土建工程图，国家计划委员会重新修订和颁布了《房屋建筑制图统一标准》(GB/T 50001—2017)，供全国参照执行。在学习画图和读图时，也必须严格根据《房屋建筑制图统一标准》（以下简称《标准》）来进行。

一、图纸幅面

《标准》规定，图纸幅面的规格分为 A0、A1、A2、A3、A4 号共五种，各号图纸的规格见表 1-1，表中基本幅面及代号见图 1-1，尺寸单位为毫米（mm）。图 1-2 给出了五种图幅之间的关系。

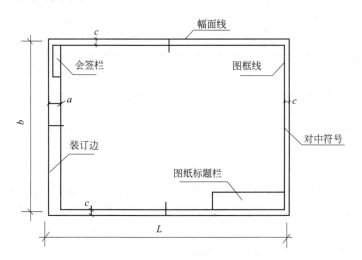

图 1-1 图纸幅面格式（横式）及其尺寸代号

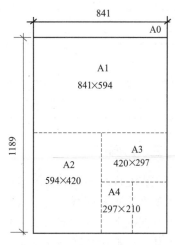

图 1-2 各号图纸的关系

表 1-1　图纸幅面及图框尺寸　　　　　　　　　　　　单位：mm

尺寸代号	幅面代号				
	A0	A1	A2	A3	A4
$b \times L$	841×1189	594×841	420×594	297×420	210×297
c	10			5	
a	25				

为使图纸整齐划一，在一套工程图纸中应以一种规格图纸为主，尽量避免大小幅面图掺杂使用。在特殊情况下，允许 A0、A1、A2、A3 号图纸加长，但应符合表 1-2 的规定。

表 1-2　图纸长边加长尺寸　　　　　　　　　　　　单位：mm

幅面代号	长边尺寸	长边加长后尺寸								
A0	1189	1338	1487	1635	1784	1932	2081	2230	2387	
A1	841	1051	1261	1472	1682	1892	2102			
A2	594	743	892	1041	1189	1338	1487	1635	1784	1932	2081
A3	420	631	841	1051	1261	1472	1682	1892			

二、图纸标题栏与会签栏

图纸标题栏位于图纸的右下角，见图 1-1。图纸标题栏中应表明工程名称，本张图纸的内容与专业类别及设计单位名称、图名、图号、设计号，以及留有设计人、绘图人、审核人等的签名和日期等。因此，图纸标题栏的作用不仅仅是说明工程名称和本张图纸的内容，同时，其签字栏也是为保证设计质量而规定的一种技术岗位责任制。此外，它还具有便于查找到纸的作用。图纸标题栏也可称为图标，见表 1-3。会签栏是为各工种负责人签字用的表格（表 1-4），位于图纸的框线外的左上角，如图 1-1 所示。

表 1-3　图纸标题栏

设计单位名称区		
签字区	工程名称区	图号
	图名	

表 1-4　会签栏

（专业）	实名	签名	（日期）

三、比例

工程上设计的或已有的实物，不可能以原来的大小将它表示在图纸上，必须使用缩小或放大的办法画在图纸上。所以，比例就是图形与实物相对应的线性尺寸之比。如 1m 长的构件，在图纸上画成 10mm 长，即为原长的 1/100，称这样图样的比例是 1∶100。

比例一般标注在图形下面的图名的右侧或详图编号的右侧，如：

平面图 1∶100　　⑤　1∶10

四、定位轴线

定位轴线是用来确定房屋主要结构或构件的位置及其尺寸的，因此，凡是在承重墙、柱、梁、屋架等主要承重构件的位置处均应画上定位轴线，并进行编号，以此作为设计与施工放线的依据。《标准》规定，编号以平面图为准，水平方向的编号采用阿拉伯数字，由左向右依次注写。垂直方向的编号应用大写的拉丁字母，由下向上顺序注写，其中I、O、Z三个字母不得用作编号，以免与数字1、0、2混淆。如字母数量不够使用，可增用双字母或单字母加数字注脚。附加轴线的编号应以分数表示。有关定位轴线的布置以及结构构件与定位轴线的联系原则，在《建筑模数协调标准》（GB/T 50002—2013）中有统一规定。《建筑模数协调标准》是由国家计委颁布的国家标准，它是为了通过设计标准化、生产工厂化、施工机械化，以逐步提高建筑工业化的水平而制定的。

五、尺寸注法

土建工程图除了画出建筑物及构筑物各部分的形状外，还必须准确、完整和清晰地注明尺寸，以确定其大小，作为施工时的依据。尺寸注法由尺寸界线、尺寸线、尺寸起止符号和尺寸数字所组成，如图1-3所示。根据《标准》规定，除标高与总平面图上的尺寸以米为单位外，其余一律以毫米为单位。为使图面清晰，尺寸数字后面一般不注写单位。

尺寸起止符号用45°的中粗短线表示，短线长度宜为2~3mm，短线方向应以所注数字为准，自数字的左下角向右上角倾斜45°。

尺寸数字应标注在水平尺寸线上方中部，垂直尺寸线的左方中部，平面图中尺寸注法见图1-3。

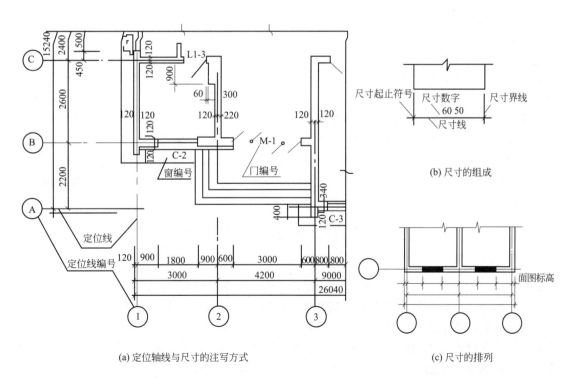

图1-3 平面图中尺寸注法

六、标高

标高是用来表示建筑物与构筑物各部分高度的标注方法。标高数字以米为单位，一般注写到小数点后第三位，总平面图标高注至小数点后第二位。图1-4为标高符号及标高表示方法。标高符号一般在剖面图与立面图中出现，其符号的尖端应指至被注的高度，既可向下，也可向上。而总平面图标高符号只在总平面图中出现，其符号宜用涂黑的三角形表示。

标高分绝对标高与相对标高。

我国政府规定，将青岛的黄海平均海平面定为绝对标高的零点，其他各地标高都以此为基准。

一般土建工程图都使用相对标高，即以首层室内地面高度为相对标高的零点，写作 ±0.000，读正负零。高于它的值为正，但不注写"+"号，低于它的值为负，在数字前面必须注写"-"号，如 -0.450 表示低于首层室内地面450mm。

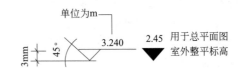

图1-4　标高符号及标高表示方法

七、索引标志与详图标志

一套完整的图纸包括的内容很多，而放大的详图又往往不能与有关的图纸布置在一起，为了便于相互查找，《标准》规定了索引标志与详图标志，分别注明在放大引出部位和详图处。当图样中某一局部或构件需要放大比例，画成"局部详图"时，应在该处标明"索引标志"，即用索引符号索引出详图，见图

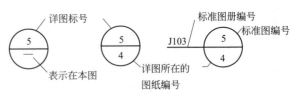

图1-5　局部放大的详图索引标志

图1-6　局部剖面的详图索引标志

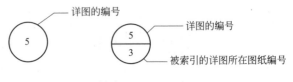

图1-7　详图标志

1-5。当图样中某一部位需要做"局部剖面详图"时，也应在该处标明"索引标志"，见图1-6。

根据上述需要画出的详图，应注明"详图标志"，并写上与索引标志相同的编号，见图1-7。详图符号是直径为14mm，以粗实线画出，索引符号是直径为10mm，以细实线画出。

第二节　环境工程工艺构筑物工程图

环境工程中，排水工程的基本任务是把各种废水排放到污水处理站，污水在处理站经处理达标后再排到各种天然水体中去。而贮水池则是给水排水工程中最一般的构筑物。例如，在城市污水处理的工艺流程中，一级处理为物理处理，采用的贮水池有沉砂池与初沉池；二级处理为生物处理，采用的贮水池有曝气池和二沉池；污泥处理有厌氧生物处理，采用的贮水池有污泥浓缩池和消化池等。这些净化水质的贮水构筑物完全不同于房屋土建构筑物，它们是典型的水工构筑物，尽管其工艺性质和构造各不相同，池体有采用钢筋混凝土的，也有采用砖砌体的，但其内部结构则是由工艺设备和管道等组成。因此，在阅读图纸时，必须依照给水排水工程的工艺特点和专业要求去阅图，在绘制图纸时，也应依照池体、管廊、附属设备、工艺构筑尺寸等主要表示方法去做。

一、池体

池体是贮水池的土建部分，大多数为钢筋混凝土结构，一般应由土建人员来绘制结构图，具体表示池体的大小形状、池壁厚度、垫层基础、钢筋的配置等内容，专供土建施工用图。如图1-8所示的构筑物工艺图中，则只需按结构尺寸画出池体轮廓线及池壁厚度，细部结构可略去不画，但如果没有结构尺寸数据时，可按工艺图的内净尺寸及假设或估计的池壁厚度尺寸来画。

如图1-8所示平面图上画出池体的大小，1—1剖面图中显示了池底的配水干管，2—2、3—3剖面显示了砂层、砾石层、水渠构造及配水干管等。在1—1剖面图中，池体可画出钢筋混凝土的剖面材料符号示意图，叠层构造用分层剖面图表达，滤池工程量表见表1-5。

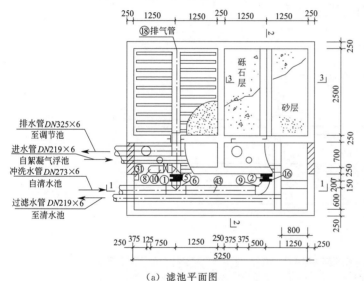

说明：1. 本图以处理间内地面为±0.00m，相当于绝对标高127.776m。平面尺寸以毫米计，高程以米计。

2. 所有钢管道、零件均做防腐处理，管道地上部分刷红丹漆两遍，酸醇漆两遍，地下部分采用特强级防腐。

3. 排水管底坡度不小于0.005。滤料为石英砂，粒径为0.8~1.2mm，$k<1.3$。

层次（自上而下）	粒径/mm	厚度/mm	体积/m³
1	2~4	100	1.25
2	4~8	100	1.25
3	8~16	100	1.25
4	16~32	450	5.625

（a）滤池平面图

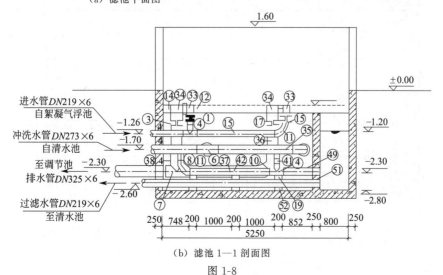

（b）滤池1—1剖面图

图1-8

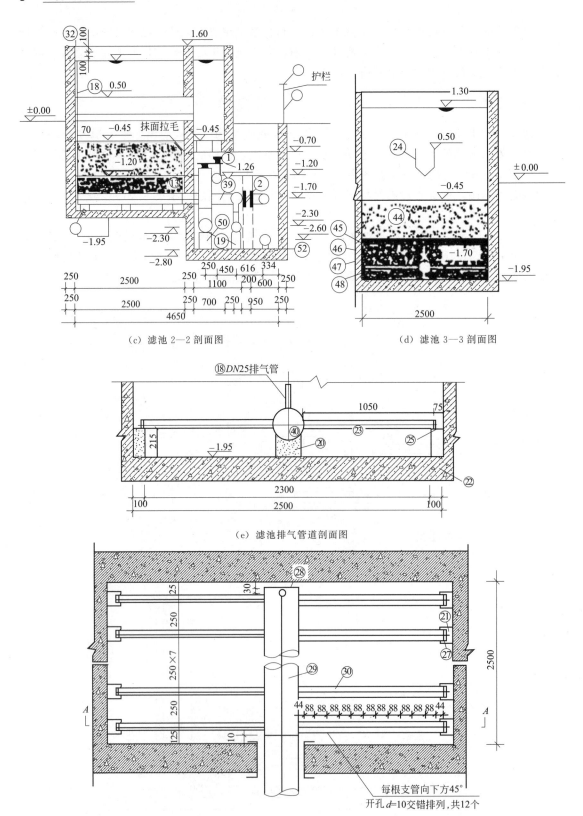

(c) 滤池 2—2 剖面图
(d) 滤池 3—3 剖面图
(e) 滤池排气管道剖面图
(f) 排水系统平面图

图 1-8 滤池图示

表 1-5　滤池工程量表

编号	名称	规格	材料	单位	数量	重量/kg 单重	重量/kg 总重	备注
1	蜗杆传动对夹式蝶阀	D371X-0.6 DN150		个	4	15.00	60.00	
2	蜗杆传动对夹式蝶阀	D371X-0.6 DN250		个	2	36.00	72.00	
3	蜗杆传动对夹式蝶阀	D371X-0.6 DN300		个	2	53.00	106.00	
4	三通	$DN200 \times 19$	钢	个	2	14.10	28.20	见 S311/32—16
5	三通	$DN250 \times 150$	钢	个	2	22.20	44.40	见 S311/32—17
6	三通	$DN250 \times 250$	钢	个	1	35.60	35.60	见 S311/32—17
7	三通	$DN300 \times 300$	钢	个	1	43.50	43.50	见 S311/32—17
8	90°弯头	DN150	钢	个	2	7.10	14.20	见 S311/32—3
9	90°弯头	DN250	钢	个	1	26.20	26.20	见 S311/32—3
10	90°弯头	DN300	钢	个	1	31.10	31.10	见 S311/32—3
11	90°异径弯头	$DN200 \times 150$	钢	个	2	11.50	23.00	见 S311/32—10
12	Ⅳ型防水套管	DN150	钢	个	2	10.93	21.86	见 S312/8—8
13	Ⅳ型防水套管	DN250	钢	个	2	20.22	40.44	见 S312/8—8
14	Ⅳ型防水套管	DN300	钢	个	2	28.42	56.84	见 S312/8—8
15	法兰	$DN150\ p=0.6MPa$	钢	个	8	4.47	35.76	见 S311/32—29
16	法兰	$DN250\ p=0.6MPa$	钢	个	4	6.07	24.28	见 S311/32—29
17	法兰	$DN300\ p=0.6MPa$	钢	个	4	10.30	41.20	见 S311/32—29
18	镀锌钢管	DN25	钢	m	6.5		15.73	
19	混凝土支墩	$200 \times 200 \times 400$		个	3			
20	混凝土支墩	$250 \times 250 \times 125$		个	4			
21	混凝土支墩	$100 \times 100 \times 125$		个	40			
22	钢筋	$\phi 10 L=800$	钢	个	28	0.49	13.72	冷拉圆钢
23	钢管	DN25	钢		6.6		15.97	镀锌钢管
24	排水箱		钢	个	2	137.59	275.18	
25	角钢	$75 \times 75 \times 8 L=250$	钢	根	4	2.26	9.04	
26	带帽螺栓	$M20\ L=80$	钢	个	8	0.11	0.90	
27	堵板	$DN70\ d=6$	钢	个	40	0.18	7.20	
28	堵板	$DN250\ d=6$	钢	个	2	2.30	4.60	
29	钢管	$DN250\ L=2380$	钢	根	2	94.03	188.06	
30	穿孔管	$DN70 L=1050$	钢	根	40	6.97	278.80	
31	铸铁爬梯		铸铁	个	14	3.70	51.80	见 S147/17
32	单管立式支架	DN25	钢	个	2	20.00	40.00	见 S161/55—17
33	钢管	$DN159 \times 6 L=365$	钢	根	2	8.26	16.52	直缝卷焊
34	钢管	$DN325 \times 6 L=475$	钢	根	2	22.42	44.84	直缝卷焊
35	钢管	$DN219 \times 6 L=2195$	钢	根	1	69.165	69.165	直缝卷焊
36	钢管	$DN325 \times 6 L=949$	钢	根	1	44.79	44.79	直缝卷焊

续表

编号	名 称	规 格	材料	单位	数量	重量/kg 单重	重量/kg 总重	备 注
37	钢管	$DN325 \times 6L=2390$	钢	根	1	112.81	112.81	直缝卷焊
38	钢管	$DN325 \times 6L=1399$	钢	根	1	66.03	66.03	直缝卷焊
39	钢管	$DN273 \times 6L=720$	钢	根	2	28.447	56.894	直缝卷焊
40	钢管	$DN159 \times 6L=144$	钢	根	1	3.260	3.260	直缝卷焊
41	钢管	$DN159 \times 6L=125$	钢	根	1	2.83	2.83	直缝卷焊
42	钢管	$DN219 \times 6L=2240$	钢	根	1	70.583	70.583	直缝卷焊
43	钢管	$DN273 \times 6L=2090$	钢	根	1	82.576	82.576	直缝卷焊
44	石英砂	$d=0.8\sim1.2mm$		m³	9.375			滤料用
45	砾石	$d=204mm$		m³	1.25			承托层用
46	砾石	$d=4\sim8mm$		m³	1.25			承托层用
47	砾石	$d=8\sim16mm$		m³	1.25			承托层用
48	砾石	$d=16\sim32mm$		m³	5.625			承托层用
49	钢管	$DN219 \times 6L=1000$	钢	根	1	31.51	31.51	直缝卷焊
50	混凝土支墩	$300 \times 300 \times 500$		个	3			
51	Ⅳ型防水套管	$DN200$	钢	个	2	20.22	40.44	见 S312/8—8
52	混凝土支墩	$200 \times 200 \times 100$		个	3			

从滤池工艺图中可以看到，排水槽、砂层、砾石层、配水管等构件均为上下叠层构造，在图1-8(a)的平面图中，一个滤池内不易全部表达出来。如果采用平剖面图，则也只能表达出一层构筑图，因此可在保持滤池形体完整的条件下，仅仅把叠层构件部分予以逐层平面剖切而成为分层剖面。图1-8(a)平面图为两格滤池一组，右格滤池中画出了最上面的排水槽，中间的砂层及砾石层用波浪线分开，并用建筑材料符号示意图表示出来。左格滤池中可将上部构件全部移去，使池底的配水管系统全部显现出来。这种叠层剖面图表示方法使每格滤池中的不同部分的构件表达清楚完整。

二、管廊

如图1-8(a)所示，过滤池在过滤或冲洗过程中，有多种进出水管道系统与池体相接，管廊是各种管道交汇最多的地方，管道布置较复杂。由于管道间往往重叠和交叉，管径又较大，因此，在大比例的池体工艺设计图中，不能画出符号性的单线管路，要求每种管道的连接和位置必须表达得具体明确，管径大小要求按比例用双线画出。管道上各类阀门等配件可按表1-6中的阀门图例画出，管道各种接头可参阅表1-7中连接方式画出。

表1-6 阀门图例及说明

序号	名 称	图 例	说 明
1	阀门	⟶▷◁⟶	用于一张图内只有一种阀门
2	闸阀	⟶▷|◁⟶	

续表

序 号	名 称	图 例	说 明
3	截止阀		在系统图中用得较多
4	旋塞阀		在系统图中用得较多
5	球阀		
6	止回阀		箭头表示水流方向

表 1-7 管道连接方式

种 类	连 接 方 式	单线示意图	双线投影画法
承插连接			
法兰连接			
螺纹连接			

为使绘图和概预算以及施工时备料方便起见，应在每个设备、构件、管配件等旁边，以指引线引直径为 6mm 的细实线小圆，圆内用阿拉伯数字顺序编号，相同的管配件可编同一号码。同时按其编号另行列出工程量表，以示其规格、材料和数量（图 1-8）。在每种管道的总干管旁边，注明管道名称，以便工艺上的校对和审核，并画出箭头，以示其流向。这种管道、构件编号方法，使得工艺图纸更加清晰准确。针对管廊中各种管道重叠问题，可采用截断画法来解决，即在重叠处，可将前面的管段在适当的位置予以截断，断面处用"8"字形表示，从而能使后面被遮管段可以显现出来，达到视图目的，如图 1-8(f) 所示。

三、工艺构筑物的尺寸标注

1. 工艺构筑物尺寸的性质和要求

贮水构筑物大都为钢筋混凝土的水池，其各个工艺构筑部分的内净形体大小，即为工艺构筑物尺寸，它是由本专业技术人员在设计计算时确定的。工艺图中的视图和剖面图，只能显示出该设备各组成部分间的关系和形状，其大小必须由尺寸数字来决定，而不能用比例尺按图样比例来量取。因为，在较小比例的图样中，用比例尺量度的误差较大，且有些尺寸是由几何关系而产生的间接影响，所以，量度而得的尺寸数据不能作为安装和施工使用的依据。因此，图上的尺寸一经标注后，除由本设计人员按一定程序可有权修改外，其他人员都不得随意变动和修改。当然在审核方案和安装施工时，需要了解某些构筑物的定位和形体大小，可按比例用尺量度某部分的间接尺寸，但这只能作为参考使用，而不能作为正式尺寸。

工艺图在施工之前是作为工艺的审核及结构设计与机械电器设备设计的依据，在施工时主要作为设备及管道安装的依据，其土建施工得另按结构图来进行。因此在工艺设计图中，只需标出土建的模板尺寸，而不必标注结构的细部尺寸。

工艺构筑物尺寸要尽可能标注在反映其形体特征的视图或剖面图上，同类性质的尺寸宜适当合并和集中，尺寸位置应在清晰悦目的地方标出，不要与视图有过多的重叠和交叉，也不能多注不必要的重复尺寸，更不应漏注某些关联的几何尺寸，而让施工人员去进行换算。如有分部或分段尺寸，不应散落标注，而宜适当串联起来统一注出，并同时标注其相应的外包总尺寸。定位尺寸可按底板、池壁、池角、轴线、圆的中心线等作为定位基准。

2. 标高

工艺构筑物尺寸只能反映构筑物本身的形体大小，但不能显示其埋设高程。所以为了确定构筑物各部分的高程，应在构筑物的主要部位（池顶、池底、有关构件和设备等）、水面、管道中心线、地坪等处标注出标高。

3. 管径尺寸及其定位尺寸

管道直径一般均系指管道的内径，以公称直径"DN"表示，为使在工艺上能明确每个管道系统的性质，最好在每种管道旁同时标出管道名称及公称直径，并标注在充分显示该系统的视图上，如图 1-8 中的平、剖面图中所注。对每节管、配件，可用指引线及小圆圈进行编号，列出工程量表，如图 1-8 所示。工程量表中每个编号均须注出其名称、规格（公称直径及长度）、材料、数量、标准等，管道可从池壁或池角来定位，定位尺寸均应以管道中心线为准。

4. 附属设备

在工艺总图中由于比例较小，贮水池中的附属设备及部件等构造是不可能详尽表达清晰的，因此，只需画出它们的简明形体轮廓即可。当附属设备及构、部件的细部构造不能套用标准图而须另行画详图表达时，必须对该设备及构、部件画出索引符号的标志，以便于工艺总图与详图间的查阅和对照。对于土建的细部构造，如爬梯、踏步、护栏等，另有土建结构详图表达。构筑物中有关部件设备，则也用专门部件装配图等来表达。

复习思考题

1. 环境工程图纸幅面的规格分为哪几种？其尺寸为多少？
2. 环境工程图纸标题栏中应包括哪些内容？
3. 环境工程图纸中定位轴线应该怎样表示？
4. 环境工程图纸中尺寸注线包括哪些？
5. 识读环境工艺图纸的顺序和识读过程中应该注意的事项有哪些？
6. 管道标注中"DN"表示什么？

第二章 环境工程建筑施工图

第一节 概 述

一、建筑物的设计程序

根据建筑物规模和复杂程度,建筑物的设计过程可分为两阶段设计和三阶段设计两种程序。大型的、重要的、复杂的建筑物,必须经过三阶段设计,即初步设计(方案设计)、技术设计(扩大初步设计)和施工图设计;规模较小、技术简单的建筑多采用两阶段设计,即初步设计和施工图设计。

初步设计包括建筑物的总平面图、各层平面图、主要立面图、剖面图及简要说明,主要结构方案及主要技术经济指标、工程概算书等,供有关部门分析、研究、审批。技术设计是在批准的初步设计的基础上,进一步确定各专业工种之间的技术问题。施工图设计是建筑设计的最后阶段,其任务是绘制满足施工要求的全套图纸,并编制工程说明书、结构计算书和工程预算书。

二、建筑物的分类和组成

建筑物按其使用性质,通常可分为生产性建筑(即工业建筑、农业建筑)、非生产性建筑(即民用建筑)。其中民用建筑根据建筑物的使用功能又可分为居住建筑和公共建筑。居住建筑是指供人们生活起居用的建筑物,如住宅、宿舍、公寓、旅馆等;公共建筑是指供人们进行各项社会活动的建筑物,如商场、学校、医院、办公楼、汽车站、影剧院等。

建筑物按建筑规模和数量可分为大量性建筑和大型性建筑。大量性建筑指建造数量较多、相似性大的建筑,如住宅、宿舍、商店、医院、大小学校等;大型性建筑指建造数量较少,但单幢建筑体量大的建筑,如大型体育馆、影剧院、航空站、火车站等。

各种不同的建筑物,尽管它们的使用要求、空间组合、外形处理、结构形式、构造方式及规模大小等方面有各自的特点,但其基本构造是相似的。一幢建筑物是由基础、墙或柱、楼板、地面、楼梯、屋顶、门窗等部分组成的。它们处在不同的部位,发挥着不同的作用。此外,一般建筑物还有其他的配件和设施,如通风道、垃圾道、阳台、雨篷、雨水管、勒脚、散水、明沟等。

三、建筑物施工图的内容

建筑物施工图按专业不同可分为建筑施工图(简称建施)、结构施工图(简称结施)、设备施工图（简称设施）和装饰施工图（简称装施）等。

建筑施工图主要表达建筑物建筑群体的总体布局、建筑物的外部造型、内部布置、固定设施、构造做法和所用材料等内容，包括总平面图、建筑平面图、建筑立面图、建筑剖面图、建筑详图等。

结构施工图主要表达建筑物承重构件的布置、类型、规格及其所用材料、配筋形式和施工要求等内容，包括结构布置图、构件详图、节点详图等。

设备施工图主要表达室内给排水、采暖通风、电气照明等设备的布置、安装要求和线路敷设等内容，包括给排水、采暖通风、电气等设施的平面布置图、系统图、构造和安装详图等。

装饰施工图主要表达室内设施的平面布置及地面、墙面、顶棚的造型、细部构造、装修材料与做法等内容，包括装饰平面图、装饰立面图、装饰剖面图、装饰详图等。

由此可以看出，一套完整的建筑物施工图，其内容和数量很多。而且工程的规模和复杂程度不同，工程的标准化程度不同，都可导致图样数量和内容的差异。为了能准确地表达建筑物的形状，设计时图样的数量和内容应完整、详尽、充分，一般在能够清楚表达工程对象的前提下，一套图样的数量及内容越少越好。

四、建筑施工图制图标准

建筑施工图应按正投影原理及视图、剖面和断面等的基本图示方法绘制。为了保证制图质量、提高效率、表达统一和便于识读，我国制定了国家标准《建筑制图标准》（GB/T 50104—2010），在绘制施工图时，应严格遵守标准中的规定。

（1）比例　建筑物形体庞大，必须采用不同的比例来绘制。对于整幢建筑物、构筑物的局部和细部结构都分别予以缩小画出，特殊细小的线脚等有时不缩小，甚至需要放大画出。建筑施工图中，各种图样常用的比例见表2-1。

表2-1　建筑施工图的比例

图　名	常用比例	备　注
总平面图	1∶500,1∶1000,1∶2000	
平面图、立面图、剖面图	1∶50,1∶100,1∶200	
次要平面图	1∶300,1∶400	次要平面图指屋面平面图、工业建筑的地面平面图
详图	1∶1,1∶2,1∶5,1∶10,1∶20,1∶25,1∶50	1∶25仅适用于结构构件详图

（2）图线　在建筑施工图中，为了表明不同的内容并使层次分明，须采用不同线型和线宽的图线绘制。图线的线型和线宽按表2-2的说明来选用。

（3）定位轴线及其编号　建筑施工图中的定位轴线是施工定位、放线的重要依据。凡是承重墙、柱子等主要承重构件，都应画上轴线来确定其位置。对于非承重的分隔墙、次要的局部承重构件等，有时用分轴线定位，有时也可由注明其与附近轴线的相关尺寸来确定。

定位轴线采用细单点长划线表示，此线应伸入墙内10～15mm。轴线的端部用细实线画直径为8mm的圆圈并对轴线进行编号。水平方向的编号采用阿拉伯数字，从左到右依次编号，一般称为横向轴线；垂直方向的编号用大写拉丁字母自下而上顺序编写，通常称之为纵向轴线。

表 2-2　图线的线型、线宽及用途

名　称	线　宽	用　途
粗实线	b	1. 平、剖面图中被剖切的主要建筑构造(包括构配件)的轮廓线。 2. 建筑立面图或室内立面图的外轮廓线。 3. 建筑构造详图中被剖切的主要部分的轮廓线。 4. 建筑构配件详图中的外轮廓线。 5. 平、立、剖面图的剖切符号
中实线	$0.5b$	1. 平、剖面图中被剖切的次要建筑构造(包括构配件)的轮廓线。 2. 建筑平、立、剖面图中建筑构配件的轮廓线。 3. 建筑构造详图及建筑构配件详图中的一般轮廓线
细实线	$0.25b$	小于 $0.5b$ 的图形线、尺寸线、尺寸界线、图例线、索引符号、标高符号等
中虚线	$0.5b$	1. 建筑构造详图及建筑构配件不可见的轮廓线。 2. 平面图中的起重机(吊车)轮廓线。 3. 拟扩建的建筑物轮廓线
细虚线	$0.25b$	图例线、小于 $0.5b$ 的不可见轮廓线
粗单点长划线	b	起重机(吊车)轨道线
细单点长划线	$0.25b$	中心线、对称线、定位轴线
折断线	$0.25b$	不需画全的断开界线
波浪线	$0.25b$	不需画全的断开界线、构造层次的断开界线

注：地平线的线宽可用 $1.4b$。

在两轴线之间，如需附加分轴线时，其编号可用分数表示。分母表示前一轴线的编号，分子表示附加轴线的编号。例如 2/5 轴线表示 5 号轴线后附加的第 2 条轴线。

大写拉丁字母中 I、O 及 Z 三个字母不得用于轴线编号，以免与数字 1、0、2 混淆。

（4）尺寸、标高、图名　尺寸单位除标高及建筑总平面图以米（m）为单位外，其余一律以毫米（mm）为单位。

标高是标注建筑物高度的一种尺寸形式，用细实线绘制。

标高数字以米（m）为单位，单体建筑工程的施工图注写到小数点后第三位，在总平面图中则注写到小数点后两位。在单体建筑工程中，零点标高注写成±0.000，负数标高数字前必须加注"—"，正数标高前不写"+"，标高数字不到 1m 时，小数点前应加写"0"。在总平面图中，标高数字注写形式与上述相同。

五、阅读建筑工程图的方法

1. 阅读建筑工程图应注意的几个问题

① 施工图是根据正投影原理绘制的，用图样表明建筑物的设计及构造做法。所以要看懂施工图，应掌握正投影原理和熟悉房屋建筑的基本构造。

② 施工图采用了一些图例符号以及必要的文字说明，共同把设计内容表现在图样上。因此要看懂施工图，还必须记住常用的图例符号。

③ 看图时要注意从粗到细，从大到小。先粗看一遍，了解工程的概貌，然后再仔细看。细看时应先看总说明和基本图样，然后再深入看构件图和详图。

④ 一套施工图由各工种的许多张图样组成，各图样之间是互相配合紧密联系的。图样的绘制大体是按照施工过程中不同的工种、工序分成一定的层次和部位进行的，因此要有联

系地、综合地看图。

⑤ 结合实际看图。根据实践、认识、再实践、再认识的规律，看图时联系生产实践，就能比较快地掌握图样的内容。

2. 标准图的阅读

在施工中有些构配件和构造做法，经常直接采用标准图集，因此阅读施工图前要查阅本工程所采用的标准图集。

(1) 标准图集的分类　我国编制的标准图集，按其编制的单位和适用范围的情况大体可分为三类。

① 经国家批准的标准图集，供全国范围内使用。

② 经各省、市、自治区等地方批准的通用标准图集，供本地区使用。

③ 各设计单位编制的标准图集，供本单位设计的工程使用。

全国通用的标准图集，通常采用"J×××"或"建×××"代号表示建筑标准配件类的图集，用"G×××"或"结×××"代号表示结构标准构件类的图集。

(2) 标准图的查阅方法

① 根据施工图中注明的标准图集名称和编号及编制单位，查找相应的图集。

② 阅读标准图集时，应先阅读总说明，了解编制该标准图集的设计依据和使用范围、施工要求及注意事项等。

③ 根据施工图中的详图索引编号查阅详图，核对有关尺寸及套用部位等要求，以防差错。

3. 阅读建筑工程图的方法

阅读图样应该按顺序进行。

(1) 先读首页图　包括图纸目录、设计总说明、门窗表以及经济技术指标等。

(2) 再读总平面图　包括地形地势特点、周围环境、坐标、道路等情况。

(3) 然后读建筑施工图　从标题栏开始，依次读平面形状及尺寸和内部组成，建筑物的内部构造形式、分层情况及各部位连接情况等，了解立面造型、装修、标高等，了解细部构造、大小、材料、尺寸等。

(4) 再然后读结构施工图　从结构设计说明开始，包括结构设计的依据、材料标号及要求、施工要求、标准图选用等。读基础平面图，包括基础的平面布置及基础与墙、柱轴线的相对位置关系，以及基础的断面形状、大小、基底标高、基础材料及其他构造做法，还要读懂梁、板等的布置以及构造配筋及屋面结构布置等，乃至梁、板、柱、基础、楼梯的构造做法。

(5) 最后读设备施工图　包括管道平面布置图、管道系统图、设备安装图、工艺设备图等。

读图时注意工种之间的联系，前后照应。

第二节　建筑总平面图

一、建筑总平面图的形成和用途

将新建工程四周一定范围内的新建、拟建、原有和拆除的建筑物、构筑物连同其周围的地形、地物状况用水平投影方法和相应的图例所画出的工程图样，即为建筑总平面图。它主要是表示新建房屋的位置、朝向与原有建筑物的关系，以及周围道路、绿化和给水、排水、供电条件等方面的情况。作为新建房屋施工定位、土方施工、设备管网平面布置，安排在施工时进入现场的材料和构件、配件堆放场地、构件预制的场地以及运输道路的依据。

二、建筑总平面图的图示方法

总平面图是用正投影的原理绘制的，图形主要是以图例的形式表示，总平面图的图例采用《总图制图标准》（GB/T 50103—2010）规定的图例，表 2-3 给出了部分常用的总平面图图例符号，画图时应严格执行该图例符号，如图中采用的图例不是标准中的图例，应在总平面图下面说明。总平面图的坐标、标高、距离以米为单位，并应至少取至小数点后两位。

表 2-3 总平面图图例

名 称	图 例	说 明	名 称	图 例	说 明
围墙及大门	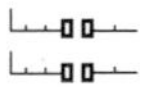	上图为砖石、混凝土或金属材料的围墙，下图为镀锌铁丝网篱笆等材料的围墙，如仅表示围墙时不画大门	新建的建筑物	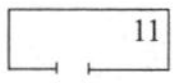	1. 用粗实线表示。 2. 需要时可在图形右上角以点数或数字表示
坐标	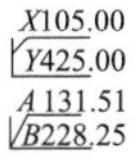 X105.00 Y425.00 A131.51 B228.25	上图表示测量坐标（X 轴表示南北方向），下图表示施工坐标（A 轴表示南北方向）	原有的建筑物	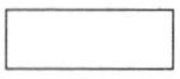	1. 应注明利用者。 2. 用细实线表示
室内标高	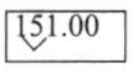 51.00		计划扩建的建筑物或预留地		1. 应注明拟利用者。 2. 用中虚线表示
室外标高	 ▼143.00		拆除的建筑物	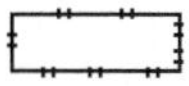	用细实线表示
原有的道路	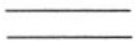	用细实线表示	地下建筑物或构筑物	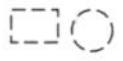	用虚线表示
计划扩建的道路	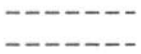		散状材料露天堆放场	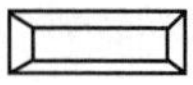	需要时可注明材料名称
护坡		护坡较长时可在一端或两端局部表示	其他材料露天堆放场或露天作业场		需要时可注明材料名称
风向频率玫瑰图	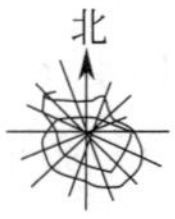	根据当地多年统计的各方向平均吹风次数绘制，实线表示全年风向频率，虚线表示夏季风向频率，按 6~8 三个月统计	指北针		圆圈直径 24mm，指针尾部宽度为直径的 1/8

三、建筑总平面图的图示内容

（1）建筑地域的环境状况　地理位置、基地范围、地形地貌、原有建筑物、构筑物、道路等。

(2) 新建（扩建、改建）区域的总体布置　新建建筑物、构筑物、道路、广场、绿化等的布置情况及建筑物的层数。

(3) 新建工程的具体定位　对于小型工程或在已有建筑群中的新建工程，一般是根据地域内或邻近的永久性固定设施（建筑物、道路等）定位。对于包括工程项目较多的大型工程，往往占地广阔，地形复杂，为保证定位放线的准确，常采用坐标网格来确定它们的位置。一些中小型工程，不能用永久性固定设施定位时，也采用坐标网格定位。

(4) 新建建筑物首层室内地坪、室外设计地坪和道路的标高，新建建筑物、构筑物、道路、管网等之间有关的距离尺寸，总平面图中的标高、距离均以米为单位（图中不标明），精度取至小数点后两位。

(5) 指北针或风向频率玫瑰图　在总平面图中通常画有带指北针的风向频率玫瑰图（风玫瑰），用来表示该地区常年的风向频率和房屋的朝向。风玫瑰图是根据当地多年平均统计的各个方向吹风次数的百分数按一定比例绘制的，风的吹向是指从外吹向中心。实线表示全年风向频率，虚线表示按 6～8 三个月统计的风向频率。明确风向有助于建筑构造的选用及材料的堆场，如有粉尘污染的材料应堆放在下风位。

建筑总平面图表达的内容因工程的规模、性质、特点和实际需要而定，如工程所在位置地势起伏变化比较大，则需要画出等高线；而地势较平坦时，则不必画出。对一些简单的工程，坐标网格或绿化规划的布置等也不一定画出。

四、建筑总平面图的阅读

1. 阅读步骤

① 阅读标题栏，了解新建工程的名称。

② 看指北针、风向频率玫瑰图，了解新建建筑物的地理位置和朝向及与当地常年主导风向的关系。

③ 了解新建建筑物的定位、形状、层数、室内外标高等，以及道路、绿地、原有建筑物、构筑物等周边环境。

2. 读图实例

图 2-1 为一张建筑总平面图，阅读时应注意以下几个问题。

① 了解图名、比例。该施工图为总平面图，比例 1∶500。

② 了解工程性质、用地范围、地形地貌和周围环境情况。从图中可知，本次新建 3 栋住宅楼（粗实线表示），编号分别是 7、8、9，位于一住宅小区，建造层数都为 6 层。新建建筑右面是一小池塘，池塘上有一座小桥，过桥后有一六边形的小厅。新建建筑左面为俱乐部（已建建筑，细实线表示），一层，俱乐部中间有一天井。俱乐部后面是服务中心，服务中心和俱乐部之间有一花池，花池中心的坐标 $A=1742m$、$B=550m$。俱乐部左面是已建成的 6 栋 6 层住宅楼。新建建筑后面计划扩建一栋住宅楼（虚线表示）。

③ 了解建筑的朝向和风向。本图右上方，是带指北针的风玫瑰图，表示该地区全年以东南风为主导风向。从图中可知，新建建筑的方向坐北朝南。

④ 了解新建建筑的准确位置。图 2-1 中新建建筑采用建筑坐标定位方法，坐标网格 100m×100m，所有建筑对应的两个角全部用建筑坐标定位，从坐标可知原有建筑和新建建筑的长度和宽度。如服务中心的坐标分别是 $A=1793$、$B=520$ 和 $A=1784$、$B=580$，表示

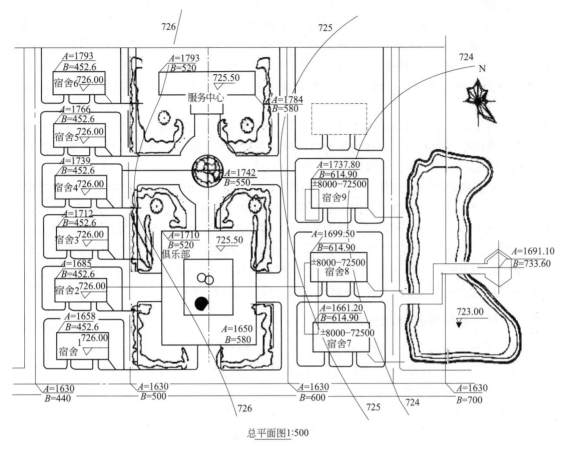

图 2-1 建筑总平面图

服务中心的长度为 (580-520)m=60m，宽度为 (1793-1784)m=9m。新建建筑中 7 号宿舍的坐标分别为 $A=1661.20$、$B=614.90$ 和 $A=1646$、$B=649.60$，表示本次新建建筑的长度为 (649.6-614.9)m=34.70m，宽度为 (1661.20-1646)m=15.2m。

第三节　建筑平面图

一、建筑平面图的形成和用途

建筑平面图是用一个假想的水平剖切平面沿略高于窗台的位置剖切房屋，移去上面部分，剩余部分向水平面做正投影，所得的水平剖面图，简称平面图。建筑平面图反映新建建筑的平面形状、房间的位置、大小、相互关系、墙体的位置、厚度、材料、柱的截面形状与尺寸大小、门窗的位置及类型，是施工时放线、砌墙、安装门窗、室内外装修及编制工程预算的重要依据，是建筑施工中的重要图样。

二、建筑平面图的图示方法

一般情况下，房屋有几层，就应画几个平面图，并在图的下方注写相应的图名，如底层平面图、二层平面图等。但有些建筑的二层至顶层之间的楼层，其构造、布置情况基本相同，画一个平面图即可，将这种平面图称之为中间层（或标准层）平面图。若中间有个别层平面布置不同，可单独补画平面图。因此，多层建筑的平面图一般由底层平面图、标准层平面图、顶层平面图组成。另外还有屋顶平面图，屋顶平面图是从建筑物上方向下所做的平面投影，主要是表明建筑物屋顶上的布置情况和屋顶排水方式。

平面图实质上是剖面图，因此应按剖面图的图示方法绘制，即被剖切平面剖切到的墙、柱等轮廓线用粗实线表示，未被剖切到的部分如室外台阶、散水、楼梯以及尺寸线等用细实线表示，门的开启线用中粗实线表示。

建筑平面图常用的比例是1∶50、1∶100或1∶200，其中1∶100使用最多。在建筑施工图中，比例小于1∶50的平面图、剖面图，可不画出抹灰层，但宜画出楼地面、屋面的面层线；比例大于1∶50的平面图、剖面图应画出抹灰层、楼地面、屋面的面层线，并宜画出材料图例；比例等于1∶50的平面图、剖面图宜画出楼地面、屋面的面层线，抹灰层的面层线应根据需要而定；比例为1∶100～1∶200的平面图、剖面图可画简化的材料图例（如砌体墙涂红、钢筋混凝土涂黑等），但宜画出楼地面、屋面的面层线。

三、建筑平面图的图示内容

① 表示所有轴线及其编号以及墙、柱、墩的位置、尺寸。
② 表示出所有房间的名称及其门窗的位置、编号与大小。
③ 注出室内外的有关尺寸及室内楼地面的标高。
④ 表示电梯、楼梯的位置及楼梯上下行方向及主要尺寸。
⑤ 表示阳台、雨篷、台阶、斜坡、烟道、通风道、管井、消防梯、雨水管、散水、排水沟、花池等位置及尺寸。
⑥ 画出室内设备，如卫生器具、水池、工作台、隔断及重要设备的位置、形状。
⑦ 表示地下室、地坑、地沟、墙上预留洞、高窗等位置尺寸。
⑧ 在底层平面图上还应该画出剖面图的剖切符号及编号。
⑨ 标注有关部位的详图索引符号。
⑩ 底层平面图左下方或右下方画出指北针。
⑪ 屋顶平面图上一般应表示出：女儿墙、檐沟、屋面坡度、分水线与雨水口、变形缝、楼梯间、水箱间、天窗、上人孔、消防梯及其他构筑物、索引符号。

第四节 建筑立面图

一、建筑立面图的作用与命名方式

在与建筑立面平行的铅直投影面上所做的正投影图称为建筑立面图，简称立面图。一幢建筑物是否美观，是否与周围环境协调，很大程度上取决于建筑物立面上的艺术处理，包括建筑造型与尺度、装饰材料的选用、色彩的选用等内容，在施工图中立面图主要反映房屋各部位的高度、外貌和装修要求，是建筑外装修的主要依据。

由于每幢建筑的立面至少有三个，每个立面都应有自己的名称。

立面图的命名方式有以下三种。

（1）用朝向命名　建筑物的某个立面面向哪个方向，就称为哪个方向的立面图，如建筑物的立面面向南面，该立面称为南立面图，面向北面，就称为北立面图等。

（2）按外貌特征命名　将建筑物反映主要出入口或比较显著地反映外貌特征的那一面称为正立面图，其余立面图依次为背立面图、左立面图和右立面图。

（3）用建筑平面图中的首尾轴线命名　按照观察者面向建筑物从左到右的轴线顺序命名，如①~⑦立面图、⑦~①立面图等。

施工图中这三种命名方式都可使用，但每套施工图只能采用其中的一种方式命名，不论采用哪种命名方式，第一个立面图都应反映建筑物的外貌特征。

二、建筑立面图的图示内容

① 建筑立面图的外轮廓和地面线。外轮廓线用粗实线，地面线用特粗实线。

② 表示出投影可见的外墙、柱、梁、挑檐、雨篷、遮阳板、阳台、室外楼梯、门、窗及外墙面上的装饰线、雨水管等。门窗等构配件的外轮廓线用中实线绘制，其他线用细实线绘制。

③ 表明外墙面装修材料和做法的文字说明及表示需另见详图的索引符号。

④ 注明各主要部位的标高，如室外地坪、台阶、窗台、门窗洞口顶面、阳台、腰线、线脚、雨篷、挑檐、女儿墙等处的完成面标高。

⑤ 标出立面两端的轴线，并注写编号。

⑥ 在图的下方注写图名及比例。

三、建筑立面图的读图步骤

① 读立面图的名称和比例，可与平面图对照以明确立面图表达的是房屋哪个方向的立面。

② 分析立面图图形外轮廓，了解建筑物的立面形状。读标高，了解建筑物的总高、室外地坪、门窗洞口、挑檐等有关部位的标高。

③ 参照平面图及门窗表，综合分析外墙上门窗的种类、形式、数量、位置。

④ 了解立面上的细部构造，如台阶、雨篷、阳台等。

⑤ 阅读立面图上的文字说明和符号，了解外装修材料和做法，了解索引符号的标注及部位，以便配合相应的详图阅读。

第五节　建筑剖面图

建筑剖面图主要表示建筑物在竖直方向上的建筑构造和空间布局，它与建筑平面图、建筑立面图配合，反映建筑物的整体情况，也是指导建筑施工的主要技术文件之一。

一、建筑剖面图的图示内容

建筑剖面图要画出建筑物被剖切后的全部断面实形及投射方向可见的建筑构造和构配件等。但基础部分不画出，由结构图表达。主要内容包括：

① 建筑物的楼板层、内外地坪层、屋面层，被剖切到的砌体、投射方向可见的构配件

和固定设施等，表明分层情况、各建筑部位的高度、房间的进深（或开间）、走廊的宽度（或长度）、楼梯的类型、分段与分级等。

② 主要楼面、屋面的梁、板与墙的位置和相互关系。在1∶100或1∶200的剖视图中，墙的断面轮廓线用粗实线，钢筋混凝土梁、板的断面涂黑。

③ 用文字注明地坪层、楼板层、屋盖层的分层构造和工程做法，这些内容也可以在详图中注明或在设计说明中说明。

④ 剖到的室外地坪、室内地面、楼面、楼梯平台面、阳台、台阶等处的完整面标高，门窗、挑檐、雨篷等有关部位的标高和相关尺寸。

⑤ 标注剖到的墙或柱的轴线和距离。

⑥ 在需要另见详图的部位标注索引符号。

⑦ 在图的下方注写图名及比例。

二、建筑剖面图的阅读步骤

① 阅读图名和比例，并查阅底层平面图上的剖视图标注符号，明确剖面图的剖切位置和投影方向。

② 分析建筑物内部的空间组合与布局，了解建筑物的分层情况。

③ 了解建筑的结构与构造形式，墙、柱等之间的相互关系以及建筑材料和做法。

④ 阅读标高和尺寸，了解建筑物的层高和楼地面的标高及其他部位的标高和有关尺寸。

第六节　建筑详图

一、建筑详图的特点与分类

1. 详图的特点

详图有如下特点：第一，大比例，常采用1∶30、1∶20、1∶10、1∶5等比例。所以在详图上应画出建筑材料图例符号及各构造层次，如抹灰线等；第二，全尺寸，图中所画出的各构造，除用文字注写或索引外，都需详细注出尺寸；第三，详说明，因为尽管详图的比例较大，但对某些构造做法还无法用图表达清楚，必须用文字详细说明，或引用标准图（凡引用标准图集的部位，均以索引符号注明标准图集的名称和图号，其构造及尺寸无须详细注写），这样的详图才能满足施工的要求。

2. 详图的分类

常用的详图基本上可分为三类：节点详图、房间详图和构配件详图。

(1) 节点详图　该详图用来详细表达某一节点部位的构造、尺寸、做法、材料、施工要求等。最常见的节点详图是外墙身剖面详图，它是将外墙的檐口、屋顶、窗过梁、窗台、楼地面、勒脚、散水等部位的节点详图，按其位置集中画在一起构成的局部剖面图。

(2) 房间详图　它是将某一房间用更大的比例绘制出来的图样，如楼梯间详图、厨房详图、浴室详图、厕所详图、实验室详图等。一般来说这些房间的构造或固定设施都比较复杂，均需用详图来表达。

（3）构配件详图 它是表达某一构配件的形式、构造、尺寸、材料、做法的图样，如门窗详图、雨篷详图、阳台详图、壁柜详图等。

为了提高绘图的效率，国家或某些地区编制了建筑构造和构配件的标准图集，如果选用这些标准图集中的详图，只需在图纸中用索引符号注明，不再另画详图。

楼梯间详图是最常用的房间详图。楼梯是房屋上下交通的主要设施，目前多采用钢筋混凝土楼梯，其组成包括楼梯板（段）、休息平台、扶手栏杆（或栏板）、楼梯梁。楼梯的构造比较复杂，一般需要用楼梯平面图、剖视图和节点详图（如踏步节点、扶手安装节点详图等）来表示楼梯的形式、各部位的尺寸和装修做法。楼梯详图分建筑详图和结构详图。对构造和装修简单的楼梯，其建筑详图和结构详图常合并绘制，编入"建施"或"结施"。楼梯建筑详图中的平面图和剖视图，实际上就是建筑平面图和剖视图中楼梯间的放大图，一般用 1：50 或更大的比例绘制，图示和标注更加详细。在此，对楼梯详图不再详细介绍。

二、外墙身详图

外墙身详图也叫外墙大样图，是建筑外墙剖面图的放大图样，表达外墙与地面、楼面、屋面的构造连接情况以及檐口、门窗顶、窗台、踢脚、防潮层、散水、明沟的尺寸、材料、做法等构造情况，是砌墙、室内外装修、门窗安装、编制施工预算以及材料估算等的重要依据。

在多层房屋中，各层构造情况基本相同，可只画墙脚、檐口和中间部分三个节点。门窗一般采用标准图集，为了简化作图，通常采用省略方法画，即门窗在洞口处断开。

外墙身详图的内容如下。

（1）墙脚 外墙墙脚主要是指一层窗台及以下部分，包括散水（或明沟）、防潮层、踢脚、一层地面、勒脚等部分的形状、大小材料及其构造情况。

（2）中间部分 主要包括楼板层，门窗过梁、圈梁的形状、大小材料及其构造情况，还应表示出楼板与外墙的关系。

（3）檐口 应表示出屋顶、檐口、女儿墙、屋顶圈梁的形状、大小、材料及其构造情况。

墙身大样图一般用 1：20 的比例绘制，由于比例较大，各部分的构造如结构层、面层的构造均应详细表达出来，并画出相应的图例符号。

三、外墙身详图的阅读举例

结合图 2-2 所示宿舍楼外墙身详图，说明墙身详图的读图要点。

（1）了解墙身详图的图名和比例 该图为住宅楼 F 轴线的大样图，比例 1：20。

（2）了解墙脚构造 从图中看到，该楼墙脚防潮层采用 20mm 厚 1：2.5 水泥砂浆（质量比，余同），内掺 3％防水粉。地下室地面与外墙相交处留 10mm 宽缝，灌防水油膏。外墙外表面的防潮做法是：先抹 20mm 厚 1：2.5 水泥砂浆，水泥砂浆外刷 1.0mm 厚聚氨酯防水涂膜，在涂膜固化前黏结粗砂，再抹 20mm 厚 1：3 水泥砂浆。地下室顶板贴聚苯保温板。由于目前通用标准图集中有散水、地面、楼面的做法，因而，在墙身大样图中一般不再表示散水、楼面、地面的做法，而是将这部分做法放在工程做法表中具体反映。

（3）了解中间节点 可知窗台高 900mm、120mm 宽的暖气槽，楼板与过梁浇注成整

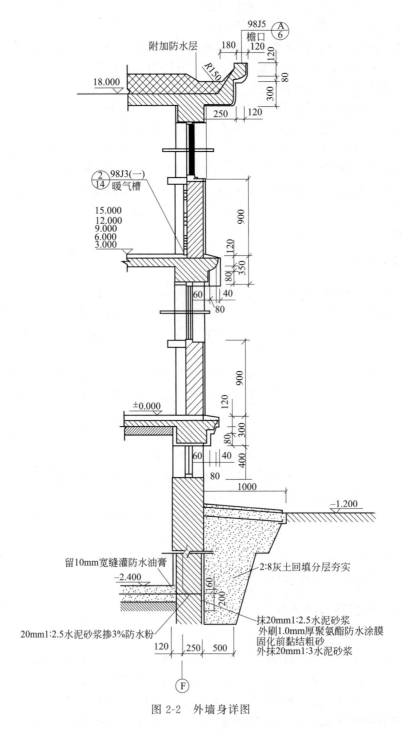

图 2-2 外墙身详图

体。楼板标高 3.000m、6.000m、9.000m、12.000m、15.000m 表示该节点适应于二～六层的相同部位。

（4）了解檐口部位 从图中可知檐口的具体形状及尺寸，檐沟是由保温层形成，檐沟处附加一层防水层。

复习思考题

1. 一套完整的施工图应包括哪些内容？
2. 根据建筑制图的国家标准规定，线型的名称、规格有哪几种？其一般用途是什么？
3. 什么是定位轴线？怎样标号和表示？
4. 标高有几种？分别将什么位置定为零点？
5. 什么是详图符号和索引符号？各自如何表示？其意义是什么？
6. 建筑总平面图的用途是什么？其主要内容有哪些？
7. 建筑平面图是如何形成的？如何标注尺寸？底层平面图有哪些基本内容？
8. 建筑立面图主要表示哪些内容？如何命名？
9. 建筑剖面图主要表示哪些内容？如何标注尺寸？
10. 外墙详图的用途是什么？主要表明哪些内容？标注哪些尺寸？在这些图中，地面、楼面、屋面的构造做法怎样表示？

第三章 环境工程结构施工图

第一节 概 述

一、结构施工图的内容和分类

在环境工程建筑设计中，建筑施工图主要表达房屋的外观形式、内部平面布置、剖面构造和内外装饰等内容，而房屋的承重构件（如基础、梁、板、柱等）的布置、结构构造等内容没有表达出来。结构施工图就是表达建筑物承重构件的布置、形状、大小、材料、构造及其相互关系的图样（简称"结施"）。其主要内容包括：结构设计说明（其中包括材料、地基、施工要求等）、基础、楼板、屋面等的结构平面图，基础、梁、板、柱、楼梯等的构件详图。

结构施工图主要用来作为施工放线、开挖基槽、支模板、绑扎钢筋、设置预埋件、浇捣混凝土和安装梁、板、柱等构件及编制预算与施工组织计划等的依据。

结构施工图一般有基础图、结构平面布置图和结构详图等，基础图包括基础平面图和基础详图，结构平面布置图表示建筑物各层各承重物件平面布置的图样，是建筑施工中承重构件布置与安装的主要依据，在结构平面布置图中，包括楼层结构平面图和屋顶结构平面图，结构详图是表示单个构件形状、尺寸、材料、构造及工艺的图样。

结构施工图还可以按房屋结构所用的材料分类，如钢筋混凝土结构图、钢结构图、木结构图和砖石结构图等。

二、结构施工图的有关规定

① 绘制结构图，应遵守《房屋建筑制图统一标准》（GB/T 50001—2017）和《建筑结构制图标准》（GB/T 50105—2010）的规定。结构图的图线、线型、线宽应符合表 3-1 的规定。

② 绘制结构图时，针对图样的用途和复杂程度，选用表 3-2 中的常用比例，特殊情况下，也可选用可用比例。当结构的纵横向断面尺寸相差悬殊时，也可在同一详图中选用不同比例。

③ 结构图中构件的名称宜用代号表示，代号后应用阿拉伯数字标注该构件的型号或编号。国标规定常用构件的代号见表 3-3。

④ 结构图上的轴线及编号应与建筑施工图一致。

⑤ 图上的尺寸标注应与建筑施工图相符合，但结构图所注尺寸是结构的实际尺寸，即不包括结构表层粉刷或面层的厚度。在桁架式结构的单线图中，其几何尺寸可直接注写在杆

表 3-1　结构施工图中的图线

名　称		线型	线宽	一　般　用　途
实线	粗	——	b	螺栓，主钢筋线、平面结构图中的单线结构构件线，钢木支撑及系杆线，图名下横线、剖切线
	中	——	$0.5b$	结构平面图及详图中剖到或可见的墙身轮廓线、基础轮廓线，钢、木轮廓线、箍筋线、板钢筋线
	细	——	$0.25b$	可见的钢筋混凝土构件轮廓线、尺寸线、标注引出线，标高标号，索引标号
虚线	粗	- - -	b	不可见的钢筋、螺栓线，结构平面图中不可见单线结构构件线及钢、木支撑
	中	- - -	$0.5b$	结构平面图中不可见构件、墙身轮廓线及钢、木轮廓线
	细	- - -	$0.25b$	基础平面中的管沟轮廓线，不可见的钢筋混凝土构件轮廓线
单点长画线	粗	—·—·—	b	柱间支撑、垂直支撑、设备基础轴线图中的中心线
	细	—·—·—	$0.25b$	定位轴线、对称线、中心线
双长画线	粗	—··—··—	b	预应力钢筋线
	细	—··—··—	$0.25b$	原有结构轮廓线
折线		∿	$0.25b$	断开界线
波浪线		～～	$0.25b$	断开界线

表 3-2　结构图常用比例

图　名	常用比例	可用比例	图　名	常用比例	可用比例
结构平面图	1∶50, 1∶100	1∶60	圈梁平面图，总图中管沟、地下设施等	1∶200, 1∶500	1∶300
基础平面图	1∶150, 1∶200		详图	1∶10, 1∶20	1∶5, 1∶25, 1∶4

表 3-3　常用构件的代号

序号	名　称	代号	序号	名　称	代号	序号	名　称	代号
1	板	B	19	圈梁	QL	37	承台	CT
2	屋面板	WB	20	过梁	GL	38	设备基础	SJ
3	空心板	KB	21	联系梁	LL	39	桩	ZH
4	槽形板	CB	22	基础梁	JL	40	挡土墙	DQ
5	折板	ZB	23	楼梯梁	TL	41	地沟	DG
6	密肋板	MB	24	框架梁	KL	42	柱间支撑	ZC
7	楼梯板	TB	25	框支梁	KZL	43	垂直支撑	CC
8	盖板或沟盖板	GB	26	屋面框架梁	WKL	44	水平支撑	SC
9	挡雨板或檐口板	YB	27	檩条	LT	45	梯	T
10	吊车安全走道板	DB	28	屋架	WJ	46	雨棚	YP
11	墙板	QB	29	托架	TJ	47	阳台	YT
12	天沟板	TGB	30	天窗架	CJ	48	梁垫	LD
13	梁	L	31	框架	KJ	49	预埋件	M-
14	屋面梁	WL	32	钢架	GJ	50	天窗端壁	TD
15	吊车梁	DL	33	支架	ZJ	51	钢筋网	W
16	单轨吊车梁	DDL	34	柱	Z	52	钢筋骨架	G
17	轨道连接	DGL	35	框架柱	KZ	53	基础	J
18	车挡	CD	36	构造柱	GZ	54	暗柱	AZ

注：1. 预制钢筋混凝土构件、现浇钢筋混凝土构件、钢构件和木构件，一般可以直接采用本附录中的构件代号。在绘图中，当需要区别上述构件中的材料种类时，可在构件代号前加注材料代号，并在图纸中加以说明。

2. 预应力钢筋混凝土构件代号，应在构件代号前加注"Y-"，如Y-DL表示预应力钢筋混凝土吊车梁。

件的一侧，而不需画尺寸界线，对称桁架可在左半边标注尺寸，右半边标注内力（见图 3-1）。

⑥ 结构图应用正投影法绘制，特殊情况下也可采用仰视投影法绘制。

三、结构施工图的识读和绘制

1. 结构施工图的识读

结构施工图识读步骤如图 3-2 所示，并且结合建筑施工图进行读图。

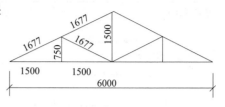

图 3-1　桁架标注

2. 结构施工图的绘制

绘制结构施工图宜先画轴线，后画墙体轮廓线、梁、板布置及配筋详图等，最后注写尺寸数字、文字说明。

其具体绘制方法与建筑施工图的绘制方法基本相同。

3. 结构施工图读图方法要点

① 先看文字说明，从基础平面图看起，到基础结构详图。

② 再读楼层结构布置平面图、屋面结构布置平面图。

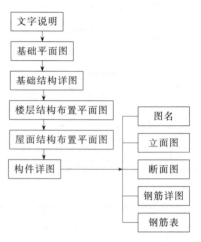

图 3-2　结构施工图识读步骤

③ 结合立面图和断面图、垂直系统图。

④ 最后读构件详图，看图名、看立面图、看断面图、看钢筋详图和钢筋表。

由于结施是计算工程量的依据，编制预决算，以免漏误，往往要熟读多次，相互对照，摘抄要点，理解空间形状、构件所在部位，反复核对数量、材料，才能精益求精。

4. 解读结构施工图

（1）结构说明

① 结构形式（结构材料及类型，结构材料及规格、强度等级）。

② 地基与基础（包括地基土的地耐力等）。

③ 施工技术要求及注意事项。

④ 选用的标准图集等。

（2）结构布置平面图

① 基础平面。

② 楼层结构平面布置图。

③ 屋面结构平面布置图。

（3）构件详图

① 梁、板、柱、基础结构详图。

② 楼梯结构详图。

③ 屋架（屋面）结构详图。

④ 其他详图，天沟、雨篷、圈梁、过梁、门窗过梁、阳台、管道井、烟道井等。

构件详图特点：

a. 沿房屋防潮层的水平剖切表示基础平面图，沿每层楼板面水平剖切表示各层楼层结构平面图，沿屋面承重层的水平剖切表示屋面结构平面图。

b. 用单个构件的正投影来表达构件详图，以其平面、立面及断面来表达出材料明细表，有的要出模板图、预埋件图。但这种图重复多，易出差错。

c. 用双比例法做出构件详图，构件轴线按一种比例，而构件局部用放大比例出图，便于更清晰地表达节点的施工尺寸与搭接关系。

d. 结施中，构件的立面、断面轮廓线用细或中实线表示，而构件内部钢筋配置则用粗实线和黑点表示。

e. 结施常用图例表达。

第二节 钢筋混凝土结构的基本知识

一、钢筋混凝土构件简介

1. 混凝土的强度等级

混凝土是由水泥、石子、砂、水按一定比例配合搅拌而成的，将搅拌好的混凝土灌入定型模板，经振捣、密实、养护、凝固，形成混凝土构件，而混凝土构件抗压强度高，通常所说的强度就是指其抗压强度，一般采用立方体试件，标准尺寸为 150mm×150mm×150mm，在温度（20±3）℃、湿度 90% 以上、养护 28 天所测得的抗压强度（N/mm^2）。

常用的混凝土强度等级有 C7.5、C10、C15、C20、C25、C30、C40、C45、C50、C60、C70、C80。C20 代表立方体强度标准值为 $20N/mm^2$。

2. 钢筋混凝土构件的组成

混凝土的抗压强度大，而抗拉强度小，其抗拉强度仅为抗压强度的 1/20～1/10，容易因受拉而断裂。为了解决混凝土构件的这个矛盾，以提高构件的抗拉能力，常在混凝土构件的受拉区内配置一定数量的钢筋。因为钢筋具有良好的抗拉强度，与混凝土有良好的黏结力，其热膨胀系数与混凝土接近，故两者结合组成钢筋混凝土构件。

3. 钢筋的保护层

为了保护钢筋混凝土构件内的钢筋，防锈、防火、防腐蚀，构件内的钢筋不能外露，在钢筋的外边缘与构件表面之间应留有一定厚度的保护层。

按钢筋混凝土构件结构设计规范规定，不同种类的钢筋在不同构件内的钢筋保护层厚度是不同的，见表 3-4。

表 3-4 钢筋混凝土构件的保护层厚度

钢筋种类	构件种类		保护层厚度/mm
受力筋	板	厚度≤100mm	10
		厚度>100mm	15
	梁和柱		25
	基础	有垫层	35
		无垫层	70
箍筋	梁、柱		15
分布筋	板、墙		10

4. 钢筋的弯钩

为了使混凝土与钢筋具有更好的黏结力，防止钢筋在受力时滑动，凡是 HPB235 钢筋，在构件内钢筋的两端做成半圆弯钩或直弯钩。带纹钢筋与混凝土的黏结力强，钢筋两端可不做成弯钩。

5. 钢筋的标注

标注钢筋的直径、根数或相邻钢筋的中心距，一般采用引出线方式标注，标注有下面两种方式。

（1）标注钢筋的根数和直径（梁内受力筋和架立筋）。

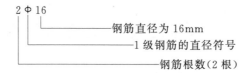

（2）标注钢筋的直径和相邻钢筋的中心距（梁内箍筋、板内受力筋、分布筋）。

6. 钢筋的表示方法

为了突出钢筋，配筋图中的钢筋用比构件轮廓线粗的单线画出，钢筋横断面用黑圆点表示，具体使用见表 3-5。在结构施工图中钢筋的常规画法见表 3-6。

表 3-5　一般钢筋常用图例

序号	名　称	图　例	说　明
1	钢筋横断面	●	
2	无弯钩的钢筋端部		下图表示长、短钢筋投影重叠时，短钢筋的端部用 45°斜线表示
3	带半圆形弯钩的钢筋端部		
4	带直钩的钢筋端部		
5	带丝钩的钢筋端部		
6	无弯钩的钢筋搭接		
7	带半圆弯钩的钢筋搭接		
8	带直钩的钢筋搭接		
9	花篮螺栓钢筋接头		
10	机械连接的钢筋接头		用文字说明机械连接的方式（或冷挤压或锥螺纹等）

表 3-6　钢筋常规画法

序号	说　　明	图　　例
1	在结构平面图中配置双层钢筋时,底层钢筋的弯钩应向上或向左,顶层钢筋的弯钩向下或向右	(底层)　(顶层)
2	钢筋混凝土墙体配双层钢筋时,在配筋时,在配筋立面图中,远面钢筋的弯钩应向上或向左,而近面钢筋的弯钩向下或向右(JM 近面,YM 远面)	
3	在断面图中不能表达清楚的钢筋布置,应在断面图外增加钢筋大样图(如钢筋混凝土墙、楼梯等)	
4	图中所表示的箍筋、环筋等若布置复杂时,可加画钢筋大样及说明	或
5	每组相同的钢筋、箍筋或环筋,可用一根粗实线表示,同时用一两根带斜短画线的横细线表示其余钢筋及起止范围	

二、钢筋混凝土结构图的识读

用钢筋混凝土制成的梁、柱、楼板、基础等构件组成的结构物,称钢筋混凝土结构,见图 3-3。

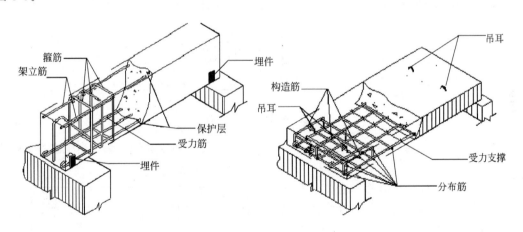

图 3-3　钢筋混凝土构件的内部结构图

1. 构件中钢筋的形式和作用

(1) 受力钢筋　受拉钢筋配置在钢筋混凝土构件的受拉区域。简支梁的受拉钢筋在其下部,悬挑梁和雨篷的受拉筋在其上部,屋架的受拉筋在其下弦和受拉腹杆中。弯起钢筋梁的受拉在两端弯起,以承受斜向拉力,叫弯起钢筋,是受拉钢筋的一种变化形式。受压钢筋配在受压构件(如柱、桩、受压杆)中或受弯构件的受压区内。

(2) 分布筋　一般用在墙、板或环形构件中,将承受的荷载均匀分布给受力钢筋,并用以固定受力钢筋的位置和抵抗温度变形。

(3) 箍筋　用在梁、柱、屋架等构件中,以固定受力筋位置和承受分斜拉应力,又叫钢筋。

(4) 架立筋 构成梁的钢筋骨架,用以固定钢筋的位置。

2. 钢筋、钢箍的弯钩

光圆面受力筋一般要在两端做弯钩,目的在于加强钢筋与混凝土的黏结力,避免钢筋在受拉时滑动。钢筋弯钩一般有三种形式:半圆弯钩、直弯钩和斜弯钩。

3. 预埋铁件

为了与其他构件联结或其他用途,在钢筋混凝土构件中,预埋带脚的钢板、型钢、钢筋等,属于预埋铁件,预埋件的代号是"M-"。

4. 应注意的问题

① 钢筋混凝土结构图除了表示构件的形状、大小以外,还要表示构件内部钢筋的配置、形状、数量和规格。规定:钢筋用粗实线表示,钢箍用中实线表示,构件轮廓用细实线表示。由于构件中钢筋和混凝土各尽所能、分工负责,因此钢筋在混凝土里的位置绝对不能搞错。

② 为了防止钢筋生锈,在浇捣混凝土时,要留有一定厚度的保护层,使钢筋不露在外面。因此看图时,要注意保护层的厚度。

③ 光圆钢筋两头要有弯钩,以便增强钢筋和混凝土的黏结力,而螺纹钢筋一般不需弯钩。

④ 混凝土构件图一般都附有钢筋表,识读时要核对钢筋的根数、直径和编号是否与有关的构件图一致。

三、钢筋图的尺寸标注

钢筋图上尺寸的注写形式与其他工程图相比有明显的特点。对于构件外形尺寸、构件轴线的定位尺寸、钢筋的定位尺寸等,采用普通的尺寸线标注方式标注(图 3-4)。

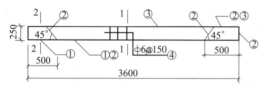 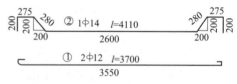

图 3-4 钢筋图的尺寸标注

钢筋的数量、品种、直径以及均匀分布的钢筋间距等,通常与钢筋编号集中在一起用引出线标注。

钢筋成型的分段长度直接顺着钢筋写在一旁,不画尺寸线;钢筋的弯起角度常按分量形式注写,注出水平及竖直方向的分量长度。

四、配筋平面图的绘制

对于钢筋混凝土板,通常只用一个平面图表示其配筋情况。

如图 3-5 所示,现浇钢筋混凝土板双向配筋,用了一个配筋平面图来表达。图中①、②号钢筋是支座处的构造筋,直径 8mm,间距均为 200mm,布置在板的上层,90°直钩向下弯(平面图上弯向下方或右方表示钢筋位于顶层)。③、④号钢筋是两端带有向上弯起

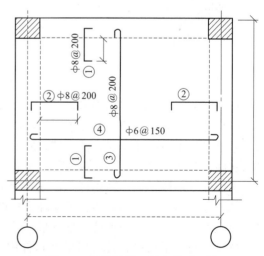

图 3-5 钢筋混凝土板配筋平面图

的半圆弯钩的Ⅰ级钢筋，③号钢筋直径为8mm，间距200mm；④号钢筋直径为6mm，间距150mm（平面图上弯向上方或左方表示钢筋位于底层）。

若是现浇钢筋混凝土单向板，习惯上，在配筋平面图中不画出分布筋，原因是分布筋一般为直筋，其作用主要是固定受力筋和构造筋的位置，不需计算，施工时可根据具体情况放置，一般是$\phi 4 \sim 6$，@$250 \sim 300$。

第三节　钢筋混凝土构件的平面整体表示法

《混凝土结构施工图平面整体表示方法制图规则和构造详图》图集，是国家建筑设计标准设计图集，在全国推广使用。

平面整体表示法简称平法，即是将结构构件的尺寸和配筋，按照平面整体表示法的制图规则，直接表示在各类构件的结构平面布置图上，再与标准构造详图相配合，即构成一套完整的结构施工图。

一、柱平法施工图制图规则

柱平法施工图是在柱平面布置图上采用截面注写方式或列表注写方式来表达的施工图。

1. 截面注写方式

（1）注写方式　在分标准层绘制的柱（包括框架柱、框支柱、梁上柱、剪力墙上柱）平面布置图的柱截面上，分别在同一编号的柱中选择一个截面，以直接注写截面尺寸和配筋具体数值的方式来表达柱平面整体配筋。

（2）编号　柱编号由代号和序号组成，并应符合表3-7规定。然后从相同编号的柱中选择一个截面，按另一种比例原位放大绘制柱截面配筋图，并在各配筋图上继其编号后再注写截面尺寸$b \times h$（对于圆柱改为圆柱的直径d）、角筋或全部纵筋（当纵筋采用同一种直径且能够图示清楚时）、箍筋的具体数值。在柱截面配筋图上标注截面与轴线关系b_1、b_2、h_1、h_2的具体数值。当纵筋采用两种直径时，须再注写截面各边中部纵筋的具体数值（对于采用对称配筋的矩形截面柱，可仅在一侧注写中部纵筋，对称边省略不注）。

表3-7　柱子的编号

柱子类型	代　号	序　号	柱子类型	代　号	序　号
框架柱	KZ	××	梁上柱	LZ	××
框支柱	KZZ	××	剪力墙柱	QZ	××
芯柱	XZ	××			

（3）注写箍筋　应包括钢筋种类代号、直径与间距。

（4）同一编号　截面注写方式中，如柱的分段截面尺寸和配筋均相同，仅分段截面与轴线关系不同时，可将其编为同一柱号。但此时应在未画配筋的柱截面上注写该柱截面与轴线关系的具体尺寸。

（5）不同标准层　当采用截面注写方式时，可以根据具体情况，在一个柱平面布置图上加小括号"（　）"和尖括号"〈　〉"来区分和表达不同标准层的注写数值，但与柱标高要一一对应。

(6) 起止标高 采用截面注写方式（图 3-6）绘制的柱施工图中，图名应注写各段柱的起止标高，至柱根部往上以变截面位置或截面未变但配筋改变处分段注写。框架柱和框支柱的根部标高为基础顶面标高；芯柱的根部标高系指根据结构实际需要而定的起始位置标高；梁上柱的根部标高为梁顶面标高；而剪力墙上柱的根部标高为墙顶部标高（柱筋锚在剪力墙顶部），当柱与剪力墙重叠一层时，其根部标高为墙顶往下一层的结构层楼面标高。截面尺寸或配筋改变处常为结构层楼面标高处。

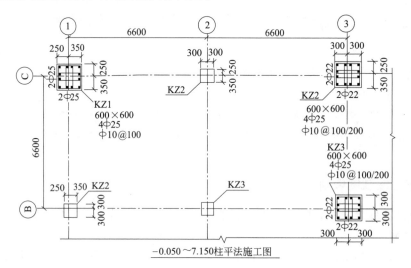

图 3-6 柱截面注写方式

2. 列表注写方式

(1) 注写方式

在柱平面布置图上，先对柱进行编号（图 3-7），然后分别在同一编号的柱中选择一个（当柱截面与轴线关系不同时，需选几个）截面注写几何参数代号（b_1、b_2；h_1、h_2）；在柱表中注写柱号、柱起止标高、几何尺寸（含柱截面对轴线的情况）与配筋的具体数值，并配以各种柱截面形状及其箍筋类型图的方式，来表达柱平面整体配筋。

(2) 柱表应注写内容

① 柱的编号。

② 起止标高。

③ 截面尺寸。对于矩形柱注写柱截面尺寸 $b \times h$ 及与轴线关系的几何参数代号 b_1、b_2 和 h_1、h_2 的具体数值，须对应于各段柱分别注写，其中 $b=b_1+b_2$，$h=h_1+h_2$。对于圆柱改为圆柱的直径 d。

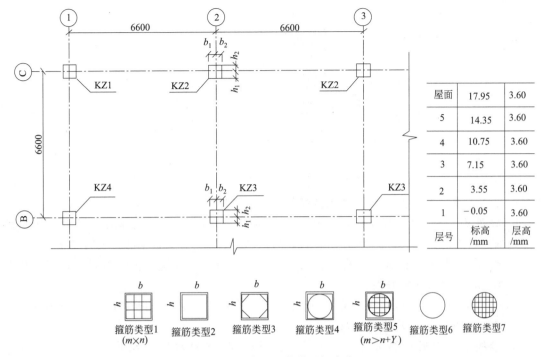

图 3-7 结构层及结构层标高表

④ 纵筋。当柱的纵筋直径相同,各边根数也相同(包括矩形柱、圆柱),将纵筋注写在"全部纵筋"一栏中;除此之外,柱纵筋分为角筋、截面 b 边中部筋和 h 边中部筋三项分别注写(对于采用对称配筋的矩形柱,可仅注一侧中部筋)。

⑤ 箍筋类型。在表中箍筋类型栏内注写箍筋类型及箍筋肢数。各种箍筋类型图以及箍筋复合的具体方式,根据具体工程由设计人员画在表的上部或图中的适当位置,并在其上标注与表中相应的 b、h 和编上类型号。

⑥ 箍筋直径和间距。在表中箍筋栏内注写箍筋,包括钢筋种类、直径和间距(间距表示方法及纵筋搭接时加密的表达同截面注写方式)。

二、梁平法施工图制图规则

梁平法施工图是在平面布置图上采用平面注写方式或截面注写方式来表达的施工图。

梁平面布置图,应分别按梁的不同结构层(标准层),将全部梁和其相关联的柱、墙、板一起采用适当比例绘制(板的配筋单独绘平面图)。

对于轴线未居中的梁,除贴柱边的梁外,应标注其偏心定位尺寸。

1. 平面注写方式

平面注写方式就是在梁的平面图上,分别在不同编号的梁中选出一根,用在其上注写截面尺寸和配筋具体数量的方式来表达梁的平面整体配筋。平面注写包括集中标注与原位标注,集中标注表达梁的通用数值,原位标注表达梁的特殊数值(如图 3-8 所示)。

① 梁集中标注的内容,按梁的编号、截面尺寸、箍筋、梁的上部贯通钢筋或架立筋的根数、梁侧面纵向构造钢筋或受扭钢筋配置、梁顶面标高相对于该结构楼面标高的高差值等内容依次标注。其中前五项必须标注,最后一项有高差时标注,无高差时不标注。

a. 梁的编号。梁的编号由梁的类型代号、序号、跨数和有无悬挑代号几项组成。跨数

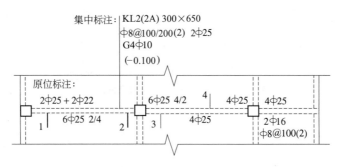

图 3-8 梁截面注写方法

代号中带 A 的为一端悬挑，带 B 的为两端悬挑，且悬挑处不计入跨数。

b. 截面尺寸。当为等截面梁时，用 $b×h$ 表示；当为悬臂梁采用变截面高度时，用斜线分隔根部与端部的高度值，即为 $b×h_1/h_2$，h_1 为根部高度，h_2 为端部较小的高度。

c. 箍筋。包括箍筋的种类、直径、间距和肢数。当梁跨内箍筋全跨为同一间距和肢数时直接标注，肢数写在括号内。

例如：Φ8@100/200(2) 表示箍筋为 HPB235，直径为 8mm，加密区间距为 100mm，非加密区间距为 200mm，均为双肢箍。

d. 梁的上部贯通钢筋或架立筋的根数。所注规格根数根据结构受力要求及箍筋肢数等构造要求确定。当同排纵筋中既有贯通筋又有架立筋时，应采用加号"+"将两者相连，注写时须将梁角部贯通筋写在加号的前面，架立筋写在加号后面的括号内。

如 2Φ20+(2Φ12) 常用于四肢箍时，2Φ20 为梁角贯通筋，2Φ12 为架立钢筋，单跨非框架梁时的架立筋不必加括号。

e. 梁侧面纵向构造钢筋或受扭钢筋配置。当梁腹板高度 h_W≥450mm 时，须配置纵向构造钢筋，所注规格与根数应符合规范规定。

如 G4Φ10 表示每侧各配置 2Φ10 纵向构造钢筋；N4Φ14 表示梁每侧各配置 2Φ14 受扭纵筋。

f. 梁顶面标高相对于该结构楼面标高的高差值。有高差时，将其写入括号内。如 (−0.10) 表示梁标高比该结构层标高低 0.10m。

② 梁原位标注内容为梁支座上部纵筋、下部纵筋、附加箍筋或吊筋及对集中标注的原位修正信息等。

a. 梁支座上部纵筋，指该部位含贯通筋在内的所有纵筋，标注在梁上方该支座处。

如 2Φ25+2Φ22 表示支座上部纵筋上排为 2Φ25，而下排为 2Φ22。

b. 梁的下部纵筋标注在梁下部跨中位置，标注方法同梁上部纵向钢筋。当下部纵筋均为贯通筋，且集中标注中已注写时，则不需在梁下部重复做原位标注。

如 4Φ25，表示梁下部纵筋为 4Φ25，全部伸入支座锚固。

c. 附加箍筋或吊筋应直接画在平面图中的主梁上，在引出线上注明其总配筋值（箍筋肢数注在括号内）。当多数附加横向钢筋相同时，可在图纸上说明，仅对少数不同值在原位引注。

d. 对集中标注信息的修正。根据原位标注优先原则，当梁上集中标注的内容一项或几项不适用于某跨或某悬挑部分时，则在该跨或该悬臂部位原位注写其实际数值。

2. 截面注写方式

截面注写方式就是在分标准层绘制的梁平面布置图上，分别在不同编号的梁中各选择一根用截面剖切符号引出配筋图，并在其上注写截面尺寸和配筋具体数值的方式来表达梁平面整体配筋。

在梁截面配筋详图上注写截面尺寸 $b \times h$、上部筋、下部筋、侧面构造筋或受扭筋和箍筋的具体数值时，表达方式同前。

截面注写方式常可与平面注写方式结合使用，对于梁布置过密的局部或为表达异型截面梁的尺寸及配筋时常采用截面注写方式表达。截面注写方式也可单独使用。

第四节 基 础 图

一、基础施工图的识图

基础施工图包括基础平面图和基础详图以及有关文字说明。基础施工图属于结构施工图的基本内容。阅读基础施工图首先要看结构设计总说明或文字说明，然后再看基础平面图和基础详图。图 3-9 为独立基础常用的形式。

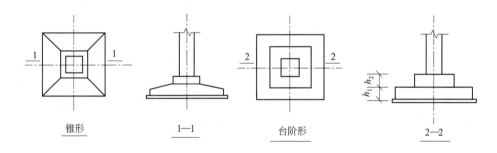

图 3-9 独立基础常用的形式

(1) 结构设计总说明主要内容　主要设计依据，如地质勘探报告等；自然条件，如风雪荷载等；材料标号及要求；标准图的使用；统一的构造做法；±0.000 相对的绝对标高、地耐力、材料标号、挖槽、验槽要求等相关内容。

(2) 基础平面图　基础平面图的形成与楼层建筑平面图相类似，主要表示基础的平面布置情况，定位轴线及其间距，基础的类型、管沟的平面位置和基础详图的剖切位置等。它与基础详图一起，用作放线、挖基槽和基坑、砌筑基础以及编制预算和施工进度计划的依据。

二、识读基础平面图时要注意的几个方面

① 基础平面图的轴线编号：纵横轴线的总尺寸和轴线间距尺寸。这些轴线编号和轴线尺寸与建筑平面图的轴线网一致，主要用来放灰线和确定各部分基础的位置。

② 基础平面布置是基础平面图的主要内容。

③ 管沟是暖气工种要求的，还应阅读暖气施工图。

④ 表明基础墙留洞。

⑤ 当基础宽度、墙厚、大放脚、基底标高、管沟做法不同时，均应画出不同的基础详图，并在相应的位置上标出剖面符号。

⑥ 有时在基础平面图上注有必要的文字说明。

三、基础详图

基础详图的作用是表明基础各组成部分的具体结构和构造，通常采用垂直剖面图来表示。

基础详图的组成部分包括垫层、基础放大脚、基础墙和防潮层等所用的材料和尺寸。

基础平面图只能表示基础的平面布置情况，而且用的比例较小，基础内部的详细构造和细部尺寸都无法表示出来。基础详图的作用则是表明基础各组成部分的具体结构和构造，通常采用垂直剖面图来表示。

基础详图主要表明基础各组成部分，包括垫层、基础放大脚，基础放大脚通常是采用垂直剖面图来表示。

凡不同构造部分都有单独的详图。对于一些复杂的独立基础，有时还加一个平面局部剖面图。平面图的左下角采用局部剖面，以大部分表示基础外形，以一小角表示基础的网状配筋情况。基础钢筋底下应有保护层。图 3-10 为常见的基础平面图和基础详图表示法。

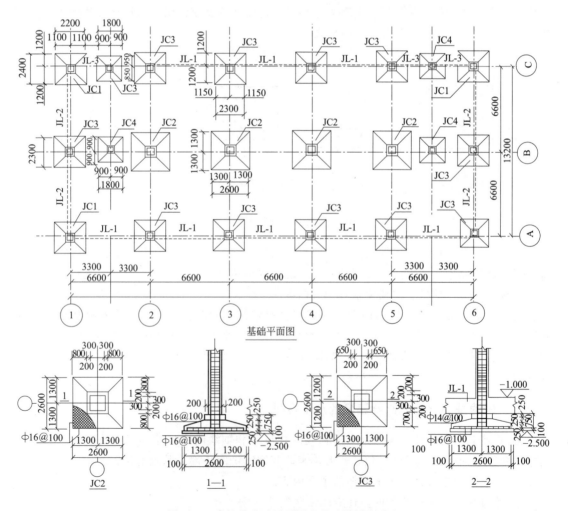

图 3-10 常见的基础平面图和基础详图表示法

第五节 钢结构图

钢结构图是用钢板、热轧型钢或冷加工成型的薄壁型钢制造的结构,钢结构构件较小,质量较轻,便于运输和安装,具有强度高、耐高温、易锈蚀等特点,主要用于大跨度结构、重型厂房结构和高层建筑等。

一、型钢及其连接

1. 常用型钢的标注方法。
常用型钢的标注方法应符合表 3-8 中的规定。
2. 螺栓、孔、电焊铆钉的表示方法
螺栓、孔、电焊铆钉的表示方法应符合表 3-9 中的规定。
3. 常用焊缝的表示方法
焊接钢构件的焊缝除应按现行的国家标准《焊缝符号表示法》(GB/T 324—2008)中的规定外,还应符合下列各项规定。

① 单面焊缝的标注方法。当箭头指向焊缝所在的一面时,应将图形符号和尺寸标注在横线的上方[图 3-11(a)];当箭头指向焊缝所在另一面(相对应的那面)时,应将图形符号和尺寸标注在横线的下方[图 3-11(b)]。

表示环绕工作件周围的焊缝时,其围焊焊缝符号为圆圈,绘在引出线的转折处,并标注焊角尺寸 K [图 3-11(c)]。

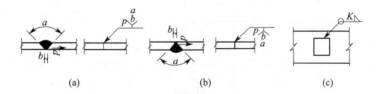

图 3-11 单面焊缝的标注方法

② 双面焊缝的标注方法。应在横线的上、下都标注符号和尺寸。上方表示箭头一面的符号和尺寸,下方表示另一面的符号和尺寸[图 3-12(a)];当两面的焊缝尺寸相同时,只需在横线上方标注焊缝的符号和尺寸[图 3-12(b)~(d)]。

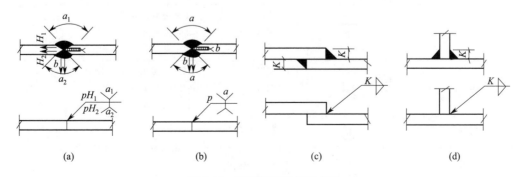

图 3-12 双面焊缝的标注方法

表 3-8　常用型钢的标注方法

序号	名称	截面	标注	说明
1	等边角钢	∟	∟$b \times t$	b 为肢宽，t 为肢厚
2	不等边角钢	∟	∟$B \times b \times t$	B 为长肢宽，b 为短肢宽，t 为肢厚
3	工字钢	I	IN　Q IN	轻型工字钢加注 Q 字，N 为工字钢型号
4	槽钢	[	[N　Q[N	轻型槽钢加注 Q 字，N 为槽钢的型号
5	方钢	□	□b	
6	扁钢	—	— $b \times t$	
7	钢板	——	$\dfrac{-b \times t}{l}$	$\dfrac{宽 \times 厚}{板长}$
8	圆钢	⊘	$\phi\ d$	
9	钢管	○	$DN \times \times$ $d \times t$	内径 外径×壁厚
10	薄壁方钢管	□	B□$b \times t$	薄壁型钢加注 B 字，t 为壁厚
11	薄壁等肢角钢	∟	B∟$b \times t$	
12	薄壁等肢卷边角钢	⌐	B⌐$b \times a \times t$	
13	薄壁槽钢	[	B[$h \times b \times t$	
14	薄壁卷边槽钢	[	B[$h \times b \times a \times t$	
15	薄壁卷边 Z 型钢	Z	BZ$h \times b \times a \times t$	
16	T 型钢	T	TW×× TM×× TN××	TW 为宽翼缘 T 型钢 TM 为中翼缘 T 型钢 TN 为窄翼缘 T 型钢
17	H 型钢	H	HW×× HM×× HN××	HW 为宽翼缘 H 型钢 HM 为中翼缘 H 型钢 HN 为窄翼缘 H 型钢
18	起重钢轨	⏊	⏊QU××	详细说明产品规格型号
19	轻轨及钢轨	⏊	⏊××kg/m 钢轨	

表 3-9 螺栓、孔、电焊铆钉的表示方法

序号	名称	图例	说明
1	永久螺栓		
2	高强螺栓		
3	安全螺栓		1. 细"＋"线表示定位线。 2. M 表示螺栓型号。 3. ϕ 表示螺栓孔直径。 4. d 表示膨胀螺栓、电焊铆钉直径。 5. 采用引出线标注螺栓时，横线上标注螺栓规格，横线下标注螺栓孔直径
4	胀锚螺栓		
5	圆形螺栓孔		
6	长圆形螺栓孔		
7	电焊铆钉		

③ 三个和三个以上的焊件相互焊接的焊缝，不得作为双面焊缝标注。其焊缝符号和尺寸应分别标注（图 3-13）。

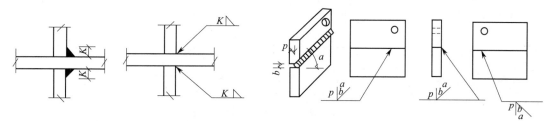

图 3-13 三个以上焊件的焊缝标注方法　　图 3-14 一个焊件带坡口的焊缝标注方法

④ 相互焊接的两个焊件中，当只有一个焊件带坡口时（如单面 V 形），引出线箭头必须指向带坡口的焊件（图 3-14）。

⑤ 相互焊接的两个焊件，当为单面带双边不对称坡口焊缝时，引出线箭头必须指向较大坡口的焊件（图 3-15）。

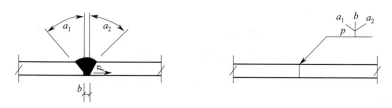

图 3-15 不对称坡口焊缝的标注方法

⑥ 当焊缝分布不规则时，在标注焊缝符号的同时，宜在焊缝处加中实线（表示可见焊缝）或加细栅线（表示不可见焊缝）（图 3-16）。

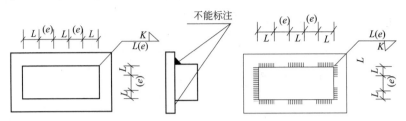

图 3-16　不规则焊缝的标注方法

⑦ 相同焊缝符号的标注方法。在同一图形上，当焊缝形式、断面尺寸和辅助要求均相同时，可只选择一处标注焊缝的符号和尺寸，并加注"相同焊缝符号"，相同焊缝符号为 3/4 圆弧，绘在引出线的转折处［图 3-17(a)］。

图 3-17　相同焊缝的标注方法

在同一图形上，当有数种相同的焊缝时，可将焊缝分类编号标注。在同一类焊缝中可选择一处标注焊缝符号和尺寸，分类编号采用大写的拉丁字母 A、B、C……［图 3-17(b)］。

⑧ 需要在施工现场进行焊接的焊件焊缝，应标注"现场焊缝"符号。现场焊缝符号为涂黑的三角形旗号，绘在引出线的转折处（图 3-18）。

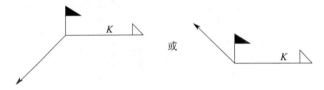

图 3-18　现场焊缝的标注方法

⑨ 图样中较长的角焊缝（如焊接实腹钢梁的翼缘焊缝），可不用引出线标注，而直接在角焊缝旁标注焊缝尺寸值 K（图 3-19）。

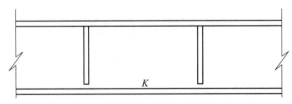

图 3-19　较长角焊缝的标注方法

⑩ 熔透角焊缝的符号应按图 3-20 的方式标注。熔透角焊缝的符号为涂黑的圆圈，绘在引出线的转折处。

⑪ 局部焊缝应按图 3-21 的方式标注。

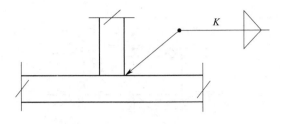
图 3-20 熔透角焊缝的标注方法

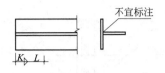
图 3-21 局部焊缝的标注方法

二、尺寸标注

① 两构件的两条很近的重心线，应在交汇处将其各自向外错开（图 3-22）。

图 3-22 两构件重心线不重合的表示方法

② 弯曲构件的尺寸应沿其弧度的曲线标注弧的轴线长度（图 3-23）。

③ 切割的板材，应标注各线段的长度及位置（图 3-24）。

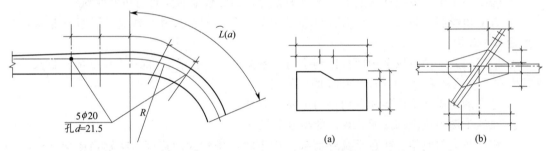

图 3-23 弯曲构件尺寸的标注方法　　　图 3-24 切割板材尺寸的标注方法

④ 不等边角钢的构件，必须标注出角钢一肢的尺寸（图 3-25）。

⑤ 节点尺寸，应注明节点板的尺寸和各杆件螺栓孔中心或中心距，以及杆件端部至几何中心线交点的距离（图 3-25、图 3-26，其中 L 为角钢的长度，$b \times d$ 表示等边角钢的宽度和厚度，$B \times b \times d$ 表示不等边角钢每边的宽度和厚度）。

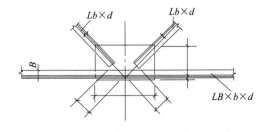
图 3-25 节点尺寸及不等边角钢的标注方法

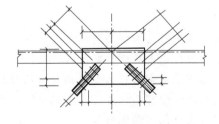
图 3-26 节点尺寸的标注方法

⑥ 双型钢组合截面的构件，应注明缀板的数量及尺寸（图 3-27）。引出横线上方标注缀板的数量及缀板的宽度、厚度，引出横线下方标注缀板的长度尺寸。

⑦ 非焊接的节点板，应注明节点板的尺寸和螺栓孔中心与几何中心线交点的距离（图 3-28）。

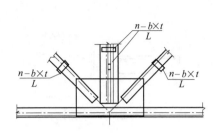 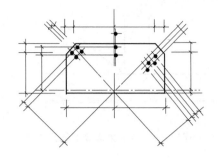

图 3-27　缀板的标注方法　　　　　图 3-28　非焊接节点板尺寸的标注方法

三、钢屋架施工图

施工图主要包括：屋架正面详图、上弦和下弦平面图，必要数量的侧面图和零件图。当屋架为对称时，可绘制半榀屋架。

钢屋架施工图的主要内容和基本要求如下。

① 图纸的左上角绘制整榀屋架的简图，左半跨注明屋架的几何尺寸，右半跨注明杆件的设计内力。

② 图纸的正中为屋架详图及上、下弦平面图，必要数量的侧面图和零件图。

③ 右上角绘制材料表，把所有杆件和零件的编号、规格尺寸、数量、重量和整榀屋架的重量填入表中。

④ 钢屋架施工图可以采用两种比例绘制，屋架轴线一般用 1∶20～1∶30 的比例尺，杆件截面和节点尺寸采用 1∶10～1∶15 的比例尺。

⑤ 施工图上应注明屋架和各构件的主要几何尺寸。

⑥ 在施工图中应全部注明各零件的型号和尺寸。

⑦ 跨度较大的屋架，在自重及外荷载作用下将产生较大的挠度，特别当屋架下弦有吊平顶或悬挂吊车荷载时，则挠度更大，这将影响结构的使用和有损建筑的外观。

⑧ 施工图上还应加注必要的文字说明，包括钢材的钢号、焊条型号、加工精度和质量要求，图中未注明的焊缝和螺栓孔的尺寸，以及防锈处理的要求等。

复习思考题

1. 结构施工图包括哪些内容？
2. 钢筋如何分类？分别有什么作用？
3. Ⅰ级钢筋端部为什么要弯钩？弯钩形式是如何规定的？
4. 钢筋标注分哪几种情况？分别如何标注？
5. 钢筋表应包括哪些内容？
6. 什么是平面整体表示方法？它是如何表示结构构件的？
7. 基础的种类有哪些？各自的基础平面图和基础详图表示方法是什么？
8. 钢结构中型钢的连接方法有哪几种？
9. 钢屋架施工图包括哪些内容？

第四章　环境工程施工概述

一、环境工程的定义

关于什么是环境工程，美国土木工程学会环境工程分会曾发表如下声明：环境工程通过健全的工程理论与实践来解决环境卫生问题，主要包括提供安全、可口、充足的公共给水；适当处置与循环使用废水和固体废物；建立城市和农村符合卫生要求的排水系统；控制水、土壤和空气污染，并消除这些问题对社会和环境所造成的影响，而且它还涉及公共卫生领域里的工程问题，例如通过控制动物传染的疾病，消除工业健康危害，为城市、农村和娱乐场所提供合适的卫生设施等。

由上述定义可以看出，环境工程是要通过控制环境污染、保持环境卫生来实现保护公众健康、造福人类社会的目的，而这一目的主要是通过环境工程的决策和实施过程来实现的。

二、环境工程的决策与实施

环境工程决策与实施过程如图 4-1 所示。

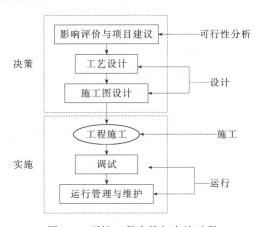

图 4-1　环境工程决策与实施过程

依据国家相关法律法规，建设项目应首先对其环境影响进行评价，如果某种影响超出标准限值，则必须在项目同期进行环境保护设施的设计与施工，为此建设单位需要委托设计单位进行可行性分析和施工图设计。当设计方案经论证认可后，建设单位就会寻求施工合作单位，依据设计方案进行工程施工。施工完成并经验收合格和运行调试后，建设单位就会对环境保护设施自行组织或委托他人进行运行管理和日常维护。

三、环境工程施工的内涵

环境工程施工是以环境工程设计方案为蓝本，利用各种工程技术方法和管理手段将环境工程的工程决策和设计方案转化为具体的环境保护工程设施的实施过程。作为环境工程决策与实施的重要过程，它不仅是环境工程设施质量和运行维护安全的基本保障，而且是环境工程项目进行成本控制的重要环节。

四、环境工程施工的目标

环境工程施工的基本目标是安全、经济而高效地实施环境工程设计方案。在这一过程中要做到如下几点：

① 依据规范和施工图纸施工，建设质量合格的环境工程设施。
② 在施工过程中实现安全生产，保证施工人员安全和职业健康。
③ 通过科学管理实施有效的成本控制，以提高环境工程施工的经济效益。
④ 通过严格组织和管理，合理控制工期，提高施工效率。

五、环境工程施工的原则

为了顺利完成上述任务，环境工程施工必须遵循如下原则。

（1）按图施工的原则　施工图是设计者针对工程实际做出的最终决策，环境工程施工必须严格按照施工图进行，而不能随意篡改设计方案；如果确实需要变更设计方案，则必须征得设计者和甲方的同意，依据现场情况重新设计。

（2）按规范施工的原则　工程施工的内容和技术方法不仅取决于设计方案，还要受相关工程学科自身规律限制，因此环境工程施工必须做到按规范施工。只有遵循了相应的工程规范，施工才能保证工程质量。

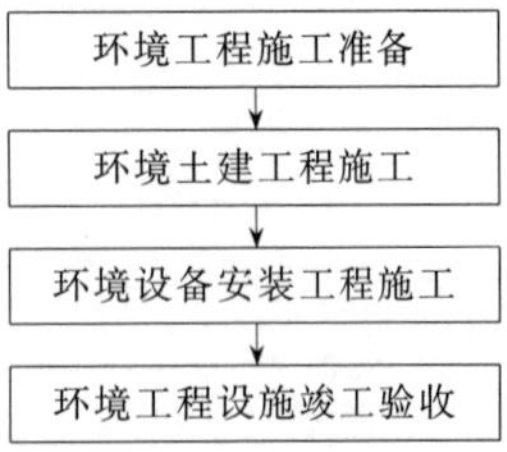

（3）全面组织与系统规划的原则　环境工程施工涉及土方工程、基础工程、钢筋混凝土工程、砌筑与装饰工程、水暖电及消防工程和设备安装工程等多种工程施工，每项工程都有自身的特点和规律，内容复杂多样，在工程施工过程中既要按各自规范施工，又要相互配合，因此环境工程施工只有做到全面组织和系统规划，才能保证质量、提高效率。

图 4-2　环境工程施工步骤

（4）强化管理的原则　环境工程施工的基本任务是建设优质的环境设施，同时控制成本和工期，提高效益和效率，因此在施工过程中必须秉持强化管理的原则，以保证工程质量、降低成本、提高效率。

六、环境工程施工的程序及内容

环境工程施工一般包括环境工程施工准备阶段、环境土建工程施工阶段、环境设备安装工程施工阶段和环境工程设施竣工验收阶段，如图 4-2 所示。

各个阶段有包含许多具体内容，如图 4-3 所示。

各工序具体内容如下。

① 施工准备。是指在施工之前所做的准备工作，主要包括编制施工组织设计、图纸会审和技术交底、办理开工报告、修建临时设施、编制施工材料采购计划、准备施工材料与设备、测量与检验、组织劳动力进行技术培训等内容。

② 土方工程及地基与基础工程。主要包括场地平整和基坑（或沟槽）开挖、地基处理与基础施工等内容。

③ 钢筋混凝土工程。主要包括钢筋绑扎、模板制备和混凝土浇筑施工，用以建设环境

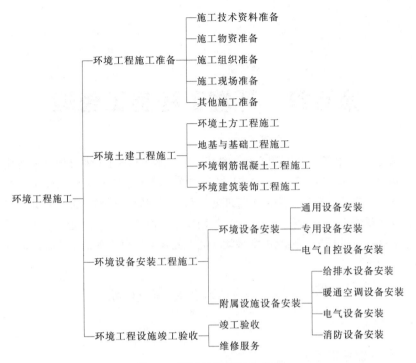

图 4-3 环境工程施工的内容

设施的主体构筑物和附属设施，如单体构筑物及泵房等。

④ 砌筑工程与装饰工程。主要包括利用砌块和砂浆构筑建筑物和附属设施，然后通过各种装饰手段对该设施进行装饰等过程。

⑤ 建筑水暖电工程及消防工程。主要包括环境工程设施中的建筑物的给排水、采暖通风和供电设施以及消防等配套设施的施工建设。

⑥ 设备安装工程。主要包括各种工艺管道、通用和专有设备以及电控设备的安装等内容。

⑦ 环境工程施工验收和维修服务。当土建工程和设备安装工程施工完成之后，施工方可申请相关管理部门进行施工验收，验收合格之后环境工程设施才能交付使用；交付使用后，施工单位还需根据合同的规定对环境工程设施进行一定时期的维修服务，直至合同期满。

复习思考题

1. 简述环境工程的含义。
2. 简述环境工程施工的基本目标。
3. 简述环境工程施工的原则。
4. 简述环境工程施工的程序。

第五章 环境工程施工管理

环境工程施工的基本任务是利用有限的资源，在有限的时间内将设计方案转化为优质的环境设施。为了提高资源利用效率、保证施工安全和施工质量、控制工期和成本，必须对环境工程施工过程进行科学管理。环境工程施工管理就是利用现代管理科学的基本原理和方法对施工过程进行控制，以实现施工过程的安全、质量、工期和成本控制目标的过程。环境工程施工管理通常是针对具体工程项目进行的，因此本章将就环境工程施工项目管理的主要方面进行简介。

第一节 施工项目管理简介

一、施工项目管理的含义

1. 施工项目的含义与特征

施工项目是施工企业利用有限资源，在有限时间内完成某项工程或设施建设的过程。施工项目有可能是一个完整的建设项目，也可能是其中的一个单项或单位工程。施工项目具备如下特征。

① 施工项目是以建设项目或其单项工程为目标的单件性施工任务，要根据项目具体特征和特殊情况进行针对性管理。

② 施工项目是施工企业针对项目目标，在一定约束条件下完成施工任务，同时实现施工的安全、质量、工期和成本控制的过程。

③ 施工项目是由工程承包合同界定的一项整体性任务，多种目标和外界条件需要相互协调，寻求总体优化。

④ 施工项目具有工期限制的生命周期特征，整个生命周期又可以划分为若干阶段，每个阶段都有其工期要求和特定目标。

2. 施工项目管理的含义与特征

施工项目管理是施工企业对具体施工项目进行计划、组织、协调和控制，以实现施工过程安全、质量、工期和成本控制目标的过程。施工项目管理具有如下特点。

① 施工项目管理的主体是施工企业。

② 施工项目管理的对象是施工项目，包括建设项目及其单项或单位工程的施工过程。

③ 施工项目管理在时间上涵盖了施工准备到竣工验收的整个项目周期，在内容上涉及施工计划、人力和物力的组织和协调，以及施工安全、质量、工期和成本的控制，因此具有很大的复杂性。

二、施工项目管理的过程

根据施工项目的生命周期特征，施工项目管理可划分为立项、施工准备、现场施工、竣工验收和保修五个阶段，它们构成了施工项目管理的全过程。

1. 立项阶段

建设单位对施工项目进行可行性研究并获得审批以后，就会进行招标。施工单位则会根据标底做出投标决策，以取得中标资格。如果建设单位和施工单位达成一致，就会签订承包合同。施工单位所做的施工决策是施工项目寿命周期的第一阶段，称为立项阶段，其最终管理目标是签订工程承包合同，该阶段的主要工作有：

① 施工企业进行项目投标决策。
② 收集投标所需基本信息。
③ 编制标书。
④ 中标后与建设单位谈判，依法签订工程承包合同。

2. 施工准备阶段

施工单位与建设单位签订工程承包合同后，应立即与建设单位配合进行施工准备工作，以保证顺利开工和连续施工，这一阶段主要工作有：

① 建立施工管理机构和组织。
② 编制施工组织设计和施工预算等施工技术资料，以指导施工准备和施工。
③ 制定施工项目管理规划，以指导施工项目管理。
④ 进行施工物资准备和施工现场准备。
⑤ 编写开工申请报告，申请开工。

3. 现场施工阶段

施工阶段是指在指定工期内完成工程设施建设的过程，施工管理机构应在建设单位和其他相关部门的支持与协调下，完成工程承包合同所规定的施工任务，以达到竣工验收条件。这一阶段的主要工作如下：

① 按施工组织设计进行施工。
② 保证施工安全和质量，控制施工进度和造价。
③ 施工现场管理，做到文明施工。
④ 严格履行工程承包合同，做好合同管理。

4. 竣工验收阶段

当现场施工结束后，施工单位与建设单位应联合相关部门进行竣工验收，验收合格后工程设施才能交付使用。这一阶段的目标是对施工过程进行总结、评价、施工结算等，其主要工作如下：

① 工程收尾。
② 调试运行。
③ 竣工验收。
④ 整理、移交竣工文件，编制竣工总结报告，进行财务结算。
⑤ 办理工程交付手续。

5. 保修阶段

在办理工程交付手续后，施工单位应按照合同所规定的责任期进行保修，其目的是保证工程设施正常使用，这一阶段的主要工作有：

① 技术咨询和维修服务。
② 进行工程回访，听取建设单位意见，总结经验教训。

三、施工项目管理的内容

为了实现对施工安全、质量、工期和成本的控制，提高效率和效益，施工单位必须在施工过程中加强管理工作，其具体内容如下。

1. 施工管理机构的组建
① 聘任项目经理。
② 组建施工项目管理机构，明确权责和义务。
③ 制定施工项目管理制度。

2. 编制施工组织设计

施工组织设计是对施工项目管理的组织、内容、方法、步骤进行决策所编制出的纲领性文件，其主要内容有：

① 根据单位或单项工程施工对象进行建设项目施工解析，形成施工对象管理体系，以确定分段控制的目的。
② 绘制施工项目管理工作体系图和施工项目管理工作信息流程图。
③ 进行施工管理规划，确定管理点，形成文件，编制施工组织设计。

3. 施工项目管理的目标控制

施工项目管理的核心任务是实现施工项目的阶段性目标和最终目标，因此，施工单位必须对施工过程进行全过程的控制，施工项目管理的目标控制有以下几项内容：

① 施工进度控制。
② 施工质量控制。
③ 施工成本控制。
④ 施工安全和职业健康控制。
⑤ 施工现场控制。

由于施工目标控制会受到各种客观因素的干扰，所以应通过组织协调和风险管理，对施工项目进行动态控制。

4. 施工项目招投标及合同管理

为引进市场竞争机制，施工项目通常采用招投标管理机制，建设单位和施工单位可以根据自身需求针对具体工程进行招投标。为了规范项目管理，招投标双方必须依法签订工程承包合同，并严格履行合约所规定的义务。这就涉及施工项目的招投标管理和合同管理，招投标管理和合同管理的效果将直接影响到施工项目的技术经济目标的实现，因此要加强施工项目招投标、工程承包合同的签订及履行的管理。招投标管理及合同管理是一项与法律密切相关的活动，在涉及国际工程的合同管理中，应对相关国际法律法规予以高度重视。为了取得经济效益，还应注意搞好索赔等内容。

第二节 环境工程施工进度控制

为了保证施工项目在工期内顺利完成，应对施工项目进行有效的进度控制。施工进度控制是指根据各施工阶段的工作内容、程序、工期和衔接关系编制施工计划，并在该计划执行过程中实时检查，采取措施弥补偏差或调整修改计划，直至竣工验收为止的管理过程。进度控制的目标是确保在工期内完成施工任务。

施工项目的进度控制是一个动态循环过程,其基本步骤如下:①明确施工进度目标,根据施工对象进行解析,编制施工进度计划;②收集实际进度数据,与进度计划进行比较分析;③针对偏差调整计划或采取纠偏措施。

一、施工进度目标分析

施工进度控制首先应明确进度控制总体目标,即项目工期,然后根据施工对象对进度总体目标进行层层分解,形成进度控制目标体系,其具体内容如下。

1. 确定施工进度控制目标

施工项目进度控制的目的就是在指定工期内完成施工任务,因此,施工项目所允许的工期就是实际施工的进度控制目标。确定施工进度控制目标的主要依据有建设项目的施工工期要求、工期定额、施工难易程度和施工条件的落实情况等。

在确定施工进度控制目标时,还要考虑下列因素。

① 大型建设项目应分期、分批施工,应处理好施工准备和施工过程之间、主体工程与附属工程之间、单位或单项工程之间的关系,并掌握好工程难易度和工程条件的落实情况等。

② 合理安排土建施工和设备安装施工的顺序及搭接,明确设备安装对土建工程要求和土建工程为设备安装提供的施工条件、内容与时间。

③ 做好施工技术资料、劳动组织、物资、现场施工准备,确保施工顺利而连续进行,以确保施工进度控制目标。

④ 考虑外部条件,如水、电、气、通信、道路及其他服务项目等的配合,它们必须与有关项目的进度目标相协调。

⑤ 考虑施工项目所在地区的地质、水文、气象等条件的限制。

2. 划分阶段性进度控制目标

为制订施工项目进度控制计划,必须对施工进度控制总体目标进行层层分解,划出具体的阶段性进度控制目标,然后再将上述目标组织起来,构成施工项目进度控制的目标系统。每一层目标既是上一层目标的约束条件,又是实现下一层目标的保证。施工项目阶段性进度目标可按如下方面划分。

(1) 按施工专业和阶段划分 环境工程施工涉及土方工程、基础工程、钢筋混凝土工程、砌筑与装饰工程、水暖电及消防工程和设备安装工程等多种专业施工,各专业施工应按照一定顺序阶段性地进行。因此工序管理是项目管理的基础,只有控制好各阶段工序的进度目标,并实现各专业施工之间的配合衔接,才能实现施工项目进度控制目标。根据各个专业施工阶段,将环境工程施工项目进度控制目标划分若干阶段性目标,对每个施工阶段条件和问题进行更加具体的分析,制订各阶段的施工计划,并相互协调,以保证总体进度控制目标的实现。

(2) 按施工单位划分 如果施工项目由多个施工单位共同完成,则要以总进度计划为依据,确定各单位的分包目标,并通过分包合同落实各单位的分包责任,以实现各单位目标来保证施工进度控制总体目标的实现。

(3) 按时间划分 按进度控制目标将施工总进度计划划分为逐年、逐季、逐月的进度计划。

二、施工进度控制的程序和内容

1. 施工进度控制程序

施工进度控制程序如图5-1所示。

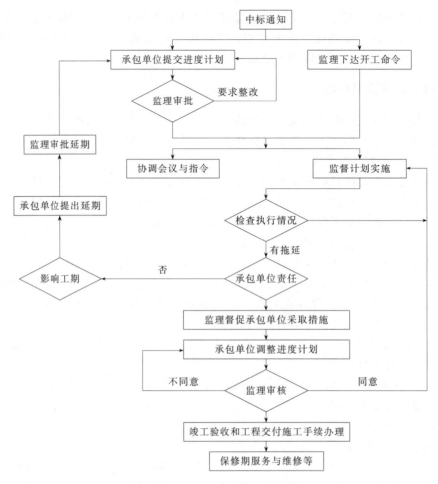

图 5-1 施工进度控制程序示意图

2. 施工进度控制内容

施工进度控制根据控制时序可划分为事前进度控制、事中进度控制和事后进度控制，其主要内容如下。

(1) 事前进度控制　事前进度控制是施工前进行的准备性进度控制措施，主要是根据施工进度目标编制施工进度控制计划，其主要内容如下。

① 编制施工总体进度计划：根据合同工期、施工进度控制目标，对施工准备工作及各项施工任务进行规划，并确定各单位工程施工衔接关系。

② 编制单项或单位工程施工进度计划：利用流水施工原理和网络计划技术，编制单项或单位工程的实施计划，并实现施工的连续性和均衡性。

③ 编制年度、季度、月度施工计划：以施工进度总体计划为基础编制年度工程计划，确定单项或单位工程的季度或月度进度计划，保证相互搭配和衔接。

④ 拟定施工进度控制工作的细则：确定进度控制工作的特点、内容、方法及具体措施，进行风险分析，提出待解决的问题等。

(2) 事中进度控制　事中进度控制是对施工过程进行的进度控制，主要是对进度计划进行检查分析，并针对偏差提出纠偏措施等，其主要内容如下。

① 建立项目施工进度控制的实施体系。

② 对施工进度进行实时检查,并作好施工进度记录,以掌握施工进度实施动态。
③ 对收集的进度控制数据进行整理和分析,从中发现进度偏差。
④ 分析进度偏差的影响,并进行进度预测,提出可行的纠偏措施。
⑤ 调整进度计划。
⑥ 强化施工管理,预防施工质量和安全事故,减少这些问题对进度的影响。
⑦ 加强现场协调调度,及时解决组织、资源矛盾,保证施工进度。

(3) 事后进度控制 事后进度控制是施工任务完成后进行的进度控制工作,主要包括及时组织竣工验收和办理工程交付手续,处理工程索赔,工程进度资料整理归档等。

三、施工进度控制的方法与措施

1. 施工进度控制方法

施工进度控制方法主要有以下三种。

① 施工进度控制规划:即首先确定施工进度控制总体目标和阶段性进度控制目标,并据此编制进度控制计划。

② 施工进度控制:是指在施工全过程中,跟踪检查实际施工进度,与计划进度进行比较发现偏差,并及时采取措施加以调整和纠正。

③ 施工进度协调:是指协调各单位、部门和施工队之间的进度关系,保证施工均衡和相互搭配衔接。

2. 施工进度控制措施

① 组织措施。建立进度控制的组织体系,落实进度控制的人员及权责;根据施工专业、工序及合同要求进行进度目标解析,建立进度控制目标体系;确定进度协调和控制的工作制度,分析进度计划实施的干扰因素和风险程度。

② 技术措施。包括在保证质量和安全、降低成本前提下加快施工进度的施工技术、管理方法、预测控制措施、检测监控措施和调整控制措施等。

③ 合同措施。指与各施工单位所签订的工程承包合同中所规定工期应与总体进度计划相协调,并要求各承包单位严格履行合同工期。另外合同中应明确关于工期的奖励条款。

④ 经济措施。指实现进度控制的资金保证措施及相应的进度控制经济奖惩制度等。

⑤ 信息管理措施。指及时收集各单位工程实际进度信息,并进行整理、分析,与计划进度相比较,分析影响进度的程度,以采取对策。

第三节 环境工程施工质量控制

一、施工质量控制概述

1. 工程质量与工程质量控制

工程质量是国家有关法律、法规、技术标准、规范、设计文件及工程合同对工程的安全、使用、经济、美观等特性的综合要求。工程质量不但是指工程活动的结果,即工程设施的质量,还指工程活动过程本身,即决策、设计、施工、验收各环节的质量。

工程质量的形成涉及了项目决策、设计、施工和竣工验收各个阶段的工作质量,所谓工程质量控制是指为满足工程质量而采取的技术措施和管理方法等。工程质量控制一般是通过如下三个环节来实现的。

① 决策与计划：根据相关法规、标准制订质量控制计划，建立相应组织机构。

② 实施：根据质量控制计划进行实施，并在实施过程中进行检查和评价。

③ 纠正：对不符合质量规划的情况进行及时处理，采取必要纠正措施。

2. 施工质量与施工质量控制

施工是形成工程设施、实现工程产品价值的重要过程。施工质量是指由相关施工规范和标准、设计文件和施工合同所规定的关于施工过程安全、功能、成本等特性的要求，它是整个施工决策实施过程的综合结果。

为了满足施工质量要求，保证工程产品使用价值，必须采取一定技术措施和管理方法对施工质量进行控制。施工质量控制是指为达到施工质量要求，对其施工质量形成的全过程进行监督、检查、检验和验收的过程。施工质量控制应贯穿于工程投标、合同评审到工程项目竣工验收、交付使用至保修期满的整个过程。

二、施工质量控制的目标、原则

1. 施工质量控制的目标

施工质量控制的总体目标是贯彻执行建设工程质量法规和强制性标准，正确配置施工生产要素和采用科学管理的方法，实现工程项目预期的使用功能和质量标准。这是建设项目参与各方的共同责任。

① 建设单位的质量控制目标是通过施工全过程的全面质量监督管理、协调和决策，保证竣工项目达到投资决策所确定的质量标准。

② 设计单位在施工阶段的质量控制目标是通过对施工质量的验收签证、设计变更控制及纠正施工中所发现的设计问题、采纳变更设计的合理化建议等，保证竣工项目的各项施工结果与设计文件（包括变更文件）所规定的标准相一致。

③ 施工单位的质量控制目标是通过施工全过程的全面质量自控，保证交付满足施工合同及设计文件所规定的质量标准（包括工程质量创优要求）的建设工程产品。

④ 监理单位在施工阶段的质量控制目标是通过审核施工质量文件、报告报表及现场旁站检查、品行检测、施工指令和结算支付控制等手段的应用，监控施工承包单位的质量活动行为，协调施工关系，正确履行工程质量监督责任，以保证工程质量达到施工合同和设计文件所确定的质量标准。

2. 施工质量控制的原则

①"质量第一，用户至上"的原则。施工工程产品直接关系到人民生命财产的安全，所以工程施工应始终坚持"质量第一，用户至上"的基本原则。

②"以人为本"的原则。施工过程中应该调动人的积极性、创造性，增强人的责任感，避免人的失误，坚持以人为本的质量控制原则。

③"预防为主"的原则。施工质量控制应坚持过程控制、预防为主的原则，避免工程质量事故的出现。

④ 坚持质量标准的原则。施工过程中应该严格恪守质量标准，保证施工质量。

⑤ 贯彻科学、公正、守法职业规范的原则。

三、施工质量控制过程

施工质量控制是一个由施工准备（事前）质量控制、施工过程（事中）质量控制和竣工验收（事后）质量控制组成的复杂系统过程，事前质量控制、事中质量控制和事后质量控制相互联系，共同保证施工质量控制系统的运行，实现总体质量目标。施工质量控制的总体程序及组成如图 5-2 所示。

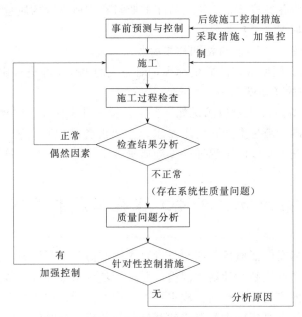

图 5-2　施工质量控制的总体程序及组成

1. 事前质量控制

事前质量控制是指正式施工前、施工准备期所采取的质量控制手段和措施，一般包括以下工作内容。

① 制定和落实施工质量责任制度。

② 做好施工技术资料准备，正确编制施工组织设计；控制施工方案和施工进度、施工方法和技术措施，以保证工程质量；进行技术经济比较，取得施工工期短、成本低、安全生产、效益好的经济质量。

③ 认真进行施工现场准备，检查施工场地是否"三通一平"，临时设施是否符合质量和施工使用要求，施工机械设备能否进入正常工作运转状态等。

④ 制定和执行严格的施工现场检查制度，核实原材料、构配件产品合格证书；进行材料进场质量检验；检查操作人员是否具备相应的操作技术资格，能否进入正常作业状态；劳动力的调配，工种间的搭接，能否为后续工作创造合理的、足够的工作面等。

2. 事中质量控制

事中质量控制是指在施工过程中采取一定技术方法和管理措施，以保证施工质量的过程。事中质量控制是施工质量控制的重点，其主要控制策略为：全面控制施工过程质量，重点控制施工工序质量。

事中质量控制的具体措施包括：

① 施工项目方案审核。

② 技术交底和图纸会审记录。

③ 设计变更办理手续。

④ 工序交接检查，质量处理复查，质量文件建立档案。

⑤ 技术措施，如配料试验、隐蔽工程验收、计量器具校正复核、钢筋代换制度、成品保护措施、行使质控否决制度等。

3. 事后质量控制

事后质量控制是指在完成施工、进行竣工验收过程中所采取的质量检查、验收等质量控制措施，其具体内容如下。

① 准备竣工验收资料，组织自检和初步验收。

② 按设计文件和合同所规定的质量标准，对完成的单项工程进行质量评价。

③ 组织工程设施的联动试车。

④ 组织竣工验收，验收工程应满足如下要求：按设计文件和合同规定的内容完成施工，质量达到国家质量标准，满足生产和使用要求；主要设备已配套安装，联动负荷试车合格，形成设计生产能力；交工验收的工程辅助设施质量合格、运转正常；技术档案资料齐全。

第四节 环境工程施工成本控制

施工成本控制是指在保证项目工期和质量要求的前提下，利用组织措施、经济措施、技术措施、合同措施把成本控制在计划范围内，并进一步寻求最大限度节约成本的过程，也称成本管理。成本控制的主要任务包括：成本预测、成本计划、成本核算和成本分析等。施工成本控制是在施工过程中对各项生产费用的开始进行监督，及时纠正发生的偏差，把各项费用的支出控制在计划成本规定范围之内，以保证成本计划的实现。

一、施工成本控制概述

1. 施工成本及其构成

施工成本是施工企业为完成施工项目的施工任务所耗费的各项生产费用的总和，它包括施工过程中所消耗的生产资料价值以及以工资形式分配给劳动者的劳动力使用价值。按经济用途分，施工成本包括直接成本和间接成本两类，如图 5-3 所示。

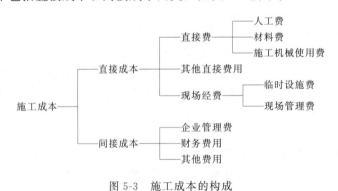

图 5-3 施工成本的构成

2. 施工成本控制的意义

施工成本控制是在施工过程中运用各种技术手段与管理措施对施工直接成本和间接成本进行严格管理和监督的系统过程，其意义在于：

① 施工成本是施工工作质量的综合反映，施工成本的降低意味着施工过程中物资和劳动的节约，表明材料消耗率的降低和劳动生产率的提高。严格控制施工成本，可以及时发现

施工生产和管理中存在的问题，以便采取措施，充分利用人力和物力，提高效率和效益。

② 施工企业是通过施工过程生产工程产品，获得经济效益，只有严格控制施工成本，才能降低消耗，提高利润率，因此施工成本控制是增加企业利润、扩大企业资本积累的最主要途径。

二、施工成本控制的原则与依据

1. 施工成本控制的原则

为了实现对施工成本的有效控制，必须遵循如下原则。

① 经济和质量兼顾的原则。施工成本控制的根本目的在于降低施工成本和提高经济效益，但不能为片面追求经济效益而忽视工程质量、施工安全等社会效益。施工成本控制必须正确处理工程质量和成本的关系，做到统筹兼顾。

② 责权利相结合的原则。为了实现施工成本控制的管理效能，施工企业应按照经济责任制的要求，划分组织及人员的责任、权力和利益，以推动职责的履行，因此，在施工成本控制过程中必须认真贯彻责权利相结合的原则。

③ 全面控制原则。由于成本是一个反映各专业施工单位和有关职能部门以及全体职工工作成果的综合性指标，因此，为了实现施工成本控制必须坚持全面控制的原则，即通过对全体职工的管理进行施工成本控制。全面成本控制要求人人、事事、处处都要按照定额、限额和预算进行管理，以便从各方面杜绝浪费。

④ 全过程控制原则。全过程成本控制是指成本控制的对象范围必须贯穿于成本形成的全过程，包括施工规划、劳动组织、材料供应、工程施工和工程验收及交付使用等各个方面。只有坚持全过程控制，才能有效降低施工总成本。

2. 施工成本控制的依据

① 工程承包合同。施工成本控制应依据工程承包合同中所规定的质量要求和工程造价，确定施工成本控制方案和具体措施，并通过施工预算和实际成本比较，寻求成本控制空间，获取最大经济效益。

② 施工成本计划。它是根据施工项目的具体情况制订的施工成本控制方案，包括预定的具体成本控制目标和实现控制目标的措施与规划，它是施工成本控制的指导文件，为实现施工成本控制，必须严格执行施工成本计划。

③ 施工进度报告。它提供了每一时刻工程实际完成量和施工成本实际支付情况等信息。施工成本控制应以此为依据，比较实际施工成本与施工计划成本，找出差别并分析偏差产生的原因，进而采取措施控制成本。

④ 工程变更文件。工程变更是指在项目的实施过程中，由于各方面的原因而变化设计方案、进度计划、施工条件、施工方案和工程数量等。工程变更将导致工期、成本发生变化，因此，施工成本控制就应对变更文件中各类数据进行分析，随时掌握变更情况，如已发生工程量、将要发生工程量、工期是否拖延、支付情况等重要信息，以判断变更以及变更可能带来的成本变化。

另外，施工组织设计、分包合同文本等也都是施工成本控制的依据。

三、施工成本控制的程序与手段

1. 施工成本控制的程序

施工成本控制是一个运用各种手段对施工成本进行全面的、全过程的监督、管理的过程，其基本程序如图 5-4 所示。

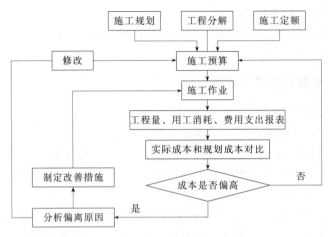

图 5-4 施工成本控制的基本程序

施工成本控制包括工程投标和工程承包合同签订、施工准备、施工以及竣工交付使用和保修四个阶段，各阶段的具体控制内容如下。

① 工程投标和工程承包合同签订阶段：应根据工程概况和招标文件进行项目成本预测，并根据工程承包合同确定成本控制总体目标。

② 施工准备阶段：应该结合施工合同和设计文件进行施工成本预算，根据施工组织设计编制施工成本计划，对单项或单位工程进行成本分解预算和成本事前控制。

③ 施工阶段：根据施工成本计划、劳动定额、材料消耗定额和费用开支标准等，检查、监督实际发生成本，比较并分析偏差原因，采取事中质量控制措施。

④ 竣工交付使用和保修阶段：对竣工交付过程及保修期发生的成本进行控制。

2. 施工成本控制的手段

施工成本控制的手段包括：计划控制、预算控制、会计控制和制度控制等，其主要内容如下。

① 计划控制。指通过制订成本计划的方式对施工成本进行控制，其过程是依据工程承包合同和施工组织设计等编制成本计划，内容包括单项或单位工程成本的分解以及成本控制技术或管理措施等，其目标是将施工成本控制在成本计划标准范围内。

② 预算控制。预算是施工前根据一定标准或市场状况对施工项目价格进行估计的过程，也称承包价格。作为一种施工的最高限额，预算等于预期利润加上工程成本，因此它可用作成本控制标准。

③ 会计控制。指用会计手段，通过记录实际发生的成本及其凭证，对成本支出进行核算与监督，从而发挥成本控制作用，其优点是系统性强，严格而具体，计算准确，政策性强，它是理想的和必需的成本控制手段。

④ 制度控制。指通过制定成本管理制度，对成本控制做出具体规定，作为行动准则，约束施工人员和管理人员的活动，以达到控制成本的目的，其主要内容包括成本管理责任制度、技术组织措施制度、成本管理制度、定额管理制度、材料管理制度、劳动工资管理制度、固定资产管理制度等。

在施工成本控制过程中，上述手段往往是相互联系的，通过各种手段的综合运用来完成成本控制的总体目标。

第五节 环境工程施工安全控制

由于自然或人为的原因,在环境工程施工过程中往往会发生安全事故,不但会严重影响施工项目进度和工程质量,而且还会造成人民生命财产不可挽回的损失。为了规避风险、杜绝事故,必须对施工项目进行有效控制,以实现施工过程的安全生产。施工安全控制是施工项目管理的重要内容,是衡量施工管理水平的重要标志,也是实现施工目标的根本保障。

一、环境工程施工安全控制概述

1. 安全和安全控制的基本概念

安全是指规避了不可接受的损害风险的状态,不可接受的损害风险主要是指超出了法律法规、方针政策和人们普遍意愿要求的状态。

安全生产是指使生产过程处于避免人身伤害、设备损坏及其他不可接受损失的状态。安全生产的基本方针是"安全第一,预防为主"。"安全第一"是指在生产过程中把人身安全放在首位,当生产和安全相冲突时,应首先保证人身安全,坚持以人为本的理念;"预防为主"是指应采取正确的预防措施,防止和消除事故发生的可能性,争取零事故。

安全控制是指为了满足安全生产、避免生产过程中的风险所采取的计划、监督检查、协调和改进等一系列技术措施和管理活动。

2. 施工安全控制的含义与目标

施工安全控制是指为了保证施工过程的安全生产,避免施工过程中可能发生的事故风险,对施工过程进行计划、组织、监控、调节和改进的一系列技术措施和管理活动。施工安全控制的基本目标有:

① 降低或避免施工过程中施工人员和管理人员的不安全行为。
② 减少或消除施工设备和材料的不安全状态。
③ 保证施工人员职业健康和实现施工环境保护。
④ 强化安全管理。

3. 施工安全控制的特点

由于工程施工工序复杂,影响因素较多且不断变化,并受外界自然和社会环境变化影响,所以施工安全控制具有控制面广、动态性和交叉性等特点。

二、环境工程施工安全控制的程序与要求

1. 施工安全控制的程序

为实现对施工过程的安全控制,必须遵循一定的操作程序,如图5-5所示。

① 确定施工安全控制目标:根据施工项目组织方式对施工安全控制目标进行分解,确定岗位安全职责,实施全员安全控制。

② 编制施工安全技术措施计划:对施工过程的安全风险进行预测和辨识,对不安全因素应采用相应的技术手段加以控制和消除,形成施工安全技术措施计划,对施工安全控制进行指导。

③ 实施施工安全技术措施计划:包括建立健全安全生产责任制、设置安全生产设施、进行安全教育和培训、安全生产作业等。

④ 验证施工安全技术措施计划：包括安全计划实施的监督、检查，根据实际情况纠正不安全情况，修改和调整安全技术措施，并进行记录。

⑤ 持续改进安全技术措施：根据项目条件变化，不断评价和修正安全控制技术措施，直至项目竣工为止。

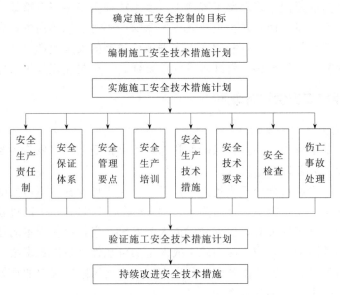

图 5-5 施工安全控制基本程序

2. 施工安全控制的基本要求

在上述安全控制程序中，必须坚持如下要求：

① 施工单位在取得安全主管部门颁发的《安全施工许可证》后方可开工。

② 总承包单位和每一分包单位都应经过安全资格审查认可。

③ 各类作业人员和管理人员必须具备相应的职业资格才能上岗。

④ 所有新员工必须经过"三级安全教育"，即进场、进车间和进班组安全教育。

⑤ 特殊工种作业人员必须持有特殊作业操作证，并严格按规定进行复查。

⑥ 对查出的安全隐患要做到"五定"：定整改责任人、定整改措施、定整改完成时间、定整改完成人、定整改验收人。

⑦ 必须把好安全生产的"六关"：措施关、交底关、教育关、防护关、检查关、改进关。

⑧ 施工现场安全设施齐全，符合国家及地方有关规定。

⑨ 施工机械必须经过安全检查合格后方可使用。

⑩ 保证安全技术措施费用的落实，不得挪用。

三、环境工程施工安全技术措施计划及其实施

1. 施工安全技术措施计划的含义

施工安全技术措施是以保护施工人员的人身安全和职业健康为目标的一切技术措施。施工安全技术措施计划是由施工劳动组织为了保护施工人员人身安全和职业健康而制订的，它是针对施工过程中的安全技术措施而进行的计划安排，是施工管理计划的重要组成部分。

施工安全技术措施计划是一项重要的施工安全管理制度，是施工组织设计的重要内容之一，是防止工伤事故和职业危害、改善劳动条件的重要保障，是进行施工安全控制的重要措施，因此，施工准备过程应正确制订施工安全技术措施计划，并在施工过程中有效实施。

2. 施工安全技术措施计划的范围

施工安全技术措施计划的范围包括防止工伤事故、预防职业危害和改善劳工条件等，其主要内容如下。

① 安全技术：如防护设施、保险装置、防爆装置和信号装置等。

② 职业卫生：如防尘、防毒、噪声预防、通风、照明、取暖、降温等。

③ 辅助设施：如更衣室、休息室、消毒室、厕所、冬季作业取暖设施等。

④ 宣传教育资料与设施：如职业健康教育资料、安全生产规章制度、安全操作方法训练设施、劳动保护设施和安全技术研究实验设施等。

3. 施工安全技术措施计划的制订

施工安全技术措施计划的制订，可参照如图 5-6 所示的程序进行，每步的具体内容如下。

① 工作活动分类。首先应该根据工作活动分类来编制工作活动表，这是制订安全技术措施计划的必要准备，其内容包括施工现场、施工设备、施工人员和程序等相关信息。在制定工作活动表时，应采取简单而合理的方式对所有工作活动进行分组，并收集各类工作活动的相关必要信息。

② 危险源辨识。危险源是指可能导致危险或损害的根源或状态。危险源辨识就是要找出与各项工作活动相关的所有危险源，并考虑其危害及如何防止危害等。为了做好危险源辨识工作，可以按专业将危险源分为机械类、电气类、辐射类、物资类、火灾和爆炸类等，然后采用危险源提示表的方法，进行危险源辨识。

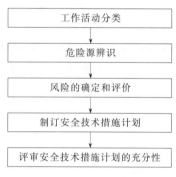

图 5-6　施工安全技术措施计划的制订程序

③ 风险的确定和评价。风险是某一特定危险情况发生的可能性及其后果的组合，应该根据所辨识的危险源来确定施工过程的风险，并对风险进行判断，确定风险大小和是否为施工过程所容许。

④ 制订安全技术措施计划。针对风险评价中发现的问题，根据风险评价结果，对不可容许的风险采取预防和控制措施，形成安全技术措施计划。施工安全技术措施计划的制订应按照风险评价结果的优先顺序，开列安全技术措施清单，清单中应包含持续改进的技术措施。

⑤ 评审安全技术措施计划的充分性。施工安全技术措施计划应在实施前进行详细评审，以保证施工安全技术措施在实施过程中的适用性。

4. 施工安全技术措施计划的实施

为了有效实施业已制订的施工安全技术措施计划，必须完成如下任务。

① 建立安全生产责任制。安全生产责任制是指施工单位为施工组织及其施工人员所规定的，在其各自职责范围内对安全生产负责的制度，它是施工安全技术措施计划实施的重要保障。

② 进行安全教育与培训。应对施工组织全员进行安全教育，使其真正认识到安全生产的重要性，自觉遵守安全法规；并应针对各个岗位人员进行安全技术培训，使其掌握安全生产技术措施，达到安全生产要求。

③ 安全技术交底。施工前应逐级、逐层进行安全技术交底，使全体作业人员了解施工

风险、掌握安全防范技术措施和操作规程。

④ 施工现场安全管理。主要是在施工现场按照国家和地方相关法律法规,建设安全和劳动卫生防护设施,规范施工现场消防、用电安全,强化施工现场安全纪律和个人劳动保护等。

复习思考题

1. 简述施工项目的含义及特征。
2. 施工项目立项阶段主要有哪些工作?
3. 施工项目需要管理什么内容?
4. 简述施工进度控制程序。
5. 简述施工进度控制措施。
6. 简述施工质量控制的原则。
7. 简述施工成本控制的原则及依据。
8. 什么是安全和安全控制,两者有何不同?

第六章　环境工程施工造价构成和计算

第一节　概述

建设项目总投资是为完成工程项目建设并达到使用要求或生产条件，在建设期内预计或实际投入的全部费用的总和。生产性建设项目总投资包括建设投资、建设期利息和流动资金三部分；非生产性建设项目总投资包括建设投资和建设期利息两部分。其中建设投资和建设期利息之和对应于固定资产投资，固定资产投资与建设项目的工程造价在量上相等。因此，环境工程建设项目属于生产性建设项目。

工程造价基本构成包括用于购买工程项目所含各种设备的费用，用于建筑施工和安装施工所需支出的费用，用于委托工程勘察设计应支付的费用，用于购置土地所需的费用，也包括用于建设单位自身进行项目筹建和项目管理所花费的费用等。总之，工程造价是指在建设期预计或实际支出的建设费用。

工程造价中的主要构成部分是建设投资，建设投资是为完成工程项目建设，在建设期内投入且形成现金流出的全部费用。根据国家发展改革委和建设部发布的《建设项目经济评价方法与参数（第三版）》（发改投资〔2006〕1325号）的规定，建设投资包括工程费用、工程建设其他费用和预备费三部分。工程费用是指建设期内直接用于工程建造、设备购置及安装的建设投资，可以分为建筑安装工程费和设备及工器具购置费；工程建设其他费用是指建设期发生的与土地使用权取得、整个工程项目建设以及未来生产经营有关的构成建设投资但不包括在工程费用中的费用。预备费是在建设期内因各种不可预见因素的变化而预留的可能增加的费用，包括基本预备费和价差预备费。建设项目总投资的具体构成内容如图 6-1 所示❶。

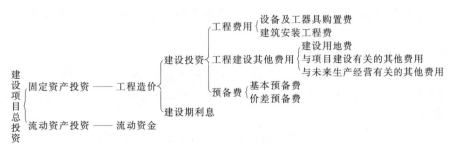

图 6-1　我国现行建设项目总投资构成

---

❶　图 6-1 中列示的项目总投资主要是指在项目可行性研究阶段用于财务分析时的总投资构成，在"项目报批总投资"或"项目概算总投资"中只包括铺底流动资金，其金额通常为流动资金总额的 30%。

第二节　设备及工器具购置费用的构成和计算

设备及工器具购置费用是由设备购置费和工具、器具及生产家具购置费组成的，它是固定资产中的积极部分。在生产性工程建设中，设备及工器具购置费用占工程造价的比例较大，意味着生产技术的进步和资本有机构成的提高。

一、设备购置费的构成和计算

设备购置费是指购置或自制的达到固定资产标准的设备、工器具及生产家具等所需的费用。它由设备原价和设备运杂费构成。

$$设备购置费＝设备原价＋设备运杂费 \qquad (6-1)$$

式中，设备原价指国内采购设备的出厂（场）价格，或国外采购设备的抵岸价格，设备原价通常包含备品备件费在内；设备运杂费指除设备原价之外的关于设备采购、运输、途中包装及仓库保管等方面支出费用的总和。

1. 国产设备原价的构成及计算

国产设备原价一般指的是设备制造厂的交货价或订货合同价，即出厂（场）价格。它一般根据生产厂或供应商的询价、报价、合同价确定，或采用一定的方法计算确定。国产设备原价分为国产标准设备原价和国产非标准设备原价。

（1）国产标准设备原价　国产标准设备是指按照主管部门颁布的标准图纸和技术要求，由国内设备生产厂批量生产的，符合国家质量检测标准的设备。国产标准设备一般有完善的设备交易市场，因此可通过查询相关交易市场价格或向设备生产厂家询价得到国产标准设备原价。

（2）国产非标准设备原价　国产非标准设备是指国家尚无定型标准，各设备生产厂不可能在工艺过程中采用批量生产，只能按订货要求并根据具体的设计图纸制造的设备。非标准设备由于单件生产、无定型标准，所以无法获取市场交易价格，只能按其成本构成或相关技术参数估算其价格。非标准设备原价有多种不同的计算方法，如成本计算估价法、系列设备插入估价法、分部组合估价法、定额估价法等。但无论采用哪种方法都应该使非标准设备计价接近实际出厂价格，并且计算方法要简便。成本计算估价法是一种比较常用的估算非标准设备原价的方法。按成本计算估价法，非标准设备的原价由以下各项组成：

① 材料费。其计算公式如下：

$$材料费＝材料净重×(1＋加工损耗系数)×材料综合单价 \qquad (6-2)$$

② 加工费。包括生产工人工资和工资附加费、燃料动力费、设备折旧费、车间经费等。其计算公式如下：

$$加工费＝设备总重量(吨)×设备每吨加工费 \qquad (6-3)$$

③ 辅助材料费（简称辅材费）。包括焊条、焊丝、氧气、氩气、氮气、油漆、电石等费用。其计算公式如下：

$$辅助材料费＝设备总重量×辅助材料费指标 \qquad (6-4)$$

④ 专用工具费。按①~③项之和乘以一定百分比计算。

⑤ 废品损失费。按①~④项之和乘以一定百分比计算。

⑥ 外购配套件费。按设备设计图纸所列的外购配套件的名称、型号、规格、数量、重量，根据相应的价格加运杂费计算。

⑦ 包装费。按以上①~⑥项之和乘以一定百分比计算。

⑧ 利润。可按①~⑤项加第⑦项之和乘以一定利润率计算。

⑨ 税金。主要指增值税❶，通常是指设备制造厂销售设备时向购入设备方收取的销项税额。计算公式为：

$$当期销项税额 = 销售额 \times 适用增值税率 \quad (6-5)$$

⑩ 非标准设备设计费：按国家规定的设计费收费标准计算。

综上所述，单台非标准设备原价可用下面的公式表达：

$$\begin{aligned}单台非标准设备原价 = &\{[(材料费+加工费+辅助材料费) \times (1+专用工具费率) \\ &\times (1+废品损失费率)+外购配套件费] \times (1+包装费率) \\ &-外购配套件费\} \times (1+利润率)+外购配套件费+销项\\ &税额+非标准设备设计费 \quad (6-6)\end{aligned}$$

2. 进口设备原价的构成及计算

进口设备原价是指进口设备的抵岸价，即设备抵达买方边境、港口或车站，交纳完各种手续费、税费后形成的价格。抵岸价通常由进口设备到岸价（CIF）和进口从属费构成。进口设备的到岸价，即设备抵达买方边境港口或边境车站所形成的价格。在国际贸易中，交易双方所使用的交货类别不同，则交易价格的构成内容也有所差异。进口设备从属费用是指进口设备在办理进口手续过程中发生的应计入设备原价的银行财务费、外贸手续费、进口关税、消费税、进口环节增值税及进口车辆的车辆购置税等。

（1）进口设备的交易价格

在国际贸易中，较为广泛使用的交易价格术语有FOB、CFR和CIF。

① FOB（free on board），意为装运港船上交货，亦称为离岸价格。FOB术语是指当货物在装运港被装上指定船时，卖方即完成交货义务。风险转移以在指定的装运港货物被装上指定船时为分界点。费用划分与风险转移的分界点相一致。

在FOB交货方式下，卖方的基本义务有：在合同规定的时间或期限内，在装运港按照习惯方式将货物交到买方指派的船上，并及时通知买方；自负风险和费用，取得出口许可证或其他官方批准证件，在需要办理海关手续时，办理货物出口所需的一切海关手续；负担货物在装运港至装上船为止的一切费用和风险；自付费用提供证明货物已交至船上的通常单据或具有同等效力的电子单证。买方的基本义务有：自负风险和费用取得进口许可证或其他官方批准的证件，在需要办理海关手续时，办理货物进口以及经由他国过境的一切海关手续，并支付有关费用及过境费；负责租船或订舱，支付运费，并给予卖方关于船名、装船地点和要求交货时间的充分的通知；负担货物在装运港装上船后的一切费用和风险；接受卖方提供的有关单据，受领货物，并按合同规定支付货款。

② CFR（cost and freight），意为成本加运费，或称之为运费在内价。CFR是指货物在装运港被装上指定船时卖方即完成交货，卖方必须支付将货物运至指定的目的港所需的运费

---

❶ 虽然根据《营业税改征增值税试点实施办法》（财税〔2016〕36）的规定，购买人在购买不动产、无形资产时支付或者负担的增值税额可以作为进项税额抵扣。但一方面并非所有的投资项目的进项税额都可以抵扣；另一方面由于可抵扣的进项税额依然是项目投资过程中所必须支付的费用之一，因此在计算设备原价时，依然包括增值税。同理，在后文中建筑安装工程费、工程建设其他费用中也包括相应的增值税。

和费用,但交货后货物灭失或损坏的风险,以及由于各种事件造成的任何额外费用,即由卖方转移到买方。与 FOB 价格相比,CFR 的费用划分与风险转移的分界点是不一致的。

在 CFR 交货方式下,卖方的基本义务有:自负风险和费用,取得出口许可证或其他官方批准的证件,在需要办理海关手续时,办理货物出口所需的一切海关手续;签订从指定装运港承运货物运往指定目的港的运输合同;在买卖合同规定的时间和港口,将货物装上船并支付至目的港的运费,装船后及时通知买方;负担货物在装运港至装上船为止的一切费用和风险;向买方提供通常的运输单据或具有同等效力的电子单证。买方的基本义务有:自负风险和费用;取得进口许可证或其他官方批准的证件,在需要办理海关手续时,办理货物进口以及必要时经由另一国过境的一切海关手续,并支付有关费用及过境费;负担货物在装运港装上船后的一切费用和风险;接受卖方提供的有关单据,受领货物,并按合同规定支付货款;支付除通常运费以外的有关货物在运输途中所产生的各项费用以及包括驳运费、租码头费在内的卸货费。

③ CIF (cost insurance and freight),意为成本加保险费、运费,习惯称到岸价格。在 CIF 术语中,卖方除负有与 CFR 相同的义务外,还应办理货物在运输途中最低险别的海运保险,并应支付保险费。如买方需要更高的保险险别,则需要与卖方明确地达成协议,或者自行做出额外的保险安排。除保险这项义务之外,买方的义务与 CPR 相同。

(2) 进口设备到岸价的构成及计算

$$进口设备到岸价(CIF)=离岸价格(FOB)+国际运费+运输保险费$$
$$=运费在内价(CFR)+运输保险费 \tag{6-7}$$

① 货价。一般指装运港船上交货价(FOB)。设备货价分为原币货价和人民币货价,原币货价一律折算为美元表示,人民币货价按原币货价乘以外汇市场美元兑换人民币汇率中间价确定。进口设备货价按有关生产厂商询价、报价、订货合同价计算。

② 国际运费。即从装运港(站)到达我国目的港(站)的运费。我国进口设备大部分采用海洋运输,小部分采用铁路运输,个别采用航空运输。进口设备国际运费计算公式为:

$$国际运费(海、陆、空)=原币货价(FOB) \times 运费率 \tag{6-8}$$
$$国际运费(海、陆、空)=单位运价 \times 运量 \tag{6-9}$$

式中,运费率或单位运价参照有关部门或进出口公司的规定执行。

③ 运输保险费。对外贸易货物运输保险是由保险人(保险公司)与被保险人(出口人或进口人)订立保险契约,在被保险人交付议定的保险费后,保险人根据保险契约的规定对货物在运输过程中发生的承保责任范围内的损失给予经济上的补偿。这是一种财产保险。计算公式为:

$$运输保险费=\frac{原币货价(FOB)+国际运费}{1-保险费率} \times 保险费率 \tag{6-10}$$

式中,保险费率按保险公司规定的进口货物保险费率计算。

(3) 进口从属费的构成及计算

$$进口从属费=银行财务费+外贸手续费+关税+消费税+进口环节增值税+车辆购置税\tag{6-11}$$

① 银行财务费。一般是指在国际贸易结算中,中国银行为进出口商提供金融结算服务所收取的费用,可按下式简化计算:

$$银行财务费=离岸价格(FOB) \times 人民币外汇汇率 \times 银行财务费率 \tag{6-12}$$

② 外贸手续费。指按对外经济贸易部门规定的外贸手续费率计取的费用,外贸手续费

率一般取 1.5%。计算公式为：
$$外贸手续费 = 到岸价格(CIF) \times 人民币外汇汇率 \times 外贸手续费率 \qquad (6-13)$$

③ 关税。由海关对进出国境或关境的货物和物品征收的一种税。计算公式为：
$$关税 = 到岸价格(CIF) \times 人民币外汇汇率 \times 进口关税税率 \qquad (6-14)$$

到岸价格作为关税的计征基数时，通常又可称为关税完税价格。进口关税税率分为优惠和普通两种。优惠税率适用于与我国签订关税互惠条款的贸易条约或协定的国家的进口设备；普通税率适用于与我国未签订关税互惠条款的贸易条约或协定的国家的进口设备。进口关税税率按我国海关总署发布的进口关税税率计算。

④ 消费税。仅对部分进口设备（如轿车、摩托车等）征收，一般计算公式为：
$$应纳消费税税额 = \frac{到岸价格(CIF) \times 人民币外汇汇率 + 关税}{1 - 消费税税率} \times 消费税税率 \qquad (6-15)$$

式中，消费税税率根据规定的税率计算。

⑤ 进口环节增值税。它是对从事进口贸易的单位和个人，在进口商品报关进口后征收的税种。我国增值税征收条例规定，进口应税产品均按组成计税价格和增值税税率直接计算应纳税额。即：
$$进口环节增值税额 = 组成计税价格 \times 增值税税率 \qquad (6-16)$$
$$组成计税价格 = 关税完税价格 + 关税 + 消费税 \qquad (6-17)$$

增值税税率根据规定的税率计算。

⑥ 车辆购置税。进口车辆需缴进口车辆购置税，其公式如下：
$$进口车辆购置税 = (关税完税价格 + 关税 + 消费税) \times 车辆购置税率 \qquad (6-18)$$

3. 设备运杂费的构成及计算

(1) 设备运杂费的构成　设备运杂费是指国内采购设备自来源地、国外采购设备自到岸港运至工地仓库或指定堆放地点发生的采购、运输、运输保险、保管、装卸等费用，通常由下列各项构成：

① 运费和装卸费。国产设备由设备制造厂交货地点起至工地仓库（或施工组织设计指定的需要安装设备的堆放地点）止所发生的运费和装卸费；进口设备由我国到岸港口或边境车站起至工地仓库（或施工组织设计指定的需安装设备的堆放地点）止所发生的运费和装卸费。

② 包装费。在设备原价中没有包含的，为运输而进行的包装支出的各种费用。

③ 设备供销部门的手续费。按有关部门规定的统一费率计算。

④ 采购与仓库保管费。采购与仓库保管费指采购、验收、保管和收发设备所发生的各种费用，包括设备采购人员、保管人员和管理人员的工资、工资附加费、办公费、差旅交通费，设备供应部门办公和仓库所占固定资产使用费、工具用具使用费、劳动保护费、检验试验费等。这些费用可按主管部门规定的采购与保管费费率计算。

(2) 设备运杂费的计算　设备运杂费按设备原价乘以设备运杂费费率计算，其公式为：
$$设备运杂费 = 设备原价 \times 设备运杂费费率 \qquad (6-19)$$

式中，设备运杂费费率按各部门及省、市有关规定计取。

二、工具、器具及生产家具购置费的构成和计算

工具、器具及生产家具购置费，是指新建或拟建项目初步设计规定的，保证初期正常生存必须购置的没有达到固定资产标准的设备、仪器、工卡模具、器具、生产家具和备品备件

等的购置费用。一般以设备购置费为计算基数,按照部门或行业规定的工具、器具及生产家具费率计算。计算公式为:

$$\text{工具、器具及生产家具购置费}=\text{设备购置费}\times\text{定额费率} \tag{6-20}$$

第三节　建筑安装工程费用的构成和计算

一、建筑安装工程费用的构成

1. 建筑安装工程费用内容

建筑安装工程费用是指为完成工程项目建造、生产性设备及配套工程安装所需的费用。

(1) 建筑工程费用内容

① 各类房屋建筑工程和列入房屋建筑工程预算的供水、供暖、卫生、通风、煤气等设备费用及其装设、油饰工程的费用,列入建筑工程预算的各种管道、电力、电信和电缆导线敷设工程的费用。

② 设备基础、支柱、工作台、烟囱、水塔、水池、灰塔等建筑工程以及各种炉窑的砌筑工程和金属结构工程的费用。

③ 为施工而进行的场地平整,工程和水文地质勘察,原有建筑物和障碍物的拆除以及施工临时用水、电、暖、气、路、通信和完工后的场地清理、环境绿化、美化等工作的费用。

④ 矿井开凿、井巷延伸、露天矿剥离、石油、天然气钻井、修建铁路、公路、桥梁、水库、堤坝、灌渠及防洪等工程的费用。

(2) 安装工程费用内容

① 生产、动力、起重、运输、传动和医疗、实验等各种需要安装的机械设备的装配费用,与设备相连的工作台、梯子、栏杆等设施的工程费用,附属于被安装设备的管线敷设工程费用,以及被安装设备的绝缘、防腐、保温、油漆等工作的材料费和安装费。

② 为测定安装工程质量,对单台设备进行单机试运转、对系统设备进行系统联动无负荷试运转工作的调试费。

2. 我国现行建筑安装工程费用项目组成

根据住房和城乡建设部、财政部颁布的《关于印发〈建筑安装工程费用项目组成〉的通知》(建标〔2013〕44号),我国现行建筑安装工程费用项目按两种不同的方式划分,即按费用构成要素划分和按造价形成划分,其具体构成如图6-2所示❶。

二、按费用构成要素划分建筑安装费用项目构成和计算

按照费用构成要素划分,建筑安装工程费包括:人工费、材料费(包含工程设备❷,下

---

❶ 44号文主要从消耗要素和造价形成两个视角对建筑安装工程费进行了划分。但我国目前的工程实践中,施工企业基于成本管理的需要,仍然习惯于按照直接成本和间接成本的方式对建筑安装工程成本进行划分。为兼顾这一实际情况,本教材仍然保留直接费和间接费这两个概念。直接费包括人工费、材料费、施工机具使用费,间接费包括企业管理费和规费。

❷ 根据《建设工程计价设备材料划分标准》(GB/T 50531—2009)的规定,工业、交通等项目中的建筑设备购置有关费用应列入建筑工程费,单一的房屋建筑工程项目的建筑设备购置有关费用宜列入建筑工程费。

同)、施工机具使用费、企业管理费、利润、规费和税金。

图 6-2 建筑安装工程费用项目构成

1. 人工费

建筑安装工程费中的人工费,是指支付给直接从事建筑安装工程施工作业的生产工人的各项费用。计算人工费的基本要素有两个,即人工工日消耗量和人工日工资单价。

(1) 人工工日消耗量 人工工日消耗量是指在正常施工生产条件下,完成规定计量单位的建筑安装产品所消耗的生产工人的工日数量。它由分项工程所综合的各个工序劳动定额包括的基本用工、其他用工两部分组成。

(2) 人工日工资单价 人工日工资单价是指直接从事建筑安装工程施工的生产工人在每个法定工作日的工资、津贴及奖金等。

人工费的基本计算公式为:

$$人工费 = \sum(工日消耗量 \times 日工资单价) \qquad (6-21)$$

2. 材料费

建筑安装工程费中的材料费,是指工程施工过程中耗费的各种原材料、半成品、构配件、工程设备等费用,以及周转材料等的摊销、租赁费用。计算材料费的基本要素是材料消耗量和材料单价。

(1) 材料消耗量 材料消耗量是指在正常施工生产条件下,完成规定计量单位的建筑安装产品所消耗的各类材料的净用量和不可避免的损耗量。

(2) 材料单价 材料单价是指建筑材料从其来源地运到施工工地仓库直至出库形成的综合平均单价。由材料原价、运杂费、运输损耗费、采购及保管费组成。当一般纳税人采用一般计税方法时,材料单价中的材料原价、运杂费等均应扣除增值税进项税额。

材料费的基本计算公式为:

$$材料费 = \sum(材料消耗量 \times 材料单价) \qquad (6-22)$$

(3) 工程设备 工程设备是指构成或计划构成永久工程一部分的机电设备、金属结构设备、仪器装置及其他类似的设备和装置。

3. 施工机具使用费

建筑安装工程费中的施工机具使用费,是指施工作业所发生的施工机械、仪器仪表使用费或其租赁费。

(1) 施工机械使用费 施工机械使用费是指施工机械作业发生的使用费或租赁费。构成施工机械使用费的基本要素是施工机械台班消耗量和机械台班单价。施工机械台班消耗量是指在正常施工生产条件下,完成规定计量单位的建筑安装产品所消耗的施工机械台班的数量。施工机械台班单价是指折合到每台班的施工机械使用费。施工机械使用费的基本计算公式为:

$$\text{施工机械使用费} = \sum(\text{施工机械台班消耗量} \times \text{施工机械台班单价}) \tag{6-23}$$

施工机械台班单价通常由折旧费、检修费、维护费、安拆费及场外运费、人工费、燃料动力费和其他费用组成。

(2) 仪器仪表使用费　仪器仪表使用费是指工程施工所需使用的仪器仪表的摊销及维修费用。与施工机械使用费类似，仪器仪表使用费的基本计算公式为：

$$\text{仪器仪表使用费} = \sum(\text{仪器仪表台班消耗量} \times \text{仪器仪表台班单价}) \tag{6-24}$$

仪器仪表台班单价通常由折旧费、维护费、校验费和动力费组成。

当一般纳税人采用一般计税方法时，施工机械台班单价和仪器仪表台班单价中的相关子项均需扣除增值税进项税额。

4. 企业管理费

(1) 企业管理费的内容　企业管理费是指施工单位组织施工生产和经营管理所发生的费用。内容包括：

① 管理人员工资。管理人员工资是指按规定支付给管理人员的计时工资、奖金、津贴补贴、加班加点工资及特殊情况下支付的工资等。

② 办公费。办公费是指企业管理办公用的文具、纸张、账簿、印刷、邮电、书报、办公软件、现场监控、会议、水电、烧水和集体取暖降温（包括现场临时宿舍取暖降温）等费用。当一般纳税人采用一般计税方法时，办公费中增值税进项税额的抵扣原则为：以购进货物适用的相应税率扣减，其中购进自来水、暖气冷气、图书、报纸、杂志等适用的税率为11%，接受邮政和基础电信服务等适用的税率为11%，接受增值电信服务等适用的税率为6%，其他一般为17%。

③ 差旅交通费。差旅交通费是指职工因公出差、调动工作的差旅费、住勤补助费、市内交通费和误餐补助费，职工探亲路费，劳动力招募费，职工退休、退职一次性路费，工伤人员就医路费，工地转移费以及管理部门使用的交通工具的油料、燃料等费用。

④ 固定资产使用费。固定资产使用费是指管理和试验部门及附属生产单位使用的属于固定资产的房屋、设备、仪器等的折旧、大修、维修或租赁费。当一般纳税人采用一般计税方法时，固定资产使用费中增值税进项税额的抵扣原则为：2016年5月1日后以直接购买、接受捐赠、接受投资入股、自建以及抵债等各种形式取得并在会计制度上固定资产核算的不动产或者2016年5月1日后取得的不动产在建工程，其进项税额应自取得之日起分两年扣减，第一年抵扣比例为60%，第二年抵扣比例为40%。设备、仪器的折旧、大修、维修或租赁费以购进货物、接受修理修配劳务或租赁有形动产服务适用的税率扣减，均为17%。

⑤ 工具用具使用费。工具用具使用费是指企业施工生产和管理使用的不属于固定资产的工具、器具、家具、交通工具和检验、试验、测绘、消防用具等的购置、维修和摊销费。当一般纳税人采用一般计税方法时，工具用具使用费中增值税进项税额的抵扣原则为：以购进货物或接受修理修配劳务适用的税率扣减，均为17%。

⑥ 劳动保险和职工福利费。劳动保险和职工福利费是指由企业支付的职工退职金、按规定支付给离休干部的经费、集体福利费、夏季防暑降温补贴、冬季取暖补贴、上下班交通补贴等。

⑦ 劳动保护费。劳动保护费是企业按规定发放的劳动保护用品的支出，如工作服、手套、防暑降温饮料以及在有碍身体健康的环境中施工的保健费用等。

⑧ 检验试验费。检验试验费是指施工企业按照有关标准规定，对建筑以及材料、构件

和建筑安装物进行一般鉴定、检查所发生的费用,包括自设实验室进行试验所耗用的材料等费用。不包括新结构、新材料的试验费,对构件做破坏性试验及其他特殊要求检验试验的费用和建设单位委托检测机构进行检测的费用,此类检测发生的费用由建设单位在工程建设其他费用中列支。但对施工企业提供的具有合格证明的材料进行检测发现不合格的,该检测费用由施工企业支付。当一般纳税人采用一般计税方法时,检验试验费中增值税进项税额,现代服务业以适用的税率6%扣减。

⑨ 工会经费。工会经费是指企业按《工会法》规定的全部职工工资总额比例计提的工会经费。

⑩ 职工教育经费。职工教育经费是指按职工工资总额的规定比例计提,企业为职工进行专业技术和职业技能培训、专业技术人员继续教育、职工职业技能鉴定、职业资格认定以及根据需要对职工进行各类文化教育所发生的费用。

⑪ 财产保险费。财产保险费是指施工管理用财产、车辆等的保险费用。

⑫ 财务费。财务费是指企业为施工生产筹集资金或提供预付款担保、履约担保、职工工资支付担保等所发生的各种费用。

⑬ 税金。税金是指企业按规定缴纳的房产税、非生产性车船使用税、土地使用税、印花税、城市维护建设税、教育费附加、地方教育附加❶等各项税费。

⑭ 其他。包括技术转让费、技术开发费、投标费、业务招待费、绿化费、广告费、公证费、法律顾问费、审计费、咨询费、保险费等。

(2) 企业管理费的计算方法　企业管理费一般采用取费基数乘以费率的方法计算,取费基数有三种,分别是:以直接费为计算基础、以人工费和施工机具使用费合计为计算基础及以人工费为计算基础。企业管理费费率计算方法如下:

① 以直接费为计算基础。

$$企业管理费费率(\%)=\frac{生产工人年平均管理费}{年有效施工天数×人工单价}×人工费占直接费的比例(\%) \tag{6-25}$$

② 以人工费和施工机具使用费合计为计算基础。

$$企业管理费费率(\%)=\frac{生产工人年平均管理费}{年有效施工天数×(人工单价+每一台班施工机具使用费)}×100\% \tag{6-26}$$

③ 以人工费为计算基础。

$$企业管理费费率(\%)=\frac{生产工人年平均管理费}{年有效施工天数×人工单价}×100\% \tag{6-27}$$

工程造价管理机构在确定计价定额中的企业管理费时,应以定额人工费或定额人工费与施工机具使用费之和作为计算基数,其费率根据历年积累的工程造价资料,辅以调查数据确定。

5. 利润

利润是指施工单位从事建筑安装工程施工所获得的盈利,由施工企业根据企业自身需求

---

❶ 营改增方案实施后,城市维护建设税、教育费附加、地方教育附加的计算基数均为应纳增值税额(即销项税额-进项税额),但由于在工程造价的前期预测时,无法明确可抵扣的进项税额的具体数额,造成此三项附加税无法计算。因此,根据《关于印发〈增值税会计处理规定〉的通知》(财会〔2016〕22号),城市维护建设税、教育费附加、地方教育附加等均作为"税金及附加",在管理费中核算。

并结合建筑市场实际自主确定。工程造价管理机构在确定计价定额中的利润时，应以定额人工费或定额人工费与施工机具使用费之和作为计算基数，其费率根据历年积累的工程造价资料，并结合建筑市场实际确定，以单位（单项）工程测算，利润在税前建筑安装工程费的比重可按不低于5％且不高于7％的费率计算。

6. 规费

（1）规费的内容　规费是指按国家法律、法规规定，由省级政府和省级有关权力部门规定施工单位必须缴纳或计取，应计入建筑安装工程造价的费用。主要包括社会保险费、住房公积金和工程排污费。

① 社会保险费。包括：

a. 养老保险费：企业按规定标准为职工缴纳的基本养老保险费。

b. 失业保险费：企业按照国家规定标准为职工缴纳的失业保险费。

c. 医疗保险费：企业按照规定标准为职工缴纳的基本医疗保险费。

d. 工伤保险费：企业按国务院制定的行业费率为职工缴纳的工伤保险费。

e. 生育保险费：企业按照国家规定为职工缴纳的生育保险。根据"十三五"规划纲要，生育保险与基本医疗保险合并的实施方案已在12个试点城市行政区域进行试点。

② 住房公积金：指企业按规定标准为职工缴纳的住房公积金。

③ 工程排污费：指企业按规定缴纳的施工现场工程排污费。

（2）规费的计算

① 社会保险费和住房公积金。社会保险费和住房公积金应以定额人工费为计算基础，按工程所在地省（自治区、直辖市）或行业建设主管部门规定费率计算。

$$社会保险费和住房公积金 = \sum (工程定额人工费 \times 社会保险费和住房公积金费率) \tag{6-28}$$

社会保险费和住房公积金费率可以按每万元发承包价的生产工人人工费和管理人员工资与工程所在地规定的缴纳标准综合分析取定。

② 工程排污费

工程排污费等其他应列而未列入的规费应按工程所在地环境保护等部门规定的标准缴纳，按实计取列入。

7. 税金

建筑安装工程费用中的税金是指按照国家税法规定的应计入建筑安装工程造价内的增值税额，按税前造价乘以增值税税率确定。

（1）采用一般计税方法时增值税的计算　当采用一般计税方法时，建筑业增值税税率为11％。计算公式为：

$$增值税 = 税前造价 \times 11\% \tag{6-29}$$

税前造价为人工费、材料费、施工机具使用费、企业管理费、利润和规费之和，各费用项目均以不包含增值税可抵扣进项税额的价格计算。

（2）采用简易计税方法时增值税的计算

① 简易计税的适用范围。根据《营业税改征增值税试点实施办法》以及《营业税改征增值税试点有关事项的规定》的规定，简易计税方法主要适用于以下几种情况：

a. 小规模纳税人发生应税行为适用简易计税方法计税。小规模纳税人通常是指纳税人提供建筑服务的年应征增值税销售额未超过500万元，并且会计核算不健全，不能按规定报送有关税务资料的增值税纳税人。年应税销售额超过500万元，但不经常发生应税行为的单位也可选择按照小规模纳税人计税。

b. 一般纳税人以清包工方式提供的建筑服务，可以选择适用简易计税方法计税。以清包工方式提供建筑服务，是指施工方不采购建筑工程所需的材料或只采购辅助材料，并收取人工费、管理费或者其他费用的建筑服务。

c. 一般纳税人为甲供工程提供的建筑服务，就可以选择适用简易计税方法计税。甲供工程，是指全部或部分设备、材料、动力由工程发包方自行采购的建筑工程。

d. 一般纳税人为建筑工程老项目提供的建筑服务，可以选择适用简易计税方法计税。建筑工程老项目指的是：《建筑工程施工许可证》注明的合同开工日期在2016年4月30日前的建筑工程项目；未取得《建筑工程施工许可证》的，建筑工程承包合同注明的开工日期在2016年4月30日前的建筑工程项目。

② 简易计税的计算方法。当采用简易计税方法时，建筑业增值税税率为3%。计算公式为：

$$增值税 = 税前造价 \times 3\% \qquad (6-30)$$

税前造价为人工费、材料费、施工机具使用费、企业管理费、利润和规费之和，各费用项目均以包含增值税进项税额的含税价格计算。

三、按造价形成划分建筑安装工程费用项目构成和计算

建筑安装工程费按照工程造价形成由分部分项工程费、措施项目费、其他项目费、规费和税金组成。

1. 分部分项工程费

分部分项工程费是指各专业工程的分部分项工程应予列支的各项费用。各类专业工程的分部分项工程划分遵循国家或行业工程量计算规范的规定。分部分项工程费通常用分部分项工程量乘以综合单价进行计算。

$$分部分项工程费 = \Sigma(分部分项工程量 \times 综合单价) \qquad (6-31)$$

综合单价包括人工费、材料费、施工机具使用费、企业管理费和利润，以及一定范围的风险费用。

2. 措施项目费

（1）措施项目费的构成　措施项目费是指为完成建设工程施工，发生于该工程施工准备和施工过程中的技术、生活、安全、环境保护等方面的费用。措施项目及其包含的内容应遵循各类专业工程的现行国家或行业工程量计算规范。以《房屋建筑与装饰工程工程量计算规范》（GB 50854—2013）中的规定为例，措施项目费可以归纳为以下几项：

① 安全文明施工费。安全文明施工费是指工程项目施工期间，施工单位为保证安全施工、文明施工和保护现场内外环境等所发生的措施项目费用。通常由环境保护费、文明施工费、安全施工费、临时设施费组成。

a. 环境保护费：施工现场为达到环保部门要求所需要的各项费用。

b. 文明施工费：施工现场文明施工所需要的各项费用。

c. 安全施工费：施工现场安全施工所需要的各项费用。

d. 临时设施费：施工企业为进行建设工程施工所必须搭设的生活和生产用的临时建筑物、构筑物和其他临时设施费用。包括临时设施的搭设、维修、拆除、清理费或摊销费等。

各项安全文明施工费的主要内容如表 6-1 所示。

表 6-1 各项安全文明施工费的主要内容

项目名称	工作内容及包含范围
环境保护费	现场施工机械设备降低噪声、防扰民措施费用
	水泥和其他易飞扬细颗粒建筑材料密闭存放或采取覆盖措施等费用
	工程防扬尘洒水费用环境保护
	土石方、建筑弃渣外运车辆防护措施费用
	现场污染源的控制、生活垃圾清理外运、场地排水排污措施费用
	其他环境保护措施费用
文明施工费	"五牌一图"费用
	现场围挡的墙面美化(包括内外墙粉刷、刷白、标语等)、压顶装饰费用
	现场厕所便槽刷白、贴面砖、水泥砂浆地面或地砖铺砌、建筑物内临时便溺设施费用
	其他施工现场临时设施的装饰装修、美化措施费用,现场生活卫生设施费用
	符合卫生要求的饮水设备、淋浴、消毒等设施费用
	现场生活卫生设施费用
	生活用洁净燃料费用
	防煤气中毒、防蚊虫叮咬等措施费用
	施工现场操作场地的硬化费用
	现场绿化费用、治安综合治理费用
	现场配备医药保健器材、物品费用和急救人员培训费用
	现场工人的防暑降温、电风扇、空调等设备及用电费用
	其他文明施工措施费用
安全施工费	安全资料、特殊作业专项方案的编制,安全施工标志的购置及安全宣传费用
	"三宝"(安全帽、安全带、安全网)、"四口"(楼梯口、电梯井口、通道口、预留洞口)、"五临边"(阳台围边、楼板围边、屋面围边、槽坑围边、卸料平台两侧)、水平防护架、垂直防护架、外架封闭等防护费用
	施工安全用电的费用,包括配电箱三级配电、两级保护装置要求、外电防护措施费用
	起重机、塔吊等起重设备(含井架、门架)及外用电梯的安全防护措施(含警示标志)及卸料平台的临边防护、层间安全门、防护棚等设施费用
	建筑工地起重机械的检验检测费用
	施工机具防护棚及其围栏的安全保护设施费用
	施工安全防护通道费用
	工人的安全防护用品、用具购置费用
	消防设施与消防器材的配置费用
	电气保护、安全照明设施费
	其他安全防护措施费用
临时设施费	施工现场采用彩色、定型钢板、砖、混凝土砌块等围挡的安砌、维修、拆除费用
	施工现场临时建筑物、构筑物的搭设、维修、拆除,如临时宿舍、办公室、食堂、厨所、诊疗所、临时文化福利 用房、临时仓库、加工场、搅拌台、临时简易水塔、水池等费用
	施工现场临时设施的搭设、维修、拆除,如临时供水管道、临时供电管线、小型临时设施等费用
	施工现场规定范围内临时简易道路铺设,临时排水沟、排水设施安砌、维修、拆除费用
	其他临时设施搭设、维修、拆除费用

② 夜间施工增加费。夜间施工增加费是指因夜间施工所发生的夜班补助费、夜间施工降效、夜间施工照明设备摊销及照明用电等措施费用。内容由以下各项组成:

a. 夜间固定照明灯具和临时可移动照明灯具的设置、拆除费用;

b. 夜间施工时,施工现场交通标志、安全标牌、警示灯的设置、移动、拆除费用;

c. 夜间照明设备摊销及照明用电、施工人员夜班补助、夜间施工劳动效率降低等费用。

③ 非夜间施工照明费。非夜间施工照明费是指为保证工程施工正常进行,在地下室等特殊施工部位施工时所采用的照明设备的安拆、维护及照明用电等费用。

④ 二次搬运费。二次搬运费是指因施工管理需要或因场地狭小等原因，导致建筑材料、设备等不能一次搬运到位，必须发生的二次或以上搬运所需的费用。

⑤ 冬雨（风）季施工增加费。冬雨（风）季施工增加费是指因冬雨（风）季天气原因导致施工效率降低，因加大投入而增加的费用，以及为确保冬雨（风）季施工质量和安全而采取的保温、防雨等措施所需的费用。内容由以下各项组成：

a. 冬雨（风）季施工时，增加的临时设施（防寒保温、防雨、防风设施）的搭设、拆除费用；

b. 冬雨（风）季施工时，对砌体、混凝土等采用的特殊加温、保温和养护措施费用；

c. 冬雨（风）季施工时，施工现场的防滑处理、对影响施工的雨雪的清除费用；

d. 冬雨（风）季施工时，增加的临时设施、施工人员的劳动保护用品、冬雨（风）季施工劳动效率降低等费用。

⑥ 地上、地下设施和建筑物的临时保护设施费。在工程施工过程中，对已建成的地上、地下设施和建筑物进行的遮盖、封闭、隔离等必要保护措施所发生的费用。

⑦ 已完工程及设备保护费。竣工验收前，对已完工程及设备采取的覆盖、包裹、封闭、隔离等必要保护措施所发生的费用。

⑧ 脚手架费。脚手架费是指施工需要的各种脚手架搭、拆、运输费用以及脚手架购置费的摊销（或租赁）费用。通常包括以下内容：

a. 施工时可能发生的场内、场外材料搬运费用；

b. 搭、拆脚手架、斜道、上料平台费用；

c. 安全网的铺设费用；

d. 拆除脚手架后材料的堆放费用。

⑨ 混凝土模板及支架（撑）费。混凝土施工过程中需要的各种钢模板、木模板、支架等的支拆、运输费用及模板、支架的摊销（或租赁）费用。内容由以下各项组成：

a. 混凝土施工过程中需要的各种模板制作费用；

b. 模板安装、拆除、整理堆放及场内外运输费用；

c. 清理模板黏结物及模内杂物、刷隔离剂等费用。

⑩ 垂直运输费。垂直运输费是指现场所用材料、机具从地面运至相应高度以及职工人员上下工作面等所发生的运输费用。内容由以下各项组成：

a. 垂直运输机械的固定装置、基础制作、安装费；

b. 行走式垂直运输机械轨道的铺设、拆除、摊销费。

⑪ 超高施工增加费。当单层建筑物檐口高度超过 20m，多层建筑物超过 6 层时，可计算超高施工增加费，内容由以下各项组成：

a. 建筑物超高引起的人工工效降低以及由于人工工效降低引起的机械降效费；

b. 高层施工用水时加压水泵的安装、拆除及工作台班费；

c. 通信联络设备的使用及摊销费。

⑫ 大型机械设备进出场及安拆费。机械整体或分体自停放场地运至施工现场或由一个施工地点运至另一个施工地点，所发生的机械进出场运输和转移费用及机械在施工现场进行安装、拆卸所需的人工费、材料费、机具费、试运转费和安装所需的辅助设施的费用。其内容由安拆费和进出场费组成：

a. 安拆费包括施工机械、设备在现场进行安装拆卸所需人工、材料、机具和试运转费用以及机械辅助设施的折旧、搭设、拆除等费用；

b. 进出场费包括施工机械、设备整体或分体自停放地点运至施工现场或由一施工地点运至另一施工地点所发生的运输、装卸、辅助材料等费用。

⑬ 施工排水、降水费。施工排水、降水费是指将施工期间有碍施工作业和影响工程质量的水排到施工场地以外，以及防止在地下水位较高的地区开挖深基坑出现基坑浸水，导致地基承载力下降，在动水压力作用下还可能引起流砂、管涌和边坡失稳等现象而必须采取有效的降水和排水措施费用。该项费用由成井和排水、降水两个独立的费用项目组成：

a. 成井。成井的费用主要包括：准备钻孔机械、埋设护筒、钻机就位、泥浆制作、固壁、成孔、出渣、清孔等费用；对接上、下井管（滤管），焊接，安防，下滤料，洗井，连接试抽等费用。

b. 排水、降水。排水、降水的费用主要包括：管道安装、拆除、场内搬运等费用；抽水、值班、降水设备维修等费用。

⑭ 其他。根据项目的专业特点或所在地区不同，可能会出现其他的措施项目。如工程定位复测费和特殊地区施工增加费等。

（2）措施项目费用计算　按照有关专业工程量计算规范规定，措施项目分为应予计量的措施项目和不宜计量的措施项目两类。

① 应予计量的措施项目。基本与分部分项工程费的计算方法相同，公式为：

$$措施项目费 = \sum(措施项目工程量 \times 综合单价) \tag{6-32}$$

不同的措施项目其工程量的计算单位是不同的，分列如下：

a. 脚手架费通常按建筑面积或垂直投影面积以"m^2"计算；

b. 混凝土模板及支架（撑）费通常是按照模板与现浇混凝土构件的接触面积以"m^2"计算；

c. 垂直运输费可根据不同情况用两种方法进行计算：按照建筑面积以"m^2"为单位计算；按照施工工期日历天数以"天"为单位计算；

d. 超高施工增加费通常按照建筑物超高部分的建筑面积以"m^2"为单位计算；

e. 大型机械设备进出场及安拆费通常按照机械设备的使用数量以"台次"为单位计算；

f. 施工排水、降水费分两个不同的独立部分计算：成井费用通常按照设计图示尺寸，以钻孔深度按"m"计算；排水、降水费用通常按照排水、降水日历天数以"昼夜"计算。

② 不宜计量的措施项目。对于不宜计量的措施项目，通常用计算基数乘以费率的方法予以计算。

a. 安全文明施工费。计算公式为：

$$安全文明施工费 = 计算基数 \times 安全文明施工费费率(\%) \tag{6-33}$$

计算基数应为定额基价（定额分部分项工程费+定额中可以计量的措施项目费）、定额人工费或定额人工费与施工机具使用费之和，其费率由工程造价管理机构根据各专业工程的特点综合确定。

b. 其余不宜计量的措施项目，包括夜间施工增加费，非夜间施工照明费，二次搬运费，冬雨季施工增加费，地上、地下设施和建筑物的临时保护设施费，已完工程及设备保护费等。计算公式为：

$$措施项目费 = 计算基数 \times 措施项目费费率(\%) \tag{6-34}$$

公式（6-34）中的计算基数应为定额人工费或定额人工费与定额施工机具使用费之和，其费率工程造价管理机构根据各专业工程特点和调查资料综合分析后确定。

3. 其他项目费

(1) 暂列金额　暂列金额是指建设单位在工程量清单中暂定并包括在工程合同价款中的一笔款项。用于施工合同签定时尚未确定或者不可预见的所需材料、工程设备、服务的采购，施工中可能发生的工程变更、合同约定调整因素出现时的工程价款调整以及发生的索赔、现场签证确认等的费用。

暂列金额由建设单位根据工程特点，按有关计价规定估算，施工过程中由建设单位掌握使用；扣除合同价款调整后如有余额，归建设单位。

(2) 计日工　计日工是指在施工过程中，施工单位完成建设单位提出的工程合同范围以外的零星项目或工作，按照合同中约定的单价计价形成的费用。

计日工由建设单位和施工单位按施工过程中形成的有效签证来计价。

(3) 总承包服务费　总承包服务费是指总承包人为配合、协调建设单位进行的专业工程发包，对建设单位自行采购的材料、工程设备等进行保管以及施工现场管理、竣工资料汇总整理等服务所需的费用。

总承包服务费由建设单位在招标控制价中根据总包范围和有关计价规定编制，施工单位投标时自主报价，施工过程中按签约合同价执行。

4. 规费和税金

规费和税金的构成和计算与按费用构成要素划分的建筑安装工程费用项目组成部分是相同的。

第四节　工程建设其他费用的构成和计算

工程建设其他费用，是指在建设期发生的与土地使用权取得、整个工程项目建设以及未来生产经营有关的构成建设投资但不包括在工程费用中的费用。

一、建设用地费

任何一个建设项目都固定于一定地点与地面相连接，必须占用一定量的土地，也就必然要发生为获得建设用地而支付的费用，这就是建设用地费。它是指为获得工程项目建设土地的使用权而在建设期内发生的各项费用，包括通过划拨方式取得土地使用权而支付的土地征用及迁移补偿费，或者通过土地使用权出让方式取得土地使用权而支付的土地使用权出让金。

1. 建设用地取得的基本方式

建设用地的取得，实质是依法获取国有土地的使用权。根据《中华人民共和国土地管理法》《中华人民共和国土地管理法实施条例》《中华人民共和国城市房地产管理法》规定，获取国有土地使用权的基本方式有两种：一是出让方式，二是划拨方式。建设土地取得的基本方式还包括租赁和转让方式。

(1) 通过出让方式获取国有土地使用权　国有土地使用权出让，是指国家将国有土地使用权在一定年限内出让给土地使用者，由土地使用者向国家支付土地使用权出让金的行为。土地使用权出让最高年限按下列用途确定：

① 居住用地 70 年；

② 工业用地 50 年；

③ 教育、科技、文化、卫生、体育用地 50 年；

④ 商业、旅游、娱乐用地 40 年；

⑤ 综合或者其他用地 50 年。

通过出让方式获取土地使用权又可以分成两种具体方式：一是通过招标、拍卖、挂牌等竞争出让方式获取国有土地使用权，二是通过协议出让方式获取国有土地使用权。

① 通过竞争出让方式获取国有土地使用权。按照国家相关规定，工业（包括仓储用地，但不包括采矿用地）、商业、旅游、娱乐和商品住宅等各类经营性用地，必须以招标、拍卖或者挂牌方式出让；上述规定以外用途的土地的供地计划公布后，同一宗地有两个以上意向用地者的，也应当采用招标、拍卖或者挂牌方式出让。

② 通过协议出让方式获取国有土地使用权。按照国家相关规定，出让国有土地使用权，除依照法律、法规和规章的规定应当采用招标、拍卖或者挂牌方式外，还可采取协议方式。以协议方式出让国有土地使用权的出让金不得低于按国家规定所确定的最低价。协议出让底价不得低于拟出让地块所在区域的协议出让最低价。

（2）通过划拨方式获取国有土地使用权　　国有土地使用权划拨，是指县级以上人民政府依法批准，在土地使用者缴纳补偿、安置等费用后将该幅土地交付其使用，或者将土地使用权无偿交付给土地使用者使用的行为。

国家对划拨用地有着严格的规定，下列建设用地，经县级以上人民政府依法批准，可以以划拨方式取得：

① 国家机关用地和军事用地；

② 城市基础设施用地和公益事业用地；

③ 国家重点扶持的能源、交通、水利等基础设施用地；

④ 法律、行政法规规定的其他用地。

依法以划拨方式取得土地使用权的，除法律、行政法规另有规定外，没有使用期限的限制。因企业改制、土地使用权转让或者改变土地用途等不再符合目录要求的，应当实行有偿使用。

2. 建设用地取得的费用

建设用地如通过行政划拨方式取得，则须承担征地补偿费用或对原用地单位或个人的拆迁补偿费用；若通过市场机制取得，则不承担以上费用，但须向土地所有者支付有偿使用费，即土地出让金。

（1）征地补偿费

① 土地补偿费。土地补偿费是对农村集体经济组织因土地被征用而造成的经济损失采取的一种补偿。征用耕地的补偿费，为该耕地被征用前三年平均年产值的 6～10 倍。征用其他土地的补偿费标准，由省、自治区、直辖市参照征用耕地的土地补偿费标准制定。土地补偿费归农村集体经济组织所有。

② 青苗补偿费和地上附着物补偿费。青苗补偿费是因征地时对其正在生长的农作物受到损害而做出的一种赔偿。在农村实行承包责任制后，农民自行承包土地的青苗补偿费应付给本人，属于集体种植的青苗补偿费可纳入当年集体收益。凡在协商征地方案后抢种的农作物、树木等，一律不予补偿。地上附着物是指房屋、水井、树木、涵洞、桥梁、公路、水利设施、林木等地面建筑物、构筑物、附着物等。视协商征地方案前地上附着物价值与折旧情况确定，应根据"拆什么、补什么，拆多少，补多少，不低于原来水平"的原则确定。如附着物产权属个人，则该项补助费付给个人。地上附着物的补偿标准，由省（自治区、直辖市）规定。

③ 安置补助费。安置补助费应支付给被征地单位和安置劳动力的单位，作为劳动力安

置与培训的支出，以及作为不能就业人员的生活补助。征收耕地的安置补助费，按照需要安置的农业人口数计算。需要安置的农业人口数，按照被征收的耕地数量除以征地前被征收单位平均每人占有耕地的数量计算。每一个需要安置的农业人口的安置补助费标准，为该耕地被征收前三年平均年产值的4～6倍。但是，每公顷被征收耕地的安置补助费，最高不得超过被征收前三年平均年产值的15倍。土地补偿费和安置补助费，尚不能使需要安置的农民保持原有生活水平的，经省（自治区、直辖市）人民政府批准，可以增加安置补助费。但是，土地补偿费和安置补助费的总和不得超过土地被征收前三年平均年产值的30倍。

④ 新菜地开发建设基金。新菜地开发建设基金指征用城市郊区商品菜地时支付的费用。这项费用交给地方财政，作为开发建设新菜地的投资。菜地是指城市郊区为供应城市居民蔬菜，连续3年以上常年种菜或者养殖鱼、虾等的商品菜地和精养鱼塘。一年只种一茬或因调整茬口安排种植蔬菜的均不作为需要收取开发基金的菜地。征用尚未开发的规划菜地，不缴纳新菜地开发建设基金。在蔬菜产销放开后，能够满足供应，不再需要开发新菜地的城市，不收取新菜地开发基金。

⑤ 耕地占用税。耕地占用税是对占用耕地建房或者从事其他非农业建设的单位和个人征收的一种税收，目的是合理利用土地资源，节约用地，保护农用耕地。耕地占用税征收范围，不仅包括占用耕地，还包括占用鱼塘、园地、菜地及其农业用地建房或者从事其他非农业建设，均按实际占用的面积和规定的税额一次性征收。其中，耕地是指用于种植农作物的土地。占用前三年曾用于种植农作物的土地也视为耕地。

⑥ 土地管理费。土地管理费主要作为征地工作中所发生的办公、会议、培训、宣传、差旅、借用人员工资等必要的费用。土地管理费的收取标准，一般是在土地补偿费、青苗费、地上附着物补偿费、安置补助费四项费用之和的基础上提取2%～4%。如果是征地包干，还应在四项费用之和后再加上粮食价差、副食补贴、不可预见费等费用，在此基础上提取2%～4%作为土地管理费。

(2) 拆迁补偿费用　在城市规划区内国有土地上实施房屋拆迁，拆迁人应当对被拆迁人给予补偿、安置。

① 拆迁补偿金。拆迁补偿金的方式可以实行货币补偿，也可以实行房屋产权调换。

货币补偿的金额，根据被拆迁房屋的区位、用途、建筑面积等因素，以房地产市场评估价格确定。具体办法由省（自治区、直辖市）人民政府制定。

实行房屋产权调换的，拆迁人与被拆迁人按照计算得到的被拆迁房屋的补偿金额和所调换房屋的价格，结清产权调换的差价。

② 搬迁、安置补助费。拆迁人应当对被拆迁人或者房屋承租人支付搬迁补助费，对于在规定的搬迁期限届满前搬迁的，拆迁人可以付给提前搬家奖励费；在过渡期限内，被拆迁人或者房屋承租人自行安排住处的，拆迁人应当支付临时安置补助费；被拆迁人或者房屋承租人使用拆迁人提供的周转房的，拆迁人不支付临时安置补助费。

搬迁补助费和临时安置补助费的标准由省（自治区、直辖市）人民政府规定。有些地区规定，拆除非住宅房屋，造成停产、停业引起经济损失的，拆迁人可以根据被拆除房屋的区位和使用性质，按照一定标准给予一次性停产停业综合补助费。

(3) 土地使用权出让金、土地转让金　土地使用权出让金为用地单位向国家支付的土地所有权收益，出让金标准一般参考城市基准地价并结合其他因素制定。基准地价由市土地管理局会同市物价局、市国有资产管理局、市房地产管理局等部门综合平衡后报市级人民政府审定通过，它以城市土地综合定级为基础，用某一地价或地价幅度表示某一类别用地在某一土地级别范围的地价，以此作为土地使用权出让价格的基础。在有偿出让和转让土地时，政府对地价不作统一规定，但应坚持以下原则：地价对目前的投资环境不产生大的影响，地价与当地的社会经济承受能力相适应，地价要考虑已投入的土地开发费用、土地市场供求关系、土地用途、所在区类、容积率和使用年限等。有偿出让和转让使用权，要向土地受让者征收契税；转让土地如有增值，要向转让者征收土地增值税；土地使用者每年应按规定的标准缴纳土地使用费。土地使用权出让或转让，应先由地价评估机构进行价格评估后，再签订土地使用权出让和转让合同。

土地使用权出让合同约定的使用年限届满，土地使用者需要继续使用土地的，应当至迟于届满前一年申请续期，除根据社会公共利益需要收回该幅土地的，应当予以批准。经批准准予续期的，应当重新签订土地使用权出让合同，依照规定支付土地使用权出让金。

二、与项目建设有关的其他费用

1. 建设管理费

建设管理费是指建设单位为组织完成工程项目建设，在建设期内发生的各类管理性费用。

（1）建设管理费的内容

① 建设单位管理费。建设单位管理费是指建设单位发生的管理性质的开支，包括：工作人员工资、工资性补贴、施工现场津贴、职工福利费、住房基金、基本养老保险费、基本医疗保险费、失业保险费、工伤保险费、办公费、差旅交通费、劳动保护费、工具用具使用费、固定资产使用费、必要的办公及生活用品购置费、必要的通信设备及交通工具购置费、零星固定资产购置费、招募生产工人费、技术图书资料费、业务招待费、设计审查费、工程招标费、合同契约公证费、法律顾问费、工程咨询费、完工清理费、竣工验收费、印花税和其他管理性质开支。

② 工程监理费。工程监理费是指建设单位委托工程监理单位实施工程监理的费用。按照国家发展改革委关于《进一步放开建设项目专业服务价格的通知》（发改价格〔2015〕299号）规定，此项费用实行市场调节价。

③ 工程总承包管理费。如建设管理采用工程总承包方式，其总包管理费由建设单位与总包单位根据总包工作范围在合同中商定，从建设管理费中支出。

（2）建设管理费的计算

建设单位管理费按照工程费用之和（包括设备工器具购置费和建筑安装工程费用）乘以建设单位管理费费率计算。

$$建设单位管理费 = 工程费用 \times 建设单位管理费费率 \qquad (6-35)$$

建设单位管理费费率按照建设项目的不同性质、不同规模确定。有的建设项目按照建设工期和规定的金额计算建设单位管理费。如采用监理，建设单位部分管理工作量转移至监理单位。监理费应根据委托的监理工作范围和监理深度在监理合同中商定。

2. 可行性研究费

可行性研究费是指在工程项目投资决策阶段，依据调研报告对有关建设方案、技术方案或生产经营方案进行的技术经济论证，以及编制、评审可行性研究报告所需的费用。此项费用应依据前期研究委托合同计列，按照国家发展改革委关于《进一步放开建设项目专业服务价格的通知》（发改价格〔2015〕299号）规定，此项费用实行市场调节价。

3. 研究试验费

研究试验费是指为建设项目提供或验证设计数据、资料等进行必要的研究试验及按照相关规定在建设过程中必须进行试验、验证所需的费用，包括自行或委托其他部门研究试验所需人工费、材料费、试验设备及仪器使用费等。这项费用按照设计单位根据本工程项目的需要提出的研究试验内容和要求计算。在计算时要注意不应包括以下项目：

① 应由科技三项费用（即新产品试制费、中间试验费和重要科学研究补助费）开支的项目。

② 应在建筑安装费用中列支的施工企业对建筑材料、构件和建筑物进行一般鉴定、检查所发生的费用及技术革新的研究试验费。

③ 应在勘察设计费或工程费用中开支的项目。

4. 勘察设计费

勘察设计费是指对工程项目进行工程水文地质勘察、工程设计所发生的费用。包括：工程勘察费、初步设计费（基础设计费）、施工图设计费（详细设计费）、设计模型制作费。按照国家发展改革委关于《进一步放开建设项目专业服务价格的通知》（发改价格〔2015〕299号）规定，此项费用实行市场调节价。

5. 专项评价及验收费

专项评价及验收费包括环境影响评价费、安全预评价及验收费、职业病危害预评价及控制效果评价费、地震安全性评价费、地质灾害危险性评价费、水土保持评价及验收费、压覆矿产资源评价费、节能评估及评审费、危险与可操作性分析及安全完整性评价费以及其他专项评价及验收费。按照国家发展改革委关于《进一步放开建设项目专业服务价格的通知》（发改价格〔2015〕299号）规定，这些专项评价及验收费用均实行市场调节价。

（1）环境影响评价费　环境影响评价费是指在工程项目投资决策过程中，对其进行环境污染或影响评价所需的费用。包括编制环境影响报告书（含大纲）、环境影响报告表和评估等所需的费用，以及建设项目竣工验收阶段环境保护验收调查和环境监测、编制环境保护验收报告的费用。

（2）安全预评价及验收费　安全预评价及验收费指为预测和分析建设项目存在的危害因素种类和危险危害程度，提出先进、科学、合理可行的安全技术和管理对策，在编制评价大纲、编写安全评价报告书和评估等时所需的费用，以及在竣工阶段验收时所发生的费用。

（3）职业病危害预评价及控制效果评价费　职业病危害预评价及控制效果评价费是指建设项目因可能产生职业病危害，而在编制职业病危害预评价书、职业病危害控制效果评价书和评估时所需的费用。

（4）地震安全性评价费　地震安全性评价费是指通过对建设场地和场地周围的地震活动与地震、地质环境的分析，而进行的地震活动环境评价、地震地质构造评价、地震地质灾害评价，在编制地震安全评价报告书和评估时所需的费用。

（5）地质灾害危险性评价费　地质灾害危险性评价费是指在灾害易发区对建设项目可能诱发的地质灾害和建设项目本身可能遭受的地质灾害危险程度的预测评价，在编制评价报告书和评估时所需的费用。

（6）水土保持评价及验收费　水土保持评价及验收费是指对建设项目在生产建设过程中可能造成的水土流失进行预测，在编制水土保持方案和评估时所需的费用，以及在施工期间的监测、竣工阶段验收时所发生的费用。

（7）压覆矿产资源评价费　压覆矿产资源评价费是指对需要压覆重要矿产资源的建设项目，在编制压覆重要矿床评价和评估时所需的费用。

（8）节能评估及评审费　节能评估及评审费是指对建设项目的能源利用是否科学合理进

行分析评估，并编制节能评估报告以及评估时所发生的费用。

（9）危险与可操作性分析及安全完整性评价费　危险与可操作性分析及安全完整性评价费是指对应用于生产具有流程性工艺特征的新建、改建、扩建项目进行工艺危害分析和对安全仪表系统的设置水平及可靠性进行定量评估所发生的费用。

（10）其他专项评价及验收费　其他专项评价及验收费是指根据国家法律法规，建设项目所在省（自治区、直辖市）人民政府有关规定，以及行业规定需进行的其他专项评价、评估、咨询和验收所需的费用。如重大投资项目社会稳定风险评估、防洪评价等。

6. 建设项目场地准备费及建设单位临时设施费

（1）建设项目场地准备费及建设单位临时设施费的内容

① 建设项目场地准备费是指为使工程项目的建设场地达到开工条件，由建设单位组织进行的场地平整等准备工作而发生的费用。

② 建设单位临时设施费是指建设单位为满足工程项目建设、生活、办公的需要，用于临时设施建设、维修、租赁、使用所发生或摊销的费用。

（2）场地准备及临时设施费的计算

① 场地准备及临时设施应尽量与永久性工程统一考虑。建设场地的大型土石方工程应进入工程费用的总图运输费用中。

② 新建项目的场地准备和临时设施费应根据实际工程量估算，或按工程费用的比例计算。改扩建项目一般只计拆除清理费。

$$\text{场地准备和临时设施费} = \text{工程费用} \times \text{费率} + \text{拆除清理费} \qquad (6\text{-}36)$$

③ 发生拆除清理费时可按新建同类工程造价或主材费、设备费的比例计算。凡可回收材料的拆除工程采用以料抵工方式冲抵拆除清理费。

④ 此项费用不包括已列入建筑安装工程费用中的施工单位临时设施费用。

7. 引进技术和引进设备其他费

引进技术和引进设备其他费是指引进技术和设备发生的但未计入设备购置费中的费用。

（1）引进项目图纸资料翻译复制费、备品备件测绘费　可根据引进项目的具体情况计列或按引进货价（FOB）的比例估列；引进项目发生备品备件测绘费时按具体情况估列。

（2）出国人员费用　包括买方人员出国设计联络、出国考察、联合设计、监造、培训等所发生的差旅费、生活费等。依据合同或协议规定的出国人次、期限以及相应的费用标准计算。生活费按照财政部、外交部规定的现行标准计算，差旅费按中国民航公布的票价计算。

（3）来华人员费用　包括卖方来华工程技术人员的现场办公费用、往返现场交通费用、接待费用等。依据引进合同或协议有关条款及来华技术人员派遣计划进行计算。来华人员接待费用可按每人次费用指标计算。引进合同价款中已包括的费用内容不得重复计算。

（4）银行担保及承诺费　引进项目由国内外金融机构出面承担风险和责任担保所发生的费用，以及支付贷款机构的承诺费用。应按担保或承诺协议计取，投资估算和概算编制时可以以担保金额或承诺金额为基数乘以费率计算。

8. 工程保险费

工程保险费是指为转移工程项目建设的意外风险，在建设期内对建筑工程、安装工程、机械设备和人身安全进行投保而发生的费用。它包括建筑安装工程一切险、引进设备财产保险和人身意外伤害险等。

根据不同的工程类别，分别以其建筑、安装工程费乘以建筑、安装工程保险费率计算。民用建筑（住宅楼、综合性大楼、商场、旅馆、医院、学校）占建筑工程费的2‰～4‰，其他建筑（工业厂场、仓库、道路、码头、水坝、隧道、桥梁、管道等）占建筑工程费的 3‰～6‰，安装工程（农业、工业、机械、电子、电器、纺织、矿山、石油、化学及钢铁工业、钢结构桥梁）占建筑工程费的 3‰～6‰。

9. 特殊设备安全监督检验费

特殊设备安全监督检验费是指安全监察部门对在施工现场组装的锅炉及压力容器、压力管道、消防设备、燃气设备、电梯等特殊设备和设施实施安全检验收取的费用。此项费用按照建设项目所在省（自治区、直辖市）安全监察部门的规定标准计算。无具体规定的，在编制投资估算和概算时可按受检设备现场安装费的比例估算。

10. 市政公用设施费

市政公用设施费是指使用市政公用设施的工程项目，按照项目所在地省级人民政府有关规定建设或缴纳的市政公用设施建设配套费用以及绿化工程补偿费用。此项费用按工程所在地人民政府规定的标准计列。

三、与未来生产经营有关的其他费用

1. 联合试运转费

联合试运转费是指新建或新增加生产能力的工程项目，在交付生产前按照设计文件规定的工程质量标准和技术要求，对整个生产线或装置进行负荷联合试运转所发生的费用净支出（试运转支出大于收入的差额部分费用）。试运转支出包括试运转所需原材料、燃料及动力消耗、低值易耗品、其他物料消耗、工具用具使用费、机械使用费、保险金、施工单位参加试运转人员工资以及专家指导费等；试运转收入包括试运转期间的产品销售收入和其他收入。联合试运转费不包括应由设备安装工程费用开支的调试及试车费用，以及在试运转中暴露出来的因施工原因或设备缺陷等发生的处理费用。

2. 专利及专有技术使用费

专利及专有技术使用费是指在建设期内为取得专利、专有技术、商标权、商誉、特许经营权等发生的费用。

(1) 专利及专有技术使用费的主要内容

① 国外设计及技术资料费，引进有效专利、专有技术使用费和技术保密费；

② 国内有效专利、专有技术使用费；

③ 商标权、商誉和特许经营权费等。

(2) 专利及专有技术使用费的计算　在专利及专有技术使用费的计算时应注意以下问题：

① 按专利使用许可协议和专有技术使用合同的规定计列；

② 专有技术的界定应以省、部级鉴定批准为依据；

③ 项目投资中只计算需在建设期支付的专利及专有技术使用费，协议或合同规定在生产期支付的使用费应在生产成本中核算；

④ 一次性支付的商标权、商誉及特许经营权费按协议或合同规定计列，协议或合同规定在生产期支付的商标权或特许经营权费应在生产成本中核算；

⑤ 为项目配套的专用设施投资，包括专用铁路线、专用公路、专用通信设施、送变电站、地下管道、专用码头等，如由项目建设单位负责投资但产权不归属本单位的，应作无形资产处理。

3. 生产准备费

(1) 生产准备费的内容　在建设期内,建设单位为保证项目正常生产而发生的人员培训费、提前进厂费以及投产使用必备的办公、生活家具用具及工器具等的购置费用。

① 人员培训费及提前进厂费。包括自行组织培训或委托其他单位培训的人员工资、工资性补贴、职工福利费、差旅交通费、劳动保护费、学习资料费等。

② 为保证前期正常生产(或营业、使用)所必需的生产办公、生活家具用具购置费。

(2) 生产准备费的计算

① 新建项目按设计定员为基数计算,改扩建项目按新增设计定员为基数计算:

$$\text{生产准备费(元/人)} = \text{设计定员} \times \text{生产准备费指标} \tag{6-37}$$

② 可采用综合的生产准备费指标进行计算,也可以按费用内容的分类指标计算。

第五节　预备费和建设期利息的计算

一、预备费

预备费是指在建设期内因各种不可预见因素的变化而预留的可能增加的费用,包括基本预备费和价差预备费。

1. 基本预备费

(1) 基本预备费的内容　基本预备费是指投资估算或工程概算阶段预留的,由于工程实施中不可预见的工程变更及洽商、一般自然灾害处理、地下障碍物处理、超规超限设备运输等而可能增加的费用,亦可称为工程建设不可预见费。基本预备费一般由以下四部分构成:

① 工程变更及洽商。在批准的初步设计范围内,技术设计、施工图设计及施工过程中所增加的工程费用;设计变更、工程变更、材料代用、局部地基处理等增加的费用。

② 一般自然灾害处理。一般自然灾害造成的损失和预防自然灾害所采取的措施费用。实行工程保险的工程项目,该费用应适当降低。

③ 不可预见的地下障碍物处理的费用。

④ 超规超限设备运输增加的费用。

(2) 基本预备费的计算　基本预备费是按工程费用和工程建设其他费用二者之和为计取基础,乘以基本预备费费率进行计算。

$$\text{基本预备费} = (\text{工程费用} + \text{工程建设其他费用}) \times \text{基本预备费费率} \tag{6-38}$$

基本预备费费率的取值应执行国家及部门的有关规定。

2. 价差预备费

(1) 价差预备费的内容　价差预备费是指为在建设期内利率、汇率或价格等因素的变化而预留的可能增加的费用,亦称为价格变动不可预见费。价差预备费的内容包括:人工、设备、材料、施工机具的价差费,建筑安装工程费及工程建设其他费用调整,利率、汇率调整等增加的费用。

(2) 价差预备费的测试方法　价差预备费一般根据国家规定的投资综合价格指数,按估算年份价格水平的投资额为基数,采用复利方法计算。计算公式为:

$$\text{PF} = \sum_{t=1}^{n} I_t \left[(1+f)^m (1+f)^{0.5} (1+f)^{t-1} - 1 \right] \tag{6-39}$$

式中　PF——价差预备费;

n——建设期年份数；

I_t——建设期中第 t 年的静态投资计划额，包括工程费用、工程建设其他费用及基本预备费；

f——年涨价率；

m——建设前期年限（从编制估算到开工建设），年。

年涨价率，政府部门有规定的按规定执行，没有规定的由可行性研究人员预测。

二、建设期利息

建设期利息主要是指在建设期内发生的为工程项目筹措资金的融资费用及债务资金利息。

建设期利息的计算，根据建设期资金用款计划，在总贷款分年均衡发放前提下，可按当年借款在年中支用考虑，即当年借款按半年计息，上年借款按全年计息。计算公式为：

$$q_j = \left(P_{j-1} + \frac{1}{2}A_j\right) \times i \tag{6-40}$$

式中 q_j——建设期第 j 年应计利息；

P_{j-1}——建设期第 $(j-1)$ 年末累计贷款本金与利息之和；

A_j——建设期第 j 年贷款金额；

i——年利率。

利用国外贷款的利息计算中，年利率应综合考虑贷款协议中向贷款方加收的手续费、管理费、承诺费，以及国内代理机构向贷款方收取的转贷费、担保费和管理费等。

第六节 环境工程项目投资估算

一、投资估算的概念及作用

投资估算是指建设单位在项目投资决策过程中，依据现有的资料和规定的估算办法，对建设项目投资数额进行估计的文件。

投资估算是一个逐步深化的过程，这是因为从项目建议书到可行性研究，再到投资决策，不同阶段所掌握的资料和具备的条件不同，因而对建设项目投资估算的准确度不同。后阶段比前阶段的投资估算更细，更准确。在项目评估与投资决策的过程中，不同阶段的投资估算具有不同作用。

① 项目建议书阶段的投资估算是项目主管部门审批项目建议书的依据之一，并对项目的规划、规模起参考作用。

② 项目可行性研究阶段的投资估算是项目投资决策的重要依据。投资估算被批准之后，其投资估算额将作为初步设计任务书中下达的投资限额。

③ 项目投资估算对工程设计概算起控制作用。

④ 项目投资估算可作为项目资金筹措、制订建设贷款计划的依据。

⑤ 项目投资估算是工程设计招标、优选设计单位和设计方案的依据。

⑥ 项目投资估算是实行限额设计的依据。实行工程限额设计要求设计者必须在一定的投资额内确定设计方案，以便控制项目建设的标准。

二、投资估算的内容

不同的工程项目,由于工程规模的大小不同,投资估算的内容也会有所差异。

环境工程项目的投资估算,从费用构成来讲包括该项目从筹建、施工直至竣工投产所需的全部费用。按国家有关规定具体应包括建筑安装工程费、设备和工器具购置费、工程建设其他费用、预备费、建设期贷款利息、固定资产投资方向调节税、企业流动资金等。

三、投资估算指标

投资估算的编制依据主要是项目建议书或项目可行性研究报告、方案设计、投资估算指标等相关资料。投资估算通常以独立的单项工程或完整的工程项目为计算对象进行计算。投资估算指标有建设项目综合投资估算指标和建设项目投资估算单项指标两种。

1. 建设项目综合投资估算指标

综合投资估算指标一般以生产能力为计算单位,列出投资和人工、主要材料的消耗量,表 6-2、表 6-3 为排水工程中污水管道综合指标和污水处理厂综合指标。

表 6-2 排水工程中污水管道综合指标

序号	设计规模 /(m³/d)	投资 /万元	人工 /工日	主要材料				
				钢材/kg	水泥/kg	木材/m³	金属管/kg	非金属管/kg
污水管道综合指标/$\left(\dfrac{m^3}{d}/km\right)$								
1	Ⅰ类(水量 10^5 以上)	7~11	0.2~0.3	0.3~0.4	2~2	0.0003~0.0004	2~4	12~18
2	(水量 $5×10^4$~10^5)	10~14	0.3~0.4	0.4~0.5	2~3	0.0004~0.0005	3~4	17~23
3	Ⅱ类(水量 $2×10^4$~$5×10^4$)	13~18	0.4~0.5	0.5~0.7	3~4	0.0005~0.0006	4~6	22~30
4	(水量 $6×10^3$~$2×10^4$)	17~25	0.5~0.7	0.7~1.0	4~5	0.0006~0.0009	5~8	28~42
5	Ⅲ(水量 $2×10^3$~$6×10^3$)	20~30	0.6~0.9	0.8~1.1	4~7	0.0007~0.0011	6~10	33~50
6	(水量 $2×10^3$ 以下)	28~40	0.8~1.2	1.1~1.5	6~9	0.0010~0.0014	9~13	47~67
污水干管综合指标/$\left(\dfrac{m^3}{d}/km\right)$								
1	Ⅰ类(水量 10^5 以上)	6~10	0.2~0.3	0.2~0.4	1~2	0.0002~0.0004	2~3	10~17
2	(水量 $5×10^4$~10^5)	8~14	0.2~0.4	0.3~0.5	2~3	0.0003~0.0005	3~4	13~23
3	Ⅱ类(水量 $2×10^4$~$5×10^4$)	14~17	0.4~0.5	0.5~0.6	3~4	0.0005~0.0006	4~5	23~28
4	Ⅲ(水量 $2×10^4$ 以下)	17~30	0.5~0.9	0.6~1.1	4~7	0.0006~0.0011	5~10	28~50

表 6-3 污水处理厂综合指标

序号	设计规模 /(m³/d)	投资 /万元	人工 /工日	主要材料				
				钢材/kg	水泥/kg	木材/m³	金属管/kg	非金属管/kg
一级处理综合指标/(m³/d)								
1	Ⅰ类(水量 10^5 以上)	100~130	3~4	9~12	64~83	0.008~0.011	4~6	8~11
2	(水量 $5×10^4$~10^5)	130~150	4~5	12~14	83~96	0.011~0.012	6~6	11~12
3	Ⅱ类(水量 $2×10^4$~$5×10^4$)	150~180	5~6	14~17	96~116	0.012~0.015	6~8	12~15
4	(水量 $6×10^3$~$2×10^4$)	180~200	6~7	17~18	116~128	0.015~0.016	8~9	15~16
5	Ⅲ(水量 $6×10^3$ 以下)	200~300	7~9	18~28	128~193	0.016~0.024	9~13	16~25
二级处理综合指标/(m³/d)(一)								
1	Ⅰ类(水量 10^5 以上)	160~190	3~3	17~20	110~131	0.008~0.010	9~11	13~15
2	(水量 $5×10^4$~10^5)	190~220	3~3	19~23	124~152	0.009~0.011	10~13	14~18
3	Ⅱ类(水量 $2×10^4$~$5×10^4$)	220~300	3~4	21~26	138~173	0.010~0.013	12~15	16~20
4	(水量 $6×10^3$~$2×10^4$)	300~450	4~5	26~32	173~207	0.013~0.016	15~17	20~24
5	Ⅲ(水量 $1×10^3$~$6×10^3$)	450~850	5~6	32~37	207~242	0.016~0.018	17~20	24~28
6	(水量 $1×10^3$ 以下)	850~1400	6~8	37~53	242~345	0.018~0.026	20~29	28~40

续表

序号	设计规模 /(m³/d)	投资 /万元	人工 /工日	主要材料				
				钢材/kg	水泥/kg	木材/m³	金属管/kg	非金属管/kg
	二级处理综合指标/(m³/d)(二)							
1	Ⅰ类(水量 10^5 以上)	200~300	3~4	24~30	139~174	0.014~0.017	12~15	6~8
2	(水量 $5×10^4$~10^5)	300~400	4~5	30~39	174~223	0.017~0.022	15~19	8~10
3	Ⅱ类(水量 $2×10^4$~$5×10^4$)	400~600	5~6	36~48	209~279	0.021~0.028	17~23	9~12
4	(水量 $6×10^3$~$2×10^4$)	600~750	7~8	52~58	300~334	0.030~0.033	25~28	13~14
5	Ⅲ(水量 $1×10^3$~$6×10^3$)	750~1000	7~9	54~67	314~383	0.031~0.038	26~32	14~17
6	(水量 $1×10^3$ 以下)	1000~1300	8~13	65~97	376~558	0.037~0.055	31~46	16~24

2. 建设项目投资估算单项指标

投资估算单项指标一般以生产能力为计算单位,列出直接费投资,包括土建工程、设备购置、配管及安装工程的费用。表 6-4 位污水处理厂总平面布置单项指标,表 6-5 为污水泵房系列单项指标。

表 6-4 污水处理厂总平面布置单项指标

项目		单位	浅丘地区 单位:厂区面积 100m²			
			水量/(m³/d)			
			500~1000	1000~5000	5000~10000	10000~20000
投资指标	直接费合计	元	2700~3560	2740~3010	2470~2740	2190~2470
	其中 土建	元	2700~2920	2250~2470	2030~2250	1790~2030
	配管及安装	元	420~460	360~400	320~360	290~320
	设备	元	170~180	130~140	120~130	110~120
主要工料指标		略				

表 6-5 污水泵房系列单项指标

项目		单位	圆形泵房指标 单位:建筑面积 100m²			
			水量/(m³/d)			
			500~1000	1000~5000	5000~10000	10000~20000
投资指标	直接费合计	元	17550~18200	16900~17550	15600~16900	14300~14950
	其中 土建	元	10530~10920	10140~10530	10920~11830	8580~8970
	配管及安装	元	2640~2730	2450~2640	1560~1690	1430~1500
	设备	元	4380~4550	4220~4380	3120~3380	4390~4480
主要工料指标		略				

四、投资估算的常用编制方法

投资估算的编制方法较多,常用的投资估算方法有:生产规模指数估算法、比例系数估算法、设备费用比例估算法、造价指标估算法。

1. 生产规模指数估算法

这种方法是根据已建成的性质与拟建项目类似的项目投资额或设备投资额,估算同类型而不同规模的项目的投资或设备投资的方法。其估算式为:

$$C_2 = C_1 \times \left(\frac{Q_2}{Q_1}\right)^n \times f \tag{6-41}$$

式中 C_1——已建成类似项目的静态投资额;

        C_2——拟建项目静态投资额;

        Q_1——已建成类似项目的生产能力;

Q_2——拟建项目的生产能力；

f——不同时期、不同地点的定额、单价、费用变更等的综合调整系数；

n——生产规模指数，$0 \leqslant n \leqslant 10$。

该法中"n"值确定有一定要求，若已建成同类项目的装置规模与拟建项目的装置规模相差不大，生产能力比值在 0.5~2.0，$n=1$；若已建成同类项目装置与拟建项目装置的规模相差不大于 50 倍，且拟建项目的扩大仅靠扩大设备规格来达到时，n 为 0.6~0.7；若是靠增加相同规格的设备的数量达到时，n 为 0.8~0.9。

采用生产规模指数法进行投资估算，计算较简便，但要求类似工程的资料要可靠，与拟建项目条件基本相同，否则误差较大。生产规模指数法适合项目申请书（建议书）阶段的投资估算。

2. 比例系数估算法

采用比例系数估算法的基本条件是已掌握已有同类工程项目的设备与固定资产相关资料。先求出已有同类项目主要设备投资占全项目固定资产投资比例，然后再算出拟建项目的主要设备投资，即可按比例求出拟建项目的固定资产投资。其表达式为：

$$I = \frac{1}{K} \sum_{i=1}^{n} Q_i P_i \tag{6-42}$$

式中 I——拟建项目的固定资产投资；

K——已有同类项目主要设备投资占固定资产的比例，%；

n——设备种类数；

Q_i——第 i 种设备的数量；

P_i——第 i 种设备的单价。

3. 设备费用比例估算法

该法是将项目的固定资产投资分为设备投资、建筑物投资或构筑物投资、其他投资三部分，先估算设备投资额，然后再按一定比例估算出建筑物与构筑物的投资及其他投资，最后将三部分投资加在一起。

（1）设备投资估算 设备投资为其出厂价格加上运杂费、安装费等，其估算公式为：

$$K_1 = \sum_{i=1}^{n} Q_i P_i (1 + L_i) \tag{6-43}$$

式中 K_1——设备投资估算值；

Q_i——第 i 种设备所需数量；

P_i——第 i 种设备的出厂价格；

L_i——同类项目设备的运杂费、安装费（包括材料费）系数；

n——所需设备的种类。

（2）建（构）筑物的投资估算：

$$K_2 = K_1 L_b \tag{6-44}$$

式中 K_2——建（构）筑物投资估算值；

L_b——同类项目建筑物、构筑物投资占设备投资的比例。

（3）其他投资估算：

$$K_3 = K_1 L_w \tag{6-45}$$

式中 K_3——其他投资估算；

L_w——同类项目其他投资占设备投资的比例。

项目固定资产投资总额的估算值,则为:

$$K=(K_1+K_2+K_3)\times(1+S) \quad (6\text{-}46)$$

式中 S——考虑不可预见因素而设定的费用系数,一般为10%~15%。

4. 造价指标估算法

造价指标估算法是根据各类建设项目或单项工程投资估算指标进行投资估算的方法。造价指标的形式很多,如单位生产能力指标,元/($m^2 \cdot d$);单位建筑面积指标,元/m^2;单位建筑体积指标,元/m^3等。将这些指标乘以同类工程的规模,就可以求得相应的土建工程、安装工程等各单位工程的投资数额。在此基础上,汇总后得到单项工程的投资数额,再估算工程建设其他费用,即求得建设项目总投资的估算值。

采用造价指标估算法,要注意指标制订时间与工程建设时间的差异,指标包含内容与工程实际包含内容的差异,指标使用地区与工程所在地的差异,以及施工建设条件的差异等,有时要乘以必要的调整系数。

① 单位生产能力指标法。

当工程所在地、建设时间和工程所包含的内容与造价指标没有很大的差别时:

$$\text{项目投资额}=\text{单位造价指标}\times\text{生产能力} \quad (6\text{-}47)$$

当工程所在地、建设时间和工程所包含的内容与造价指标有较大差别时:

$$\text{项目投资额}=\text{单位造价指标}\times\text{生产能力}\times\text{调整系数} \quad (6\text{-}48)$$

② 单项指标估算法。

单项工程投资额计算如下:

$$\text{单项工程投资额}=\text{单项指标}\times\text{规模}\times\text{调整系数} \quad (6\text{-}49)$$

应该注意的是:利用上述方法计算时,如算出的是工程直接费,估算工程造价时还需按工程投资估算的相关规定计算工程建设其他费用,综合汇总成该项目投资估算。工程建设其他费用包括:建设单位管理费、工程建设监理费、征地费、青苗补偿费、拆迁补偿费、人员培训费、评估招标费、设计前期费、环境影响评价费、设计费等。同时,一个完整的项目投资估算还需考虑建设期贷款利息、基本预备费及铺底流动资金。

复习思考题

1. 简述现行建设项目总投资构成。
2. 简述非标准设备的原价的组成部分。
3. 简述企业管理费的计算方法。
4. 简述获取国有土地使用权的基本方式。建设用地取得的费用如何确定?
5. 某工厂采购一台国产非标准设备,制造厂生产该台设备所用材料费20万元,辅助材料费4000元。专用工具费费率1.5%,废品损失费率10%,外购配套件费5万元,包装费率1%,利润率7%,增值税率17%,非标准设备设计费2万元,求该国产非标准设备的原价。
6. 某建设项目建安工程费5000万元,设备购置费3000万元,工程建设其他费用2000万元,已知基本预备费率5%,项目建设前期年限为1年,建设期为3年,各年投资计划额为:第一年完成投资20%,第二年60%,第三年20%。年平均投资价格上涨率6%,求建设项目建设期间价差预备费。

7. 某新建项目，建设期为3年，分年均衡进行贷款，第一年贷款300万元，第二年贷款600万元，第三年贷款400万元，年利率为12%，建设期利息只计息不支付，计算建设期利息。
8. 什么情况下编制工程投资估算和设计概算？
9. 投资估算的常用方法有哪些？
10. 已建成的某污水处理工程项目，处理能力为$10 \times 10^4 \mathrm{m}^3/\mathrm{d}$，固定资产为8000万元。若拟建一个生产能力为$20 \times 10^4 \mathrm{m}^3/\mathrm{d}$的同类项目，试估算其固定资产投资为多少？（按增加设备容量考虑，$n=0.7$）
11. 某市拟建一污水处理厂，处理能力$Q = 60000 \mathrm{m}^3/\mathrm{d}$，二级处理，曝气沉砂池容积为$36 \mathrm{m}^3$，一般标准。试估算曝气沉砂池造价。

第七章　环境工程施工准备

工程施工可分为施工准备、施工过程和竣工验收三个阶段，其中施工准备阶段是决定工程施工成败的重要环节。如果没有做好施工的准备工作而贸然施工，不但会造成人力物力的浪费，还会引起现场混乱，甚至可能酿成重大的安全事故。所以，工程施工必须要有合理的施工准备期，以掌握工程特点和要求，摸清施工条件，进而合理地进行组织规划，从人力、物力、技术和组织上为施工做好准备工作。

第一节　施工准备概述

一、施工准备的概念与意义

施工准备是施工前为保证整个工程能够按计划顺利施工，在事先必须做好的各项准备工作，具体内容包括为施工创造必要的技术、物资、人力、现场和外部组织条件，统筹安排施工现场，以保证施工过程的顺利进行。

施工准备工作不但是工程施工过程顺利进行的根本保证，而且是企业搞好目标管理、推行技术经济责任制的重要依据。做好施工准备工作，对于发挥企业优势、合理供应资源、加快施工速度、提高工程质量、降低工程成本、增加企业经济效益、赢得社会信誉、实现企业管理现代化等也具有重要意义。

施工准备不仅仅是指整个的建设项目的准备工作，它还包括单项工程或单位工程，甚至单位工程中分部、分项工程开工之前所必须进行的准备工作。施工准备工作是施工阶段的一个重要环节，是施工管理的重要内容，其根本任务是为正式施工创造良好的条件。实践证明，施工准备虽然会花费一定时间，但对于避免浪费，保证工程质量和施工安全，提高经济效益，具有十分重要的作用。

二、施工准备的分类

施工准备因为工作范围和施工阶段不同而分为不同的类别和内容，具体见表7-1。

由上述分类可知，施工准备工作不仅在开工前的准备期进行，而且在施工进程中的各个分部分项工程施工之前都要进行，所以施工准备工作贯穿于整个工程项目建设的始终。同时，施工准备工作不但具有阶段性，而且还有连续性。因此，施工准备工作必须有计划、有步骤、分阶段进行。

三、施工准备工作的基本内容

施工准备工作按其性质和内容，通常可分为技术资料准备、施工物资准备、劳动组织准备、施工现场准备和施工对外工作准备几个方面，如图7-1所示。

表 7-1　施工准备的分类

分类依据	施工准备的类别	施工准备的内容
工作范围	全场性施工准备	以整个建设项目和施工工地为对象而进行的各项施工准备工作,其特点是该准备的目的和内容都是为全场施工服务,不但要为全场施工创造条件,并且要兼顾单位工程施工条件准备
工作范围	单位工程施工条件准备	以构筑物或建筑物等单位工程项目为服务对象的施工条件准备工作,其目的和内容都是为单位工程施工服务,不但要为该项单位工程准备,而且还要为分项工程施工做好准备
工作范围	分部工程作业条件准备	以分部工程为对象进行的作业条件准备,是基础的施工准备工作
施工阶段	开工前施工准备	拟建工程正式开工之前所进行的施工准备工作,其目的是为拟建设工程正式开工创造必要条件,既可能是全场性,也可能是单位工程的施工准备工作
施工阶段	分项工程施工前准备	在工程正式开工后,每项分项工程开工前进行的准备工作,其目的是为各分项工程顺利施工创造条件,是施工期间进行的经常性的施工准备工作,具有局部性、短期性和经常性

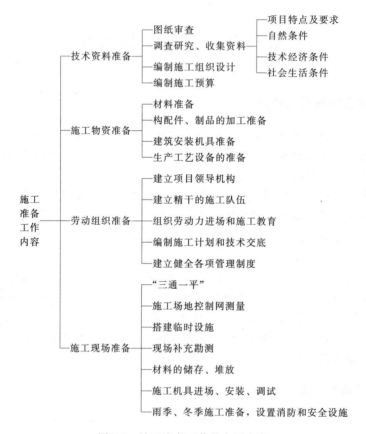

图 7-1　施工准备工作的主要内容

四、施工准备的基本要求

由环境工程施工准备的内容可以看出,环境工程施工准备工作具有涉及范围广、过程复杂等特点。为了保证环境工程施工准备工作正确、有效地开展,必须符合如下基本要求。

(1) 施工准备工作要有明确的分工

① 建设单位应做好主要专用设备、特殊材料等的订货,建设征地,申办建筑许可证,拆除障碍物,接通场外的施工道路、水电等工作。

② 设计单位主要是进行施工图设计及设计概算等相关工作。

③ 施工单位主要是分析整个建设项目的施工部署，做好调查研究，收集有关资料，编制好施工组织设计，并做好相关的施工准备工作。

(2) 施工准备工作应分阶段、有计划地进行　施工准备工作不仅要在开工之前集中进行，而且要贯穿整个施工过程的始终。随着工程施工的进展，各分部分项工程的施工准备工作都要连续不断地分阶段、有组织、有计划、有步骤地进行。为了保证施工准备工作能按时完成，应按照施工进度计划的要求，编制好施工准备工作计划，并随着工程的进展，按时组织落实。

(3) 施工准备工作要有严格的保证措施

① 施工准备工作责任制度。

② 施工准备工作检查制度。

③ 坚持基建程序，严格执行开工报告制度。

(4) 开工前，要对施工准备工作进行全面检查　单位工程的施工准备工作基本完成后，要对施工准备工作进行全面检查，具备了开工条件后，应及时向上级有关部门报送开工报告，经批准后方可开工。单位工程应具备的开工条件如下。

① 施工图纸已经会审，并有会审纪要。

② 施工组织设计已经审核批准，并进行了技术交底工作。

③ 施工图预算和施工预算已经编制和审定。

④ 施工合同已经签订，施工执照已经办好。

⑤ 现场障碍物已经拆除或迁移完毕，场内"三通一平"。

⑥ 永久或半永久性的平面测量控制网的坐标点和标高测量网的水准点均已建立，建筑物、构筑物的定位放线工作已基本完成，能满足施工的需要。

⑦ 施工现场的各种临时设施已按设计要求搭设，能够基本满足使用要求。

⑧ 工程施工所用的材料、构配件、制品和机械设备已订购落实，并已陆续进场，能够保证开工和连续施工的要求；先期使用的施工机具已按施工组织设计的要求安装完毕，并进行了试运转，能保证正常使用。

⑨ 施工队伍已经落实，已经过或正在进行必要的进场教育和各项技术交底工作，已调进现场或随时准备进场。

⑩ 现场安全施工守则已经制定，安全宣传牌已经设置，安全消防设施已经具备。

第二节　环境工程施工技术资料准备

在施工项目实施过程中，技术是决定成败的关键性因素。任何技术上的差错或失误都可能引起质量隐患和安全事故，进而造成生命和财产的巨大损失。所以技术资料的准备是施工准备工作的核心，是确保工程质量、工期和施工安全、降低成本和增加企业经济效率的关键。为了做好施工准备工作，必须做好如下内容：图纸会审和设计交底、施工调整（调查和收集资料）、编制施工组织设计、编制施工图预算和施工预算。

一、图纸会审和设计交底

施工是施工方依据设计单位的设计意图进行具体实施的过程。环境工程施工技术资料的准备工作应首先从图纸会审和设计交底开始，以确保施工方正确领会设计意图，掌握工程构造和技术要求，实现各工种施工的配合，达到人人熟悉施工对象、施工方案和技术措施、施工程序、方法要点、质量标准和安全要求等。

1. 图纸会审的目的

图纸会审的主要目的有：①使施工方充分了解设计意图、构造特点、技术要求、质量标准等，避免发生施工指导性错误，按照设计图纸的要求顺利地进行施工；②通过会审发现设计图纸中存在的问题和错误，使其在施工前得以解决和改正，确保顺利施工；③结合现场情况，提出合理化建议，协商有关配合施工等事宜，以确保工程质量和施工安全，并降低施工成本和缩短工期；④使施工人员掌握施工对象、施工方案、技术措施、施工程序、施工方法、安全和质量标准、进度要求以及各工种间的配合施工关系。

2. 图纸会审的依据

图纸会审必须依据如下基础资料进行。

① 由建设和设计单位提供的城市规划、建筑总平面和竖向图、初步及扩大初步设计方案、施工图等资料。

② 经调查研究获得的施工相关原始资料。

③ 设计、施工和验收标准或规范等有关技术规定。

3. 图纸会审的程序

图纸会审的程序通常分为自审、会审和现场签证三个阶段。

（1）图纸自审阶段　施工单位收到拟建工程的设计图纸和有关技术文件后，应尽快组织有关工程技术人员进行图纸自审，写出自审图纸记录，其内容应包括对设计图纸的疑问和建议。

（2）图纸会审阶段　图纸会审工作一般由建设单位主持，设计单位和施工单位共同参加。首先应由设计单位的设计主管人员说明拟建工程的设计依据、意图和功能要求，并对特殊结构、新材料、新工艺和新技术提出要求；然后施工单位根据自审记录以及对设计意图的了解，提出对设计图纸的疑问和建议；最后在三方统一认识的基础上，对所探讨的问题做好记录，形成"图纸会审纪要"，由建设单位正式行文，参加单位共同签字、盖章，作为与设计文件同时使用的指导施工的依据，以及建设单位与施工单位进行工程结算的依据，并列入工程技术档案。施工图纸会审的主要内容如下。

① 审查拟建工程的位置、建筑总平面图是否符合国家或地区规划，是否与规划部门批准的项目规模、形式、平面立面图一致，在设计功能和使用要求是否符合卫生、防火及城市美化要求。

② 审查施工图与说明书在内容上是否一致，施工图是否完整、齐全，施工图的各部分之间是否有矛盾和差错，图纸上的尺寸、坐标和标高是否准确、一致。

③ 审查地上与地下工程、土建与安装工程、结构与装饰工程的施工图之间是否有矛盾或干扰，地基处理、基础设计是否与拟建工程所在位置的水文、地质条件等相符合。

④ 当采用新工艺、新材料、新方法，或工程复杂、施工难度大时，应审查施工单位的技术、装备条件或特殊材料、构配件的订货加工有无困难，能否满足施工安全和工期的要求，采用相关措施后，能否满设计要求等。

⑤ 明确工期和施工顺序，明确建设、设计和施工单位的协作关系，明确建设单位所能提供的施工条件及期限要求，明确建设单位提供的设备的类型、规格、数量及到货日期等。

⑥ 对设计和施工提出的合理化建议是否被采纳，施工图中不明确或有疑问的地方，设

计单位是否解释清楚等。

(3) 现场签证阶段　在施工过程中，如发现施工条件与设计要求不符，图纸中仍有错误或材料规格和质量无法满足设计要求，以及施工单位提出合理化建议需要对设计图纸进行修订时，应遵循技术核定和设计变更的签证制度，进行图纸的施工现场签证。如果设计变更内容对工程规模和投资影响较大时，应报请项目的原审批单位批准。在施工现场的图纸修改、技术核定和变更资料，都应有正式的文字记录，归入工程施工档案，作为指导施工、竣工验收和工程结算的依据。

4. 设计交底

在图纸会审过程中，应由设计方向施工单位进行技术交底，以确保施工方正确领会设计意图和相关技术和质量要求；图纸会审完毕后，应由施工单位的现场主管工程师向施工人员进行施工技术交底，使施工人员熟悉和掌握施工对象、施工方案、技术措施、施工程序、施工方法、工种配合、进度要求、安全和质量标准等，以确保施工安全、施工质量和工期。

二、施工调查

1. 施工调查的目的和意义

环境工程施工不但要求施工方充分领会设计单位的设计意图，还要求施工单位进行详细的施工资料收集，以查明施工的环境特点和施工条件，为施工组织设计和施工方案设计提供基本的依据。

施工调查的主要目的有：①为编制客观、合理的施工组织设计文件提供科学的依据；②为图纸会审、编制施工图预算和施工预算提供依据；③为施工企业管理人员进行管理决策提供可靠的依据。

2. 施工调查的方法

(1) 拟定施工调查提纲　施工原始资料的调查应有计划、有目的地进行。在调查工作开始之前，应根据拟建工程的性质、规模、复杂程度等有关情况，以及对当地有关原始资料了解的程度，拟定出施工原始资料调查提纲。

(2) 确定施工调查对象　施工原始资料的调查应有针对性地进行，其对象和主要内容见表 7-2。

表 7-2　施工调查的对象和主要内容

调查对象	调查主要内容
建设单位	工程项目的计划任务书，工程项目地址选择的依据资料
勘察设计单位	工程地质、水文地质勘察报告和地形测量图
设计单位	初步设计、扩大初步设计、施工图以及工程概预算资料
当地气象台(站)	有关气象资料
当地的主管部门	现有的有关规定以及工程项目的指导性文件；了解类似工程的施工经验；了解各种建筑材料供应情况、构(配)件、制品的加工能力和供应情况；能源、交通运输和生活状况；参加施工单位的能力和管理状况等
其他专业部门	缺少的资料和有疑点的资料

(3) 施工现场勘察　施工调查还要求到施工现场调查现场环境，必要时应进行实际勘测工作。

(4) 分析施工调查资料　对施工调查所获得的原始资料，应进行科学分析，以辨别真伪；然后对真实有效的资料进行分类汇总，结合施工要求找出有利因素和不利因素，利用有利因素而针对不利因素提出应对措施。

3. 施工调查的内容

（1）施工特点与要求

① 向建设单位和设计单位索取可行性报告、项目地址选择、扩大初步设计等资料，以便了解工程目的、任务和设计意图。

② 了解工程规模和工程特点。

③ 了解施工工艺及设备特点和来源。

④ 掌握工程施工和配套设施交付使用的顺序和时间要求、图纸交付的时间以及施工的质量要求和技术难点等。

（2）自然条件　建设地区自然条件调查内容主要包括建设地的气象、地形、地貌、工程地质、水文地质、场地周围环境、地上障碍物和地下隐蔽物等情况。

（3）经济条件　建设地区经济条件调查主要包括：地方建筑生产企业，地方资源条件，交通运输条件，水、电、蒸汽等条件，施工单位以及地方社会劳动力和生产设施等内容。

① 地方建筑生产企业调查是指当地计划、经济及建筑业管理部门了解建筑构件厂、白灰厂和建筑设备厂等建筑施工和建筑材料生产企业的基本情况，以确定材料、构（配）件、制品等的货源、供应方式等，以便为编制运输计划、规划场地和临时设施等提供依据。

② 地方资源调查主要是指了解和掌握当地碎石、砾石、块石、砂石和工业废料（如矿渣、炉渣和粉煤灰）等可用于建设施工过程的材料及资源的来源，以便合理选用地方性建材，降低施工成本。

③ 交通运输条件调查主要是向当地铁路、公路、水运、航空运输管理及业务部门收集有关交通运输的基本资料，其目的是决定选择材料和设备的运输方式，进行运输组织。

④ 水、电和蒸汽调查主要是向当地城市建设、电业、电信等管理部门和建设单位咨询供水、供电和供应蒸汽等施工要素的供应情况，主要作为选择施工用水、用电和供蒸汽方式的依据。

⑤ 施工单位和地方社会劳动力调查主要是向施工单位了解专业技术人员和管理人员的数量、专业构成、技术装备、施工经验和技术指标等，同时还需要了解当地劳动力的供需情况，以便为施工组织设计提供依据。

⑥ 生活设施调查内容主要包括：周围地区能为施工利用的房屋类型、面积、结构、位置、使用条件和满足施工需要的程度；附近主副食供应、医疗卫生、商业服务条件；公共交通、邮电条件；消防治安机构的支援能力；附近地区的机关、居民、企业分布状况及作息时间、生活习惯和交通条件；施工时吊装、运输、打桩、用火等作业所产生的安全问题、防火问题，以及振动、噪声、粉尘、有害气体、垃圾、泥浆、运输散落物等对周围人们的影响及防护要求；工地内外绿化、文物古迹的保护要求等。其目的是为建设职工生活基地、确定临时设施提供依据。

⑦ 如果建设工程涉及国际项目，那么调查内容更加广泛，如对汇率，进出海关程序与规则，项目所在国的法律、法规和政治经济形势，业主资信等情况都要进行详细的了解。

三、编制施工组织设计

1. 施工组织设计的概念与意义

施工组织设计是根据设计文件、工程情况、施工期限及施工调查资料等拟订的，指导工程投标、签订承包合同、施工准备和施工过程的综合性技术经济文件。施工组织设计贯穿于从投标到竣工的全过程，其内容包括技术和经济的各个方面，如各项工程的施工期限、施工顺序、施工方法、工地布置、技术措施、施工进度以及劳动力的调配，机器、材料和供应日期等。

施工组织设计的作用有：指导工程投标和签订工程承包合同，作为标书和合同文件的一部分；指导全局性施工准备和全过程施工管理；作为项目管理规划文件提出施工进度控制、质量控制、成本控制、安全和现场管理、各施工要素管理的目标和技术措施，以提高综合效益。

2. 施工组织设计的分类和内容

按照施工对象不同，施工组织设计可分为施工组织总设计和单位工程施工组织设计两类。

(1) 施工组织总设计的主要内容

① 工程概况。包括建设项目特征、项目建设地区特征、施工现场条件、施工顺序等。

② 施工部署和施工方案。包括施工任务的组织、分工和安排，重要单位工程施工方案，主要工种施工方法以及施工规划和文明施工条例等。

③ 施工准备工作计划。包括现场测量、土地征用、居民拆迁、障碍物拆除、掌握设计意图、质量和进度要求，编制施工组织设计，研究有关技术组织措施，提出新结构、新材料、新技术、新设备和特殊工程的要求和对策，安排施工临时设施、施工用水、用电和场地平整等工作，安排技术培训，准备施工物质和机具等。

④ 施工总进度计划。用于控制总工期和各单项工程工期及搭配问题。

⑤ 需求计划。包括劳动力需求计划、施工材料和加工构件用量、时间和运输计划、临时设施建设计划等。

⑥ 施工平面图。对施工空间进行合理设计和布置。

⑦ 技术经济分析。评价上述设计的技术经济效果。

(2) 单项工程施工组织设计的主要内容

① 工程概况。包括工程特点、项目建设地特征和施工条件等。

② 施工方案。包括施工程序、工期、工段的确定，以及分项工程施工方法、施工机械和技术组织措施的选择等。

③ 施工进度计划。包括施工顺序的确定、施工项目的划分、工程量和施工所需机械台班计算以及施工进度计划图的绘制。

④ 施工准备工作计划。包括技术准备、现场准备、物质资料的准备等。

⑤ 编制需求计划。包括材料需求量、劳动力需求量、施工机具和加工构件需求计划的编制。

⑥ 施工平面图。表明单项工程施工所需机械、场地、材料、构架和临时设计的布置位置。

3. 施工组织设计的编制原则和程序

(1) 施工组织设计的编制原则

① 严格遵守工期定额和合同规定的竣工及交付使用期限。

② 合理安排施工程序和施工顺序。

③ 科学安排施工进度计划。

④ 充分发挥人力、物力，综合组织施工。
⑤ 充分利用现有资源，合理规划运输场地，防止事故，文明施工。
(2) 施工组织设计的编制程序
① 学习有关文件，了解业主要求。
② 进行调查研究，获得编制依据。
③ 确定施工部署，拟订施工方案，编制施工进度计划。
④ 编制施工需求计划、运输计划和供水、供电计划。
⑤ 编制施工准备工作计划。
⑥ 设计施工平面图。
⑦ 量化技术经济指标。

四、编制施工图预算和施工预算

1. 施工图预算的编制

施工图预算是按照施工图确定的工程量、施工组织设计所拟定的施工方法、建设工程预算定额及其取费标准，由施工单位编制的，确定建设工程造价和甲乙双方经济关系的经济文件。施工图预算是工程施工技术准备的重要内容之一，是施工企业签订工程承包合同、工程结算、建设银行拨付工程价款和进行成本核算、加强经营管理的重要依据。

施工图预算的编制依据主要有：
① 工程承包合同所规定的预算定额和取费标准。
② 设计单位拟订的设计方案和设计图纸等设计文件中确定的工程量。
③ 施工单位拟订的施工组织设计中确定的施工方案。

2. 施工预算的编制

施工预算是施工企业根据施工图预算、施工图纸、施工组织设计所确定的施工方案、施工定额等资料编制的，用于施工企业内部经济核算的经济文件。施工预算是施工企业进行内部成本控制、考核用工、签发施工任务单、限额领料和进行基层经济核算的重要依据。

通过施工图预算和施工预算对比，即"两算"对比，可有效降低施工企业物资消耗和人力浪费，增加企业积累。

第三节　环境工程施工物资准备

环境工程施工物资主要是指在施工过程中所需的材料、构（配）件、制品、机具设备等，它们是保证施工顺利进行的物质基础，所以施工物资的准备工作必须在工程开工之前完成。根据物资的需求编制需求计划、运输计划，落实货源，签订订货或加工合同，以满足施工过程需要。

一、施工物资准备的内容

施工物资准备工作的主要内容包括：施工材料的准备；构（配）件和制品加工；建筑施工机具和生产工艺设备的准备，其内容见表7-3。

表7-3 施工物资准备的内容

准备项目	准备依据	准备内容	准备目的
施工材料	施工预算和进度计划	按材料名称、规格、使用时间、材料储备定额和消耗定额进行汇总,编制出材料需要量计划	为组织备料、确定仓库、场地堆放所需的面积和组织运输提供依据
构配件和制品加工	施工预算	确定加工方案和供应渠道以及进场后的储存地点和方式,编制出其需要量计划	为组织运输、确定堆场面积等提供依据
建筑施工机具	施工方案和施工进度	确定施工机械的类型数量和进场时间,确定施工机具的供应办法和进场后的存放地点和方式,编制工艺设备需要量计划	为组织运输、确定堆场面积提供依据
生产工艺设备	生产工艺流程及工艺设备的布置图	提出工艺设备的名称、型号、生产能力和需要量,确定分期分批进场时间和保管方式,编制工艺设备需要量计划	为组织运输、确定堆场面积提供依据

二、施工物资准备的程序

施工物资准备工作应按如下程序进行。

① 根据施工预算、分部或分项的工程施工方法和施工进度安排,拟定外拨材料、地方材料、构(配)件及制品、施工机具和工艺设备等物资的需求计划。

② 根据各种物资需求计划,组织货源,确定加工、供应地点和供应方式,签订物资供应合同。

③ 根据各种物资的需求计划和合同,拟订运输计划和运输方案。

④ 按照施工总平面图的要求,组织物资按计划时间进场,在指定地点、按规定方式进行储存或堆放,如图7-2所示。

三、物资准备的注意事项

① 严格执行施工物资的进场检查验收制度,无出厂合格证明或没有按规定进行复验的原材料、不合格的建筑构配件,一律不得进场和使用。

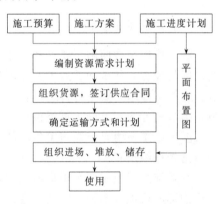

图7-2 施工物资准备的工作程序

② 施工过程中要注意查验各种材料、构配件的质量和使用情况,对不符合质量要求、与原检测品种不符或有怀疑的,应提出复试或化学检验的要求。

③ 现场配制的混凝土、砂浆、防水材料、耐火材料、绝缘材料、保温材料、防腐材料、润滑材料以及各种掺和料、外加剂等,使用前均应由实验室确定原材料的规格和配合比,并制定出相应的操作方法和检验标准后方可使用。

④ 进场的机具设备必须进行开箱验收,产品的规格、型号、生产厂家和地点、出厂日期等,必须与设计要求完全一致。

第四节 环境工程施工劳动组织准备

权责明确的施工管理机构、团结协作的施工队伍和精明干练的施工人员是高效施工的人力资源基础,对保障施工顺利进行、提高施工企业效益具有重要意义,因此施工前必须做好劳动组织准备工作。环境工程施工劳动组织准备是指按照施工分析所确定的施工目标设置施工管理机构、设置岗位权责及配置人员定额的过程,其主要内容包括:施工管理机构的设置、施工班组的建立和施工人员的配置、施工人员的技术培训以及施工劳动管理制度的建立等。

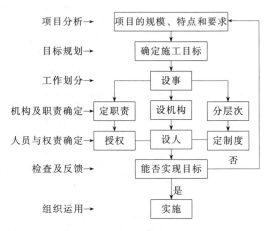

图 7-3　施工管理机构的设置程序

一、施工管理机构的建立

施工管理机构是施工劳动组织的体制基础,它决定了施工劳动组织的岗位设置、人员配置和权责划分。建立施工管理机构应遵循如下原则:①根据项目规模、特点和复杂程度,确定施工管理机构的人选和名额;②坚持分工协作;③坚持才干优先原则;④从施工项目管理的总目标出发,因目标设事,因事设机构、定编制,按编制设岗位、定人员,以职责定制度、授权力。管理机构的设置程序如图 7-3 所示。

二、建立施工班组

施工班组是按照施工要求和专业或分包方式建立的基层劳动组织,其建立要认真考虑专业之间的配合,技工和普通工人比例要满足劳动组织要求,专业工种工人要持证上岗,要符合流水施工要求,要坚持合理、精干、高效的原则,人员配置要从严控制二线、三线管理人员,力求一专多能。施工班组包括基本施工班组、专业施工班组和外包施工班组三种类型。

基本施工班组是组织施工生产的主力,应根据工程特点、施工方法和流水施工的要求在当地选择班组形式。

专业施工班组主要承担机械化施工的土方工程、吊装工程、钢筋气压焊施工和大型单位工程内部的机电、消防、空调、通信系统等设备安装工程。也可将这些专业性较强的工程外包给其他专业施工单位来完成。

如果施工企业仅靠自身力量无法完成施工任务,就需要组织外包施工队组来共同完成施工任务,以弥补施工企业劳动力的不足。外包施工队组大致有三种形式:独立承担单位工程施工、承担分部(分项)工程施工和参与施工单位施工队组施工。

经验证明,无论采用哪种形式的施工队伍,都应遵循施工队组和劳动力相对稳定的原则,以利于保证工程质量和提高劳动效率。

三、劳动力进场教育与技术培训

劳动力进场前,施工单位要对施工人员进行劳动纪律、施工质量及安全教育,以保证文明施工;而且还要对施工人员进行技术培训,以保证安全、规范施工。劳动力技术培训主要是通过层层深入的施工组织设计、施工计划和技术交底工作完成的。

施工组织设计、计划和技术交底的目的是把施工要求、施工计划和施工技术等详细地向施工队组和工人讲解交代,以落实计划和技术责任制,保证工程严格地按照设计图纸、施工组织计划、安全操作和施工验收规范等要求进行施工。

施工组织设计、计划和技术交底的主要内容有：

① 施工进度计划、月作业计划等。

② 施工组织设计，重点包括施工方法、质量标准、安全技术措施、成本控制措施和施工验收规范等。

③ 新结构、新材料、新技术和新工艺的实施方案和保证措施。

④ 图纸会审中所确定的设计变更和技术核定等。

技术培训过程中的交底工作应该按照管理系统逐层深入，由上而下直到工人班组。班组工人接受施工组织设计、计划和技术交底内容后，要组织其人员进行认真研究，弄清关键部位、质量标准、安全措施和操作要领。必要时应该进行示范，并明确任务，分工协作，同时建立健全岗位责任制和保证措施。

四、建立、健全施工管理制度

健全的制度是对施工过程进行科学管理的前提，是保障工程质量、施工安全和控制成本的基本手段，因此施工准备阶段必须建立、健全施工的各项管理制度，其内容通常包括：工程质量检查及验收制度，工程技术档案管理制度，施工材料（构件、配件、制品）的检查验收制度，技术责任制度，施工图纸学习与会审制度，技术交底制度，职工考勤、考核制度，工地及班组经济核算制度，材料出入库制度，安全操作制度，机具使用保养制度等。

第五节 环境工程施工现场准备

施工现场是施工人员为完成施工任务而进行有关操作或有关活动的空间，施工现场准备工作是指在施工现场为施工操作及相关活动创造条件和物质保证的过程，其主要内容包括：现场"三通一平"，现场控制测量及放线，搭建临时设施，现场物资准备，冬、雨季施工安排，以及设置消防、保安设施和机构。

一、现场"三通一平"

按照国家相关规范，施工现场在施工前首先应做好"三通一平"工作，即道路通、水通、电通和场地平整。这些工作通常是由建设单位负责，但是也可委托施工单位完成。

1. 场地平整

施工现场的场地平整工作应按建筑总平面图中所确定的范围和标高进行，通过测量计算出挖土及填土的数量，设计土方调配方案，组织人力或机械进行平整。对场地内各种障碍物应事先拆除，要特别注意地下管道和电缆等，必要时应采取可靠的拆除或保护措施。

2. 路通

施工现场的道路是施工物资的运输动脉，为了保证物资顺利进场，必须先修通主要干道及必要的临时性道路。

3. 水通

施工现场的水通包括给水和排水两个方面。给水是要保证施工过程的生产和生活用水，其布置应按施工总平面图的规划方案进行安排，给水设施应尽量利用永久性给水线路，临时铺设的管线则要在满足要求条件下尽量缩短管线。排水是保障施工顺利进行的基础设施，因此要根据施工组织设计做好排水方案和排水设施建设。

4. 电通

按照施工组织设计和现场用电要求，计算用电容量要求，选择配电变压器，并与供电部门联系，架设电力干线和临时供电线路。对建筑红线内及现场周围不准拆迁的电线、电缆应加以妥善保护。此外还应配备备用发电机，以保证供电系统供电不足或不能供电时，能满足施工连续供电要求。

二、现场勘测与测量

1. 交接桩

中标后，施工单位应及时会同设计、勘察单位进行交接桩工作。现场交接桩工作主要是检验测量控制桩的坐标（大地坐标或相对坐标）、水准基点桩的高程（黄海高程或相对高程）、线路的起始桩、直线转点桩及护桩、曲线及曲线的终点桩的位置等。交接桩工作完成后，要签署经各方同意的书面材料，文件存档。

2. 测量控制网

在土方开挖之前，施工现场应设置坐标控制网和高程控制点，以保证工程施工精度，其内容主要包括：①按照建筑总平面图和建筑红线桩、控制轴线桩及标高水准点进行测量放线，建立平面控制网和标高控制网，并对其桩位进行保护；②测出建筑物或构筑物的定位轴线及开挖线等，并对其桩位进行保护，以作为施工基准。

3. 测量放线

测量放线是确定构筑物或建筑物平面位置和标高的关键环节。测量前应对测量仪器和器具进行检验和校正，并依据施工组织设计制定出测量放线方案，按照施工现场测量控制网进行放线测量。对规划部门给定的红线桩或控制轴线桩和水准点进行校核，如发现问题应提请建设单位迅速处理。控制轴线桩定位后应提交有关部门和设计单位进行验线，以便确保桩位的准确性。

4. 现场补充勘测

现场补充勘测的目的是为了进一步寻找枯井、防空洞、古墓、地下管道、暗沟和枯树根等未知影响因素，以便及时拟定处理方案，保证施工顺利进行。

三、搭建临时设施

为了保证施工顺利进行，必须在施工现场搭建生产、生活所需的各种临时设施，主要包括材料和机具仓库、混凝土搅拌站、预制构件场、机修站、各种生产作业棚、办公用房、宿舍、食堂、文化生活设施等。

现场临时设施应按施工组织设计所规定的数量、标准、面积、位置等组织修建，对于大中型工程可分批、分期修建。各种临时设施均应报请规划、市政、消防、交通、环保等有关部门审查批准，并按施工平面图中确定的位置和尺寸搭设，不得乱搭乱建。此外，施工现场临时设施的搭建应尽量利用原有建筑物，尽可能减少临时设施的数量，以便节约用地、节省投资。

四、现场物资准备

1. 材料进场与堆放

按照拟订的施工材料需求计划，有计划地组织施工材料进场，并应按施工平面图规定的地点和范围进行储存和堆放。

2. 施工机具的安装和调试

按照施工机具需要计划，组织施工机具进场，根据施工总平面图将施工机具安置在规定的地点或仓库。对于固定的机具要进行就位、搭棚、接电源、保养和调试等工作，所有施工机具都必须在开工之前检查和调试。

五、其他准备

按照施工组织设计要求，落实冬、雨季施工的临时设施和技术措施，并根据施工总平面图的布置，建立消防、安保等机构和有关规章制度，布置安排好消防、安保的措施。

复习思考题

1. 简述环境工程施工准备的基本要求。
2. 什么是施工组织设计？其有何作用？
3. 施工物质准备的注意事项包括什么？
4. 简述"三通一平"的内容。

第八章　环境土方工程及地基与基础工程施工

　　环境工程施工首先进行的是土方工程，即土方的开挖、填筑和运输，主要包括场地平整和基坑（或沟槽）开挖。场地平整的目的是通过对整个施工场地的竖向规划，为后续工程提供有利的施工平面，它包括场地设计标高的确定、土方量的计算、土方调配以及挖、运、填的施工等；基坑（或沟槽）开挖主要是根据设计要求开挖出合适的基础或地下设施的空间形式，此过程还包括开挖过程中的基坑降水、排水、坑壁支护等辅助工程。土方工程具有工程量大、劳动繁重和施工条件复杂等特点，因此必须合理地进行组织计划，并尽可能地采用新技术和机械化施工。

　　土方工程结束后，接下来进行的是地基与基础工程，它包括地基处理与基础施工。地基处理是指对基坑（或沟槽）开挖后形成的软弱地面采取一定技术措施进行加固，使之能承受一定载荷，满足基础设计的要求；基础施工是在满足要求的地基上建造环境构筑物及其附属设施的下部结构，以承载它们的自身荷载。地基与基础工程是整个环境设施的安全保障，同时它的工程量很大，对工程造价有较大影响。

　　本章首先对土方工程及地基处理所需的基本知识进行了简单介绍，然后在此基础上对环境土方工程及地基与基础工程施工的基本内容与方法进行了系统介绍。

第一节　工程施工土力学基础

一、土的工程性质

1. 土的天然密度与干密度

　　在天然状态下，单位体积土的质量称为土的天然密度，它与土的密实度和含水量有关。一般而言，黏土的天然密度为 $1800\sim2000\mathrm{kg/m^3}$，砂土为 $1600\sim2000\mathrm{kg/m^3}$。在土方运输过程中，常常使用天然密度进行汽车载重与体积的折算，其公式如下：

$$\rho=\frac{m}{V} \tag{8-1}$$

式中　ρ——土的天然密度，$\mathrm{kg/m^3}$；
　　　m——土的总质量，kg；
　　　V——土的体积，$\mathrm{m^3}$。

　　干密度是指土的固体颗粒质量与总体积的比值，公式如下：

$$\rho_\mathrm{d}=\frac{m_\mathrm{s}}{V} \tag{8-2}$$

式中　ρ_d——土的干密度，$\mathrm{kg/m^3}$；
　　　m_s——土的固体颗粒质量，kg；

V——土的体积，m^3。

在一定程度上，土的干密度反映了土的颗粒排列紧密程度，即土的密实度。在对土方进行夯实或压实过程中，往往是利用土的干密度和含水率来分析土的密实度，检查其是否达到设计要求。

2. 土的含水量

土的含水量（w）是指土中所含的水的质量与固体颗粒质量之比，以百分率表示

$$w = \frac{m_w}{m_s} \times 100\% \tag{8-3}$$

式中 m_w——土中水的质量，kg；

m_s——土的固体颗粒质量，kg。

土的含水量会随着气候条件、降水和地下水的影响而发生显著变化，它对土方边坡稳定性、填方密实度、土方施工方法选择以及土方施工工程量有着重要影响。

3. 土的渗透性

土的渗透性是指水流通过土中孔隙难易程度的性质，也称透水性。当水在重力或压力作用下在土中透过时，其渗透速率一般可按照达西（Darcy）渗透定律确定，即

$$v = ki \tag{8-4}$$

式中 v——水在土中的渗透速率，cm/s，它相当于单位时间内透过单位土截面（cm^2）的水量（cm^3）；

k——土的渗透系数，与土的渗透性相关的常数；

i——水力梯度，$i = \dfrac{H_1 - H_2}{L}$，即土中 A_1 和 A_2 两点的压力（$H_1 - H_2$）与两点间距离 L 之比。

在上面的公式中，当 $i=1$ 时，$k=v$，即土的渗透系数值等于水力梯度为 1 时的水流渗透速率，它反映了土渗透性的强弱。土的渗透系数可以通过实验室试验或现场抽水测得，各种土的渗透系数变化范围参见表 8-1。

表 8-1 各种土的渗透系数变化范围

土的名称	渗透系数/(cm/s)	土的名称	渗透系数/(cm/s)
致密黏土	$<10^{-7}$	粉砂、细砂	$10^{-4} \sim 10^{-3}$
粉质黏土	$10^{-7} \sim 10^{-6}$	中砂	$10^{-2} \sim 10^{-1}$
粉土、裂隙黏土	$10^{-6} \sim 10^{-4}$	粗砂、砾石	$10^{-1} \sim 10^{2}$

在工程施工过程中，通常用土的渗透系数来衡量基坑开挖时的地下水涌水量，当基坑或沟槽开挖至地下水位以下时，地下水就会不断渗入基坑或沟槽之中，当渗透系数较大时，地下水涌出量较大，相反当渗透系数较小时，地下水涌出量则较小。

4. 土的可松性

土的可松性是指自然状态下的土，经过开挖而结构联结遭受破坏后，其体积增大，经回填压实仍然无法恢复到原来体积的性质。土的可松性程度一般以可松性系数表示，即

$$\text{最初可松性系数} \quad K_s = \frac{\text{土经开挖后的松散体积} V_2}{\text{土在天然状态下的体积} V_1} \tag{8-5}$$

$$\text{最终可松性系数} \quad K_s' = \frac{\text{土经回填压实后的松散体积} V_3}{\text{土在天然状态下的体积} V_1} \tag{8-6}$$

土的可松性与土质有关,各类土质的可松性系数见表 8-2。

由于土方工程是以自然状态下土的体积计算工程量和进行土方调配的,因此在施工过程中必须考虑土的可松性,否则会产生回填有余土或场地标高与设计标高不符等后果。因此,土的可松性系数是挖填土方时,计算土方机械生产率、回填土方量、运输机具数量、进行场地平面竖向规划及土方平衡调配的重要参数。

表 8-2　各种土的可松性参考数值

土　质	体积增加百分比/%		可松性系数	
	最初	最终	K_s	K'_s
松软土(种植土除外)	8～17	1～2.5	1.08～1.17	1.01～1.03
松软土(植物性土、泥炭)	20～30	3～4	1.20～1.30	1.03～1.04
普通土	14～28	1.5～5	1.14～1.28	1.02～1.05
坚土	24～30	4～7	1.24～1.30	1.04～1.07
砂砾坚土(泥炭岩、蛋白石岩除外)	26～32	6～9	1.26～1.32	1.06～1.09
砂砾坚土(泥炭岩、蛋白土)	33～37	11～15	1.33～1.37	1.11～1.15
软石、次坚石、坚石	30～45	10～20	1.30～1.45	1.10～1.20
特坚石	45～50	20～30	1.45～1.50	1.20～1.30

注:各种土质详见土的工程分类。

5. 土的休止角

土的休止角是指在天然状态下的土体可以稳定的坡度,一般说来,土的休止角见表 8-3。

表 8-3　土的休止角

土的种类	干土		湿润土		潮湿土	
	角度	高度与底宽比	角度	高度与底宽比	角度	高度与底宽比
砾石	40	1:1.25	40	1:1.25	35	1:1.50
卵石	35	1:1.50	45	1:1.00	25	1:2.75
粗砂	30	1:1.75	35	1:1.50	27	1:2.00
中砂	28	1:2.00	35	1:1.50	25	1:2.25
细砂	25	1:2.25	30	1:1.75	20	1:2.75
重黏土	45	1:1.00	35	1:1.50	15	1:3.75
粉质黏土、轻黏土	50	1:1.75	40	1:1.25	30	1:1.75
粉土	40	1:1.25	30	1:1.75	20	1:2.75
腐殖土	40	1:1.25	35	1:1.50	25	1:2.25
填土	35	1:1.50	45	1:1.00	27	1:2.00

在基坑和沟槽开挖过程中,应考虑土体的稳定坡角,根据现场情况合理确定开挖方案,在满足施工要求的前提下,减少不必要支撑,以节约资金。

二、土的工程分类

1. 土方工程分类

在土方工程施工中,根据土的开挖难易程度可将土分为八类,见表 8-4。

表 8-4 土方工程施工中土的分类

土的类别	土的级别	土的名称	开挖工具与方法
一类土(松软土)	Ⅰ	砂,亚砂土,冲击砂土层,种植土泥炭(淤泥)	用锹、锄头挖掘
二类土(普通土)	Ⅱ	亚黏土,潮湿黄土,夹有碎石、卵石的砂,种植土,填筑土及亚砂土	用锹、锄头挖掘,少许用镐翻松
三类土(坚土)	Ⅲ	软及中等密实黏土,重亚黏土,粗砾石,干黄土及含有碎石、卵石的黄土,亚黏土,压实的填筑土	主要用镐,少许用锹、锄头挖掘,部分用撬棍
四类土(砂砾坚土)	Ⅳ	重黏土及含砂石、卵石的黏土,粗卵石,密实黄土,天然级配砂石,软泥炭岩及蛋白石	先用镐、撬棍,然后用锹挖掘,部分用楔子和大锤
五类土(软石)	Ⅴ~Ⅵ	硬石炭纪黏土,中等密实的叶岩、泥炭岩、白垩土,胶结不紧密的砾岩,软泥灰岩	用镐或撬棍、大锤挖掘,部分用爆破方法
六类土(次坚石)	Ⅶ~Ⅸ	泥灰岩,砂岩,砾岩,坚实的叶岩、泥炭岩,密实石灰岩,风化花岗岩、片麻岩	用爆破法挖掘,部分用风镐
七类土(坚石)	Ⅹ~ⅩⅢ	大理岩,辉绿岩,玢岩,粗、中粒花岗岩,坚实白云岩、砂岩、砾岩、片麻岩,风化痕迹的安山岩、玄武岩	用爆破法挖掘
八类土(特坚石)	ⅩⅣ~ⅩⅥ	安山岩,玄武岩,花岗片麻岩,坚实细粒花岗岩、闪长岩、石英岩、辉长岩、辉绿岩、玢岩	用爆破法挖掘

注:土的级别一般相当于 16 级土石分类级别。

由于不同类型的土其挖掘难易程度差别很大,会影响到土方工程施工的工程量和工程进度,因此必须根据土的类型进行施工组织设计,安排施工计划。

2. 地基工程分类方法

《建筑地基基础设计规范》(GB 50007—2011)将土按照粒径级配和塑性进行了如下分类。

(1) 碎石土 指粒径大于 2mm 的颗粒超过总质量 50% 的土。碎石土根据粒径级配及形状分为漂石或块石、卵石或碎石、圆砾或角砾,见表 8-5。

表 8-5 碎石土的分类

土的名称	颗粒形状	粒组含量
漂石 块石	圆形及亚圆形为主 棱角为主	粒径大于 200mm 的颗粒超过全质量的 50%
卵石 碎石	圆形及亚圆形为主 棱角为主	粒径大于 20mm 的颗粒超过全质量的 50%
圆砾 角砾	圆形及亚圆形为主 棱角为主	粒径大于 2mm 的颗粒超过全质量的 50%

常见的碎石土强度大、压缩性小,而渗透性大,为良好的地基。

(2) 砂土 指粒径位于 0.075~2mm 的颗粒占总质量的 50% 以上的土,按照颗粒级配可分为砾砂、粗砂、中砂、细砂和粉砂,见表 8-6。

表 8-6 砂土的分类

土的名称	颗粒级配
砾砂	粒径大于 2mm 的颗粒占总质量的 25%~50%
粗砂	粒径大于 0.5mm 的颗粒超过总质量的 50%
中砂	粒径大于 0.25mm 的颗粒超过总质量的 50%
细砂	粒径大于 0.075mm 的颗粒超过总质量的 85%
粉砂	粒径大于 0.075mm 的颗粒超过总质量的 50%

常见的砾砂、粗砂和中砂为良好地基,而饱和且疏松状态的细砂则为不良地基。

(3) 粉土　指粒径大于 0.075mm 的颗粒含量不超过总质量的 50%，且塑性指数 $I_p \leqslant 10$ 的土。粉土中粒径介于 0.005～0.05mm 的粉粒含量较高，其工程性质介于砂土和黏土之间。密实粉土性质良好，而饱和稍密的粉土已产生液化，为不良地基。

(4) 黏土　指含有大量粒径小于 0.005mm 的黏粒，塑性指数 $I_p > 10$ 的土。按塑性指数不同，黏土分为粉质黏土和黏土，见表 8-7。

表 8-7　黏土的分类

土的名称	粉质黏土	黏土
塑性指数	$10 < I_p \leqslant 17$	$I_p > 17$

黏土的工程性质不但与粒度成分和黏土矿物亲水性有关，而且与成因类型和沉积环境有关。一般而言，密实硬塑状态的黏土为良好地基，疏松流塑状态的黏土为软弱地基。

(5) 人工填土　指由于人类活动而形成的堆积物。按照物质组成可分为素填土、杂填土和冲填土，见表 8-8。

表 8-8　人工填土的组成

土的名称	组成物质
素填土	由碎石、砂土、粉土和黏土等组成
杂填土	含有建筑垃圾、工业废料、生活垃圾等杂物
冲填土	由水力冲填的泥沙形成

人工填土由于堆积年代较短，且成分复杂，分布不均匀，因此工程性质较差。

第二节　基坑与沟槽开挖

一、断面选择与土方量计算

在基坑和沟槽开挖之前，首先要合理选择基坑和沟槽的断面，以有效减少挖掘土方量，同时保证施工安全。

1. 沟槽断面选择及土方量计算

沟槽的断面形式通常有直槽、梯形槽、混合槽和联合槽等几种，如图 8-1 所示。

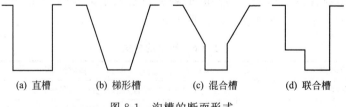

图 8-1　沟槽的断面形式

沟槽断面通常要根据土的种类、地下水情况、现场条件及施工方法，并按照设计规定的基础、管道尺寸、长度和埋设深度来进行选择。

例如，为敷设管道而开挖的梯形槽，如图 8-2 所示，其具体断面形状和尺寸应按如下方式决定。

槽底宽度 $W=B+2b$，其中 B 为管道基础宽度，b 为工作宽度，工作宽度通常根据管径大小确定，一般不大于 0.8m，挖深 H 通常由设计给出。

沟槽土方量的计算通常是沿其长度方向分段计算，如果该段基槽断面形状、尺寸不变，则其土方量等于断面面积乘以该段基槽长度。总土方量等于各段基槽土方量之和。

2. 基坑断面选择与土方量计算

基坑的底面形状和尺寸通常取决于构筑物的地基和基础的形状和规模，并在每侧设置 1~2m 的工作宽度；而挖深则由设计标高决定。

基坑的土方量可近似地按拟柱体体积公式进行计算，如图 8-3 所示。

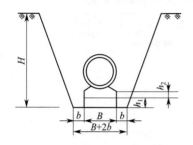

图 8-2 梯形槽断面尺寸确定

B—管基础宽度；b—槽底工作宽度；h_1—基础厚度；
h_2—管座厚度；H—挖深

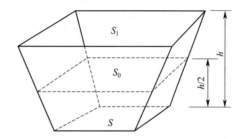

图 8-3 基坑土方量计算简图

$$V=\frac{1}{6}h(S+4S_0+S_1) \tag{8-7}$$

式中　h——基坑深度，m；
　　　S，S_1——基坑上、下底面积，m^2；
　　　S_0——基坑中截面面积，m^2。

基坑和沟槽的边坡坡度见下节规定。

二、土方边坡

在基坑与沟槽开挖过程中，应设置一定坡度的土方边坡，以保持坑壁稳定、防止塌方，保证施工作业安全。基坑或沟槽的土方边坡坡度通常用挖深 H 和坡底宽度 B 表示，即

$$土方边坡坡度=\frac{H}{B}=\frac{1}{B/H}=\frac{1}{m} \tag{8-8}$$

根据具体地质条件和施工要求，土方边坡可以设置成直线形、折线形和阶梯形边坡，如图 8-4 所示。

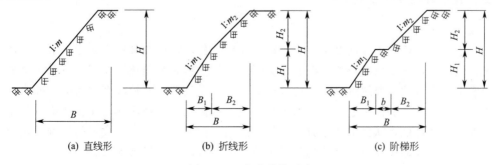

(a) 直线形　　　　　(b) 折线形　　　　　(c) 阶梯形

图 8-4 土方边坡的型式

如果边坡太陡,容易导致土体失稳,造成塌方事故;如果边坡太平缓,不仅会增加土方量,而且会给施工带来困难。因此,基坑和沟槽开挖时必须合理确定土方边坡坡度,使其同时满足经济和安全的要求。

基坑的边坡坡度通常由设计文件规定,或参照《建筑地基基础工程施工质量验收标准》(GB 50202—2018)有关条文确定。

当地质条件良好、土质均匀且地下水位低于基坑或沟槽地面标高,挖深在 5m 以内时,边坡的最陡坡度应符合表 8-9 的规定。

表 8-9 深度在 5m 以内不加支护的基坑或沟槽边坡的最陡坡度

土的类别	边坡坡度(1:m)		
	坡顶荷载	坡顶有静载	坡顶有动载
中密的砂土	1:1.00	1:1.25	1:1.50
中密的碎石(填充物为砂土)	1:0.75	1:1.00	1:1.25
硬塑的轻亚黏土	1:0.67	1:0.75	1:1.00
中密的碎石类土(填充物为黏性土)	1:0.50	1:0.67	1:0.75
硬塑的亚黏土、黏土	1:0.33	1:0.50	1:0.57
老黄土	1:0.10	1:0.25	1:0.33
软土(经井点降水后)	1:1.00	—	—

注:静载是指堆土或填料,动载是指机械挖土或汽车运输作业等。

对于高度在 10m 以内,使用时间在一年上的临时性挖方边坡,其坡度应按照表 8-10 中的规定设置。

表 8-10 使用时间较长,高度在 10m 以内的临时性挖方边坡坡度

土的类别		边坡坡度
砂土(不包括细砂、粉砂)		1:(1.25~1.50)
一般黏性土	坚硬	1:(0.75~1.00)
	硬塑	1:(1.00~1.15)
碎石土类	填充坚硬、硬塑黏性土	1:(0.50~1.00)
	填充砂土	1:(1.00~1.50)

注:对于高度超过 10m 时,边坡可以做成折线形,上部采用 1:1.50,下部采用 1:1.75。

三、边坡稳定性与土壁支护

1. 边坡稳定性

土方边坡主要依靠土体内摩擦力和黏结力而保持稳定,但在某些因素影响下,土体会失去平衡发生塌方,这不仅会影响工期、危害附近建筑结构,甚至还会造成人身安全事故。

造成土体塌方的主要原因有:①边坡过陡,在土质较差、开挖深度较大的坑槽中,常常会因为土体稳定性不够而引起塌方;②雨水、地下水渗入基坑或沟槽,使土体泡软、重量增加、抗剪切能力降低,从而造成塌方;③外加载荷,如基坑或沟槽边放置的土堆、机具、材料,以及挖掘和运输机械的动载荷超过了土体中的承载能力,导致塌方。

为了防止塌方的发生,必须采取必要措施,主要包括放足边坡和土壁支护。

① 放足边坡是指应按照设计文件、规范和相应施工要求，尽量减小留设的边坡坡度，以保证土体安全。

② 土壁支护是指为减小作业面和减少土方量，或受场地限制不能放坡时，通过工程支护设施防止土体塌方。

2. 土壁支护

当基坑或沟槽的土体含水量较大、土质较差，或受周围场地限制而需要较陡边坡或者直立开挖时，应采用临时性支撑进行加固，即土壁支护。土壁支护的目的是防止基坑或沟槽塌方，保证基坑或沟槽开挖的施工安全。支护结构所受载荷为原土和地面载荷形成的侧压力。支护结构应该满足如下要求：

① 具有足够的强度、刚度和稳定性，材料与尺寸应符合规格，保证施工安全。

② 节约用料。

③ 便于架设和拆除及后续工序操作。

基坑和沟槽的土壁支护方法见表 8-11～表 8-13。

表 8-11 一般基坑的土壁支护方法

支撑方式	支护方法及适用条件
斜柱支撑	水平挡土板钉在柱桩内侧，柱桩外侧用斜撑支顶，斜撑底端支在木桩上，在挡土板内侧回填土。 适用于开挖面积较大、深度不大的基坑或使用机械挖土
锚拉支撑	水平挡土板支在柱桩内侧，柱桩一端打入土中，另一端用拉杆和锚桩拉紧，在挡土板内侧回填土。 适用于开挖面积较大、深度不大的基坑或使用机械挖土
短柱横隔支撑	将短桩部分打入土中，在露出地面部分钉上挡板，内侧回填土。适用于开挖宽度大的基坑，当部分地段下部放坡不够时使用
临时挡土墙支撑	沿坡脚用砖、石叠砌或用草袋装土砂堆砌，使坡脚保持稳定。适于开挖宽度大的基坑，当部分地段下部放坡不够时使用

表 8-12 深基坑的土壁支护方法

支撑方式	支护方法及适用条件
轻型桩横挡板支撑	沿挡土位置预先打入钢轨、工字钢或 H 型钢柱，间距 1～1.5m，然后在挖方过程中将 3～6cm 厚的挡土板塞进钢柱之间挡土，并在横向挡板与型钢柱之间打入楔子，使横板与土体紧密接触。 适用于地下水位较低、深度不是很大的一般黏性土或砂土层
钢板桩支撑	在开挖的基坑周围打钢板桩或钢筋混凝土板桩，板桩入土深度及悬臂长度应经计算确定，如基坑宽度很大，可加水平支撑。 适于一般地下水、深度和宽度不是很大的黏性或砂土层
挡土灌注支撑	在开挖的基坑周围用钻机钻孔，现场灌注钢筋混凝土桩，达到强度后在基坑中间用机械或人工下挖 1m 装上横撑，在桩背面装上拉杆与已设锚桩拉紧，然后继续挖土至要求深度。在桩间土方挖成外拱形，使之成土拱作用。 适用于开挖深度较大的基坑，临近有建筑物，背面地基下沉或位移的状况
地下连续墙支撑	在待开挖的基坑周围先建造混凝土或钢筋混凝土地下连续墙，达到强度后在墙中间用机械或人工挖土至要求深度。当跨度、深度很大时可在内部设置水平支撑及支柱。 适用于开挖较大、较深，有地下水，周围有建筑物、公路的基坑
土层锚杆支撑	沿开挖基坑边坡每 2～4m 设置一层水平土层锚杆，直到挖土至要求深度。 适用于较硬土层或破碎岩石过程中开挖较大、较深基坑，或临近有建筑物的情况

表 8-13　一般沟槽的土壁支护方法

支撑方式	支护方法及适用条件
间歇式水平支撑	两侧挡土板水平放置，用工具式或木横撑接木楔顶紧。 适于能保持直立壁的干土或天然湿度的黏土，地下水很少，深度小于 2m
断续式水平支撑	挡土板水平放置，中间留有间隔，并在两侧同时对称立竖枋木，再用工具式或横撑顶紧。 适于能保持直立壁的干土或天然湿度的黏土，地下水很少，深度小于 3m
连续式水平支撑	挡土板水平连续放置，不留间隙，然后两侧同时对称立竖枋木，上下各顶一根撑木，端头加木楔顶紧。 适于较松散的干土或天然湿度的黏土，地下水很少，深度 3~5m
连续式或间断式垂直支撑	挡土板垂直放置，连续或留适当间隙，然后每侧上下各水平顶一根枋木，再用横撑顶紧。 适于土质较松散或湿度很高的土，地下水较少，深度不限
水平垂直混合支撑	沟槽上部设连续或水平支撑，下部设连续或垂直支撑。 适于沟槽深度较大，下部有含水土层的情况

四、基坑降水

当开挖基坑至地下水位以下时，含水层中的地下水会不断渗入坑内。同时，雨季施工时地表水也会流入基坑内。这不仅增加了施工难度，而且水的浸泡会使土的承载能力下降，甚至出现边坡坍塌事故，所以为了保证施工安全，必须做好基坑降水工作。

1. 地下水控制方法的选择

地下水有多种控制方法，其适用条件见表 8-14。

表 8-14　地下水控制方法及其适用条件

方法名称		土　类	渗透系数/(m/d)	降水深度/m	水文地质特征
集水明排			7.0~20.0	<5	
降水	真空井点	填土、粉土、黏性土、砂土	0.1~20.0	单级<6，多级<20	上层滞水或水量不大的潜水
	喷射井点		0.1~20.0	<20	
	管井	粉土、砂土、碎石土、可溶岩、破碎带	1.0~200.0	>5	含水丰富的潜水、承压水、裂隙水
截水		黏性土、粉土、砂土、碎石土、溶岩土	不限	不限	
回灌		填土、粉土、砂土、碎石土	0.1~200.0	不限	

地下水控制方法的选择应根据土层情况、降水深度、周围环境、支护结构种类等因素综合考虑加以优选。例如，在软土地区基坑开挖深度超过 3m 时，一般要采用井点降水；开挖深度较浅时，可一边开挖一边用排水沟或集水井进行集水明排；而当降水危及周围建筑物安全时，则宜采用截水或回灌的方法。

2. 常用的地下水控制方法简介

(1) 集水明排　当基坑开挖深度和涌水量不大时，可在基坑两侧或四周设置排水明沟，然后在基坑四角或每隔 30~40m 设置集水井，使基坑中渗出的地下水或汇集的地表水流入集水井中，然后用水泵将其排出基坑。集水明排技术简单而经济，所以应用最为广泛。

排水明沟宜布置在拟建设基础 0.4m 以外，沟边缘距边坡坡脚应不小于 0.3m。排水明沟的底面应比基坑地面标高低 0.3~0.4m；集水井底面应比排水明沟底面低 0.5m 以上，并随着基坑挖深的增加而加深，以保持水流通畅。

采用明沟、集水井排水，可视水量多少连续或间歇排水。当基坑侧壁出现分层渗水现象时，可在基坑边坡上不同高度设置排水明渠和集水井，以防止渗水对边坡的冲刷。

(2) 降水　在基坑开挖之前，先在基坑周围埋设一定数量滤水管或设置一定数量滤水井，利用抽水设备从其中抽水，使地下水位降低到坑底标高以下，直至基础工程施工完毕为止。基坑降水的主要方法有轻型井点、喷射井点、电渗井点、管井井点以及深井泵井点等。

基坑降水可使基坑在施工过程中始终保持干燥状态，改善工作环境，并能防止流砂的发生。但基坑降水有可能引起基坑周围地面沉降，从而危害周围建筑物结构，同时该技术成本较高。基坑降水技术的主要技术要求如下。

① 基坑降水工程宜事先编制降水施工组织设计，其主要内容有：井点降水方法，井点（管）长度、构造和数量，降水设备的型号与数量，井点系统布置图，井孔施工方法及设备，质量和安全技术措施，降水对周围环境影响的估计与预防措施等。

② 降水设备的管道、部件和附件等，在组装前必须进行检查和清洗。

③ 井孔应垂直，孔径上下一致；井点管应居于井孔中心，滤管不得紧靠井壁或插入淤泥中。

④ 井孔采用湿法施工时，冲孔所需水流压力应见表 8-15。

表 8-15　冲孔所需水流压力

土的种类	冲水压力/kPa	土的种类	冲水压力/kPa
松散的细砂	250～450	中等密实黏土	600～750
软质黏土或粉土质黏土	250～500	砾石土	850～900
密实的腐殖土	500	塑性粗砂	850～1150
原状的细砂	500	密实黏土或粉土质黏土	750～1250
松散中砂	450～550	中等颗粒砾石	1000～1250
黄土	600～650	硬黏土	1250～1500
原状的中粒砂	600～700	原状粗砾	1350～1500

⑤ 井点管安装完毕应进行试抽，以全面检查管路接头、出水状况和机械运行情况。对于一直出水混浊的井点应予以更换或停闭。

⑥ 降水施工完毕，应根据结构施工情况和土方回填进度，陆续关闭和拔出井点管，井孔应用砂土填实。

3. 降水施工质量验收标准

根据《建筑地基基础工程施工质量验收标准》(GB 50202—2018) 中的规定，基坑排水与降水施工质量验收标准见表 8-16。

表 8-16　基坑排水与降水施工质量验收标准

序号	检查项目	允许值或允许偏差		检查方法
		单位	数值	
1	排水沟坡度	‰	1～2	目测：沟内不积水，沟内排水畅通
2	井管(点)垂直度	%	1	插管时目测
3	井管(点)间距(与设计相比)	mm	≤150	钢尺量
4	井管(点)插入深度(与设计相比)	mm	≤200	水准仪
5	过滤砂砾料填土(与设计值相比)	%	≤5	检查回填料用量
6	井点真空度：真空井点 　　　　　　喷射井点	kPa	>60 >93	真空度表
7	电渗井点阴阳极间距：真空井点 　　　　　　　　　　喷射井点	mm	80～100 120～150	钢尺量

五、土方机械化施工

由于土方工程具有工程量大、劳动繁重等特点，所以施工过程中应尽可能地采用机械化施工，以减轻劳动强度，降低工程造价，加快施工进度。土方机械化施工最重要的工作就是合理选择施工机械，并通过施工机械的联合运用，提高施工效率，降低施工成本。

1. 常用土方机械简介

(1) 推土机

① 特性。操作灵活，运行方便，需要的工作面小，可挖土、运土，易于转移，运行速度快，应用广泛。

② 作业特点。推平；运距100m以内的堆土（效率最高的运距为60m）；适于开挖浅基坑；推送松散的硬土或岩石；用于回填和压实；配合铲运车助铲；牵引；下坡坡度最大35°，横坡最大为10°；几台可同时作业，前后距离应大于8m。

③ 辅助机械。土方挖后运出需配备装土、运土设备；挖掘三四类土，应用松土机预先翻松。

④ 适用范围。推运一～四类土；找平表面，场地平整；短距离移挖作填，回填基坑、沟槽、管沟并压实；开挖深度不大于1.5m的基坑或基槽；堆筑高1.5m以内的路基、堤坝等；配合挖土机集中土方、清理场地、修路开道等。

(2) 铲运机

① 特性。操作简单灵活，不受地形限制，不需特设道路，准备工作简单，能独立工作，不需其他机械配合能完成铲土、运土、卸土、填筑、压实等工序，行驶速度快，易于转移，需要劳动力少，动力少，生产效率高。

② 作业特点。大面积平整；开挖大型基坑、沟渠；运距800～1500m内的挖运土（运距为200～350m效率最高）；填筑路基、堤坝；回填压实土方；坡度控制在20°以内。

③ 辅助机械。开挖坚土时需要推土机助铲，开挖三四类土时宜先用松土机翻松20～40cm；自行式铲运机需用轮胎行驶，适合长距离，但开挖需用助铲。

④ 适用范围。开挖含水率27%以下的一～四类土；大面积场地平整、压实；运距800m以内的挖运土方；开挖大型基坑（槽）、管沟、填筑路基等，不适于砾石层、冻土地带及沼泽地区施工。

(3) 正铲挖掘机

① 特性。装车轻便灵活，回转速度快，移位方便；能挖掘坚硬土层，易控制开挖尺寸，工作效率高。

② 作业特点。开挖停机面以上土方；工作面应在1.5m以上；开挖高度超过挖土机挖掘高度时，可采取分层开挖，装车外运。

③ 辅助机械。土方外运应配备自卸汽车，工作面应有推土机配合平土、集中土方进行联合作业。

④ 适用范围。开挖含水量不大于27%的一～四类土和经爆破后的岩土与冻土碎块，大型场地平整土方，工作面狭小且较深的大型管沟和基槽路堑，独立基坑，边坡开挖。

(4) 反铲挖掘机

① 特性。操作灵活，挖土、卸土均在地面作业，不用开运输道。

② 作业特点。开挖地面以下深度不大的土方；最大挖土深度4～6m，深度为1.5～3m时经济合理；可装车和两边甩土、堆放；较大较深基坑可用多层接力挖土。

③ 辅助机械。土方外运应配备自卸汽车，工作面应有推土机配合推到附近堆放。

④ 适用范围。开挖含水量大的一～三类砂土或黏土，管沟和基槽，独立基坑，边坡开挖。

2. 土方施工机械的选择

土方机械化施工应根据基础形式、工程规模、地质条件、地下水情况、土方量和运距、现场和机具设备条件、工期要求以及土方机械特点等合理选择施工机械，以发挥施工机械效率，降低施工成本，加快施工进度。

一般说来，深度不大的大面积基坑宜采用推土机或装载机推土、装土，用自卸汽车运土；对于长度和宽度较大的大面积土方一次开挖，可采用铲运车铲土、运土、卸土和填筑作业；对于较深的基坑上层土可用铲运车或推土机开挖，然后用斗容量为 $0.5m^3$ 或 $1.0m^3$ 的液压正铲挖掘机挖掘；如果操作面狭窄，且有地下水，土体湿度较大，可采用液压反铲挖掘机挖土，自卸汽车运土；在地下水中挖土，可用拉铲挖掘机，效率较高；当地下水位较深而不排水时，也可以分层采用不同机械开挖，先用正铲挖掘机挖掘地下水位以上土方，再用拉铲或反铲挖地下水位以下土方，用自卸汽车将土方运出。

3. 土方工程综合机械化施工

土方工程综合机械化施工是以土方工程中某一施工过程为主导，按其工程量大小、土质条件及工期要求，选择完成该工程的适量土方机械；并以此为依据，合理地配备完成其他辅助施工过程的机械，以实现各个施工过程的机械化施工。主导机械与辅助机械所配备的数量及生产率应尽可能协调一致，以充分发挥施工机械效能。

例如大型基坑的开挖，当弃土的距离较远时可选择正铲、反铲或拉铲挖土，以自卸汽车相配合运土。这时应以挖土机的生产率为依据，结合运输车辆的载重量、行驶速度和运输距离等确定运输车数量，以保证两者相互配合。

在进行场地平整时，则可根据地形条件、工程量、工期等要求，全面组织铲运车或推土机和挖土机开挖，用松土机松土，装载机装土，自卸车运土，然后用推土机平整场地，用碾压机进行压实。

第三节 地基处理

一、概述

压缩性高、含水量大或抗剪切强度低的软弱土体会在外界压力作用下发生形变，危害环境工程构筑物或建筑物结构，所以在软弱土体上建设构筑物或建筑物时，必须对基础作用范围内的地基进行处理，使之满足地基或基础工程设计要求。

地基处理的主要目的是：降低软土的含水量，提高土体的抗剪切强度；降低软土的压缩性，减少基础沉降或不均匀沉降；提高软土渗透性，使基础沉降在短时间内达到稳定；改善土体结构，提高其抗液化能力。

随着地基与基础工程施工技术的发展，地基处理日渐完善，形成了适应于不同施工范围和特点的地基处理方法，这些方法分类见表 8-17。

地基处理方法的选择要根据工程地质条件、工程要求、施工机具、材料来源以及周边环境等因素综合加以考虑，通过各种可行方案进行比较，最终采用一种技术可靠、经济合理、施工可行的处理方法。在某些情况下，需要多种处理方法综合运用，才能达到工程要求。

表 8-17　软弱地基处理方法分类

分类	处理方法	原理与作用	适用范围
碾压及夯实	重锤夯实；机械碾压；振动夯实；强夯（动力固结）	利用压实原理，通过机械碾压、夯击压实土的表层；强夯则利用强大的夯击迫使深层土液化和动力固结而密实，提高土的强度，减小地基沉降，改善土的抗液化能力	适用于砂土、含水量不高的黏性土及填土地基；强夯法应注意对附近(30cm 以内)建筑物的影响
换土垫层	素土垫层；砂石垫层；灰土垫层；矿渣垫层	以砂土、素土、灰土及矿渣等强度较高的材料置换地基表层软土，提高持力层的承载力、扩散应力，减小沉降量	适用于处理浅层软弱土地基、湿陷性黄土、膨胀土、季节性冻土地基
排水固结	堆载预压法；砂井预压法；井点降水预压法	通过预压在地基中增设竖向排水体，加速地基的固结和增长，提高地基稳定性，加速地基沉降发展，使基础沉降提前完成	适用于处理饱和软弱土层，对于渗透性极低的泥炭土应慎重对待
振动挤密	振动挤密；灰土挤密；砂桩、石灰桩；爆破挤密	通过振动或挤密使土体的空隙减少，强度提高；必要时在振动挤密的过程中回填砂石、灰土、素土等，与地基组成复合地基，从而提高地基承载力，减少沉降量	适用于处理松砂、粉土、杂填土及湿陷性黄土
置换和拌入	振动置换；深层搅拌；高压喷射注浆；石灰桩等	采用专门的技术措施，以砂、碎石等置换软土地基中的部分软土，或在部分软弱地基中掺入水泥、石灰、砂浆等形成加固体，与未处理部分组成复合地基，提高承载力，减少沉降量	适用于处理砂土、重填土、湿陷性黄土等地基，特别适用于已建成的工程地基的处理
加筋	土工聚合物加筋；锚固、树根桩、加筋土	在地基或土体中埋设强度较大的土工聚合物、钢片等加筋材料，使地基或土体能承受抗拉力，防止断裂，保持其整体性，提高刚度，改善地基形变特性，提高地基承载力	软弱土地基、填土及陡坡填土、砂土

本节将就常用的几种地基处理方法进行介绍。

二、换填法

换填法是指将基础底面下处理范围内的软弱土体部分或全部移走，然后分层换填强度较高的砂、砾石、灰土、粉煤灰及其他性能稳定和无侵蚀性材料，并压实或夯实至设计要求的密实度。

换填法是浅层地基的常用处理方法，其主要作用有：①提高地基承载力，将构筑物或建筑物重量形成的土体载荷扩散到垫层下的软弱地基，使之满足软弱地基允许的承载力要求，避免地基破坏；②置换软弱土层，减少地基沉降量；③提高地基透水性，加速软弱土层的排水固结，提高地基强度；④调整不均匀地基的刚度；⑤防止土体的冻胀现象，消除膨胀土的胀缩作用。

换填法常用于轻型建筑地坪、堆料场地和道路工程等地基的处理，适用于淤泥、淤泥质土、湿陷性黄土、素填土、杂填土地基及暗塘、暗沟等浅层处理，处理深度一般应控制在 0.5~3.0m。应根据构筑物或建筑物的形式、结构、载荷性质和地质条件，并结合施工机械设备和材料来源等综合分析，进行垫层设计，选择垫层材料和施工方法。

1. 垫层材料及要求

换填法所采用的垫层材料应该为强度高、压缩性小、透水性良好、容易密实且来源丰富的材料。常用的垫层材料见表 8-18。

表 8-18　垫层材料的选择

材料名称	种类及要求	适用范围
砂石	宜选用碎石、卵石、砾石、粗砂、中砂或石屑,级配良好,不含有植物残体或垃圾等杂质,最大粒径应不大于50mm	广泛适用于各种软弱地基处理,对于湿陷性黄土地基,不能采用砾石等透水性材料
粉质黏土	有机质含量不得超过5%,不能含有冻土或膨胀土,碎石粒径不得大于50mm,不能夹有砖、瓦和石块	适用于湿陷性黄土或膨胀土地基
灰土	土料宜用粉质黏土,不得含有松软杂质,颗粒不大于15mm,石灰为新鲜消石灰,颗粒不大于5mm	—
粉煤灰	电厂粉煤灰,垫层上部宜覆盖覆土0.3~0.5m,也可加入掺加剂,改善性能	适用于道路、堆场和小型构筑物或建筑物的换填垫层
矿渣	主要是指高炉重矿渣,包括分级矿渣、混合矿渣及原矿渣,其松散重度不小于$11kN/m^2$,有机质和含泥量不超过5%	适用于堆场、道路和地坪的换填,也可用于小型构筑物和建筑物地基处理
其他工业废渣	质地坚硬、性能稳定、无腐蚀性和放射性的工业矿渣	可用于填筑换层垫层
土工合成材料	由分层的土工合成材料与地基土构成加筋垫层,土工合成材料应符合《土工合成材料应用技术规范》(GB/T 50290)要求,垫层填料宜采用碎石、角砾、砾砂、粗砂、中砂或粉质黏土等	适用于需加筋强化处理的软弱地基

2. 换填施工方法

换填法的压实施工应根据所选填料和施工条件变化选择施工方法。一般说来,粉质黏土、灰土宜采用平碾、振动碾或羊足碾等机械碾压法,中小工程也可采用蛙式夯或油泵夯进行夯实;砂石等宜采用振动碾压法;粉煤灰宜采用平碾、振动碾等碾压法和平板振动器、蛙式夯等夯实方法;矿渣宜采用平板振动器振捣或平碾、振动碾等碾压法施工。

(1) 机械碾压法施工　采用压路机、推土机、羊足碾或其他压实机械来压实地基。施工时先将地基范围内一定深度的软弱土挖去,开挖宽度和深度应根据设计要求具体确定。换填应采用分层填筑、分层压实的方式进行,每层厚度和压实遍数与压实机械有关。采用8~12t平碾时,每层厚度为200~300mm,压实6~8遍;采用5~16t羊足碾时,每层厚度为600~1300mm,压实6~8遍;采用2t、振动力98kN的振动压实机时,每层厚度为1200~1500mm,压实10遍。

分层回填碾压应注意防水,并控制填料的含水率。如填料含水率偏低,则可预先洒水润湿并渗透均匀后回填;如含水率偏高,则可采用翻松、晾晒、掺入吸水材料等措施,然后回填。开挖和回填碾压范围宜采用自基础纵向放出3m,横向放出1.5m。

(2) 平板振动压实法施工　指使用振动压实机来处理黏性土或黏粒含量少、透水性较好的松散填土地基的方法。

振动压实机的工作原理是利用电机带动两块偏心块同速反向转动,从而产生强大的垂直振动力。该机械的转动速率为1160~1180r/min,振幅为3.5mm,重2t,振动力可达50~100kN。

振动压实的效果与填土成分、振动时间等因素有关。一般说来,振动时间越长,压实效果越好。但当振动时间超过某一数值后,压缩趋于稳定。通常在施工前应进行试振,以确定振动时间。对于炉渣、碎砖和砖瓦组成的建筑垃圾,振动时间在1min以内;对于含有炉灰等细微颗粒的填土,振动时间为3~5min,有效振动深度为1200~1500mm。

振动压实范围应从基础边缘放出0.6m左右,通常先振基槽两边,后振中间。一般振动压实后地基承载力可达100~120kPa。

(3) 施工要点

① 垫层压实的施工方法、分层铺填厚度和每层压实遍数等应通过试验确定。除接触下卧软土层的垫层底部应该根据施工机械设备及下卧层土质条件确定厚度外,普通垫层厚度可取 200~300mm。为保证分层压实施工质量,应控制机械碾压速度。

② 最优含水率应通过冲击试验确定,或按当地经验取值。一般说来,粉质黏土和灰土垫层的含水量宜控制在最优含水率±2%的范围内,粉煤灰含水率应控制在最优含水率±4%范围内。

③ 当垫层底部存在古井、古墓、洞穴、旧基础、暗塘等强度不均匀部位时,应对不均匀沉降进行处理,经检查合格后,方可铺填垫层。

④ 基坑开挖时应避免坑底土层受到扰动,可保留约 200mm 厚土层,待铺填垫层前再挖至设计标高。严禁扰动垫层下的软弱土层,防止水浸、受冻。

⑤ 垫层底面应设在同一标高上,如果深度不同,基坑底部应挖成阶梯或斜坡搭接,并按先浅后深的顺序进行垫层施工,搭接处应夯压密实。

⑥ 铺设土工合成材料时,下铺地基土层顶面应平整,防止土工合成材料被刺穿、顶破。铺设时应把土工合成材料张拉平直、绷紧,严禁有褶皱,端头应固定或回折锚固,切忌暴晒或裸露;连接宜采用搭接法、缝接法和胶结法,并应保证主要受力方向的连接强度不低于所采用材料的抗拉强度。

3. 施工质量检验

对于粉质黏土、灰土、粉煤灰和砂石垫层的施工质量检验可采用环刀法、贯入仪、静力触探、轻型动力触探或标准贯入试验检验;对于砂石、矿渣垫层可采用重型动力触探检验。所有施工都应该通过现场试验,以设计压实系数所对应的贯入度为标准检验垫层的施工质量;压实系数也可采用环刀法、灌水法或其他方法检验。

采用环刀法检验垫层的施工质量时,取样点应位于每层厚度的 2/3 深度处。对于大基坑,每 50~100m^2 应不少于一个检验点;对于基槽,每 10~20m 应不少于一个点;每个独立桩基应不少于一个点;采用贯入仪或动力触探检验垫层的施工质量时,每个分层检验点的间距小于 4m。

机械碾压法施工的质量检验应逐层进行,施工一层检查一层;当设计无规定,底层采用中、粗砂时,干密度一般应控制在 1.55~1.60t/m^3;其他垫层干密度应控制在 1.50~1.55t/m^3。

三、重锤夯实法

重锤夯实法是指用起重机械将夯锤提升到一定高度,然后自由落锤,不断重复夯击以加固地基的施工方法。重锤夯实法适用于地下水位距地表 0.8m 以下,稍湿的黏性土、砂土、湿陷性黄土、杂填土和分层填土地基。夯实加固的深度一般为 1.2~2.0m,湿陷性黄土地基经重锤夯实后,透水性显著降低,可消除湿陷性,强度可提高 30%。

重锤夯实的主要设备为起重机械、夯锤、钢丝绳和吊钩等。夯锤一般为圆台形,直径 1.0~1.5m,用 C20 混凝土制成。锤重一般大于 2t,锤底面单位面积静压力为 15~20kPa。当直接用钢丝绳悬吊夯锤时,吊车起重能力一般应大于锤重的 3 倍;采用脱钩夯锤时,吊车起重能力应大于锤重量的 1.5 倍,夯锤落距一般应大于 4m。

重锤夯实应按一夯挨一夯的顺序进行。在独立桩基基坑内,宜按先里后外的顺序夯击。同一基坑底面标高不同时,应按先深后浅的顺序逐层夯实。夯击宜分 2~3 遍进行,累计夯击 10~15 次，最后两击平均夯沉量，对于砂土不应超过 5~10mm，对于细颗粒土不应超过 10~20mm。

重锤夯实分层填土地基时，每层的虚铺厚度以相当于锤底直径为宜，夯实完成后应将基坑或基槽表面修整至设计标高。

重锤夯实法所需的最小夯实遍数、最后两次平均夯沉量和有效夯实深度等参数应根据现场试验确定。夯的密实度和夯实深度必须达到设计要求，最后下沉量和总下沉量必须符合设计要求或施工规范的规定。

采用重锤夯实法施工时，应控制土体的最优含水率，使土粒间有适当的水分润滑，夯击时易于相互滑动挤压密实。饱和土在瞬时夯击能量作用下水分不易排出，很难夯实，形成"橡皮土"，所以当地下水位在夯实影响深度范围内时，需要采取降水措施，然后夯实。

重锤夯实处理的地基检验除按试夯要求检查施工记录外，总夯沉量应不小于试夯总夯沉量的 90%。检验加固质量，每一个独立基础至少应有一个检验点；基槽每 300m^2 应有一点，大面积基坑每 100m^2 不得少于两点。如果通过检验地基质量不合格，必须进行补夯，直至合格为止。

四、振冲法

振冲法是指利用振动器水冲成孔，然后填以砂石骨料，借助振冲器的水平与垂直振动振密填料形成碎石桩体，从而与原地基构成复合地基以提高地基承载力的方法。振冲加固可提高地基承载力，减少沉降和不均匀沉降，并提高地基的抗液化能力。一般经振冲加固后，地基承载力可提高一倍以上。一般说来，振冲法加固深度为 14m，最大深度可达 18m；置换率一般为 10%~30%，每米桩的填料为 0.3~0.7m^3，桩的直径为 0.7~1.2m。

1. 振冲法施工机械

振冲法施工的核心设备为振冲器。振冲器是中空轴立式潜水电机直接带动偏心块振动的短柱状机械。电机转动通过弹性联轴器带动振动机体中的中空轴，转动偏心块产生一定频率和振幅的水平向振动。水管从电机上部进入，穿过两根中空轴至底端进行射水。

振冲施工还必须为振冲器配备升降设备，一般采用履带式或轮胎式起重机，也可采用自行井架式施工平车或其他合适的机具设备。其共同要求是位移方便、工效高、施工安全，最大加固深度可达 15m。起吊设备的起吊能力一般为 100~150kN。

2. 振冲法施工

振冲法施工的流程如图 8-5 所示。

在砂性土中，振冲起到密实作用，故称为振冲密实法。该方法依靠振冲器的强力振动使饱和砂层发生液化，砂粒重新排列，减少空隙，同时依靠水平振动力通过加回填料使砂层挤压密实。振冲密实施工范围应大于构筑物或建筑物基础范围，一般每边放宽不得小于 5m。振冲时间主要取决于砂土种类，一般粗砂和中砂为 30~60s，细砂为 60~120s。对于粗砂和中砂等易坍塌土质，振冲密实可不加填料，细砂土质振冲处理所用填料为粒径为 5~50mm 的粗砂、中砂、砾砂、碎石、卵石、角砾、圆砾等。

在黏性土中，振冲主要起置换作用，故称为振冲置换法。该方法是利用在水平方向振动的管状设备在高压水流下边振动边在软弱地基中成孔，然后再在孔内分批填入碎石等坚硬材料制成桩体，桩体与原地基中的黏性土形成复合地基的施工方法。一般说来，振冲置换法施工范围要超出地基外缘 1~2 排桩，对于易液化地基，需扩大到 2~4 排桩。桩位可呈等边三

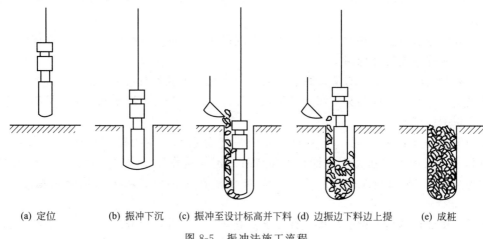

(a) 定位　　(b) 振冲下沉　(c) 振冲至设计标高并下料　(d) 边振边下料边上提　(e) 成桩

图 8-5　振冲法施工流程

角形、正方形或等腰三角形布置，桩间距应根据荷载大小和原地基土体强度决定，一般为 1.5～2.5m。桩体所用填料可就地取材，宜为坚硬、不受侵蚀的碎石、卵石、角砾、圆砾、碎砖等，一般粒径为 20～50mm，最大不宜超过 80mm。

3. 振冲法施工质量检验

施工完毕后，应检查振冲施工的各项施工记录，如有遗漏或不符合规定要求的桩或振冲点，应补做或采取有效补救措施。除砂土地基外，质量检验应在施工结束后一定时间间隔后进行。对于粉质黏土地基，质量检验间隔时间为 21～28d，对于粉土地基间隔可取 14～21d。

振冲桩的施工质量检验可采用单桩载荷试验，检验数量为桩数的 0.5%，且不得少于 3 根。对于碎石桩检验可用重型动力探触进行随机检验。对于桩间土的检验可在处理深度内用标准贯入、静力触探等进行检验。

振冲处理后的地基竣工验收时，承载力检验应采用复合地基载荷试验。复合地基载荷试验检验数量应不少于总桩数的 0.5%，且每个单体工程不得少于 3 个。

对于不加填料振冲处理的砂土地基，竣工验收承载力检验应采用标准贯入、动力触探、载荷试验或其他合适的实验方法。检验点应选择在具有代表性或地基土质较差的地段，并位于振冲点围成的单元形心处及振冲点中心处。检验数量可为振冲点数量的 1%，总数应不小于 5 点。

第四节　基础工程施工

基础是指埋于地下、承载构筑物或建筑物全部重量和载荷，并最终将该载荷传递给地基的那部分建筑结构，如图 8-6 所示。依据埋设深度的不同，基础可分为浅基础和深基础两大类。

一、浅基础施工

大多数构筑物或建筑物基础的埋深通常都不大，可以通过普通开挖基坑（或基槽）或修建排水集水井的方法施工，这类基础称为浅基础。按照受力特点、构造形式和使用材料不同，浅基础可作如下分类，见表 8-19。

第八章 环境土方工程及地基与基础工程施工

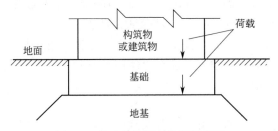

图 8-6　基础的位置与作用示意图

表 8-19　浅基础的分类

分类依据	基础类型	说　明
受力特点	刚性基础	用抗压强度大而抗弯和抗拉伸强度较小的材料,如砖、毛石、灰土、混凝土、三合土等建造的基础
	柔性基础	用抗弯、抗拉伸和抗压能力都较大的材料,如钢筋混凝土建造的基础,适用于载荷较大而地基土软弱的情况
结构形式	单独基础	也称独立基础,多呈柱墩形,是柱基础的主要形式
	条形基础	长度远大于高和宽的基础,如墙下基础
	联合基础	将柱基础和条形基础交叉联合,形成箱形或片筏基础,适用于荷载较大、地基软弱、所需单独基础和条形基础面积较大的情况
使用材料	灰土基础	为节约砖石材料,在下面用灰土垫层夯实,形成灰土基础
	三合土基础	用白灰砂浆和碎砖混合铺入基槽后分层夯实,形成三合土基础
	砖基础	直接用砖砌筑在地基上的基础
	毛石基础	用毛石直接砌筑在地基上的基础
	混凝土和毛石混凝土基础	用水泥、砂石加水搅拌浇注而成的基础为混凝土基础,也可掺入25%～30%的毛石,形成毛石混凝土基础
	钢筋混凝土基础	在混凝土内按要求配置钢筋,形成抗压、抗弯、抗拉性良好的柔性基础

本节将针对环境工程中常用的浅基础施工方法加以简单介绍。

1. 砖基础施工

砖基础是采用普通黏土砖和水泥砂浆砌筑成的基础。砖基础多砌成台阶形状,俗称"大放脚",有等高和不等高两种形式。等高式大放脚是两皮一收,两边各收进1/4砖长;不等高式大放脚是两皮一收和一皮一收相间隔,两边各收进1/4砖长。

为了防止土中水分沿着砖块中毛细管上升侵蚀墙身,应在室内地坪以下－0.06m处铺设防潮层。防潮层一般用1:2防水水泥砂浆,厚度约20mm。

砌筑砖基础以前应先检查垫层施工是否符合质量要求,然后清扫垫层,弹出基础大放脚的轴线和边线。在垫层转角、交接及高低踏步处应预先立好基础皮数杆,以控制基础的砌筑高度。砌基础时可依皮数杆先砌基层转角及交接处的砖,然后在其间拉准线再砌中间部分。内外墙基础应同时砌筑,如因某些情况不能同时砌筑,应留置斜槎,斜槎长度不得小于高度的2/3。

大放脚一般应采用一皮顺砖和一皮丁砖的砌法,上下层应错开缝,错缝宽度不得小于60mm。应注意十字和丁字接头处砖块的搭接,在交接处,纵横墙要隔皮砌通。砌筑应采用"三一"砌砖法,即一铲灰、一块砖、一挤揉,保证砖基础水平灰缝的砂浆饱满度大于80%。大放脚的最下一皮和每个台阶的上面一皮应以丁砖为主,以保证传力较好,施工过程不容易损坏。

砖基础中的灰缝宽度应控制在10mm左右。如基础水平灰缝中配有钢筋,则埋设钢筋的灰缝厚度应比钢筋直径大4mm以上,以保证钢筋上下至少各有2mm厚的砂浆包裹层。有高低台的砖基础,应从低台砌起,并由高台向低台搭接,搭接长度不小于基础大放脚的高度。砖基础中的洞口、管道、沟槽等,应在砌筑时正确留出,宽度超过500mm的洞口,其上方应砌筑平拱或设置过梁。

2. 钢筋混凝土独立基础施工

钢筋混凝土独立基础按其结构形式可分为现浇柱锥形基础、现浇柱阶梯形基础和预制柱杯口基础,如图8-7所示。

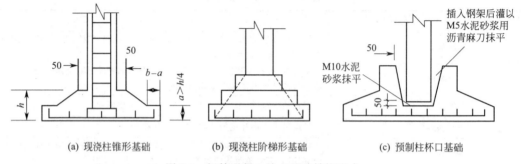

图 8-7 钢筋混凝土独立基础结构形式

(1) 现浇柱基础施工 在混凝土浇筑前应先进行验槽,轴线、基坑尺寸和土质应符合设计规定。坑内浮土、积水、淤泥和杂物应清除干净。局部软弱土层应挖去,用灰土或砂砾回填并夯实。在基坑验槽后应立即浇筑垫层混凝土,以保护地基。混凝土宜用表面振动器进行振捣,要求表面平整。当垫层达到一定强度后,在其上弹线、支模、铺放钢筋网片,底部用与混凝土保护层相同厚度的水泥砂浆块垫塞,以保证钢筋位置正确。

在基础混凝土浇灌前,应将模板和钢筋上的垃圾、泥土和油污等清除干净;对模板的缝隙和空洞应予以堵严;木模板表面要浇水润湿,但不得积水。对于锥形基础,应注意锥体斜面坡度,斜面部分的模板应随着混凝土浇捣分段支设并顶紧,以防止模板上浮变形,边角处混凝土必须注意捣实。

基础混凝土宜分层连续浇筑。对于阶梯形基础,分层厚度为一个台阶高度,每浇完一层台阶应停0.5~1.0h,以便使混凝土获得初步沉实,然后再浇灌上层。每一台阶浇完,表面应基本抹平。

基础上有插筋时,应将插筋按设计位置固定,以防止浇捣混凝土时发生位移。基础混凝土浇灌完后,应用草帘等覆盖并浇水加以养护。

(2) 预制柱杯口基础施工

① 杯口模板可采用木模板或钢定型模板,可做成整体的,也可做成两部分,中间加一块楔形板。拆模时先取出楔形板,然后分别将两片杯口模取出。为了拆模方便,杯口模外可包裹一层薄铁皮。支模时杯口模板要固定牢固并压紧。

② 按台阶分层浇筑混凝土。由于杯口模板仅在上端固定,浇捣混凝土时应四周对称均匀进行,避免将杯口模板挤向一侧。

③ 杯口基础一般在杯底留有50mm厚的细石混凝土找平层,在浇筑基础混凝土时要仔细留出。基础浇捣完成后,在混凝土初凝后和终凝前用倒链将杯口模板取出,并将杯口内侧表面混凝土凿毛。

④ 在浇灌高杯口基础混凝土时，由于其最上一层台阶较高，施工不方便，可采用后安装杯口模板的方法施工。

3. 片筏式钢筋混凝土基础施工

片筏式钢筋混凝土基础由底板、梁等整体构件组成，其外形和构造与倒置的混凝土楼盖相似，可分为平板式和梁板式两种，如图 8-8 所示。

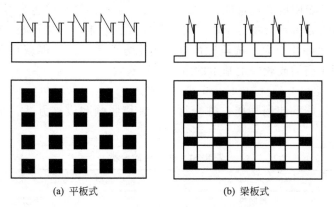

(a) 平板式　　　　　　　　(b) 梁板式

图 8-8　片筏式钢筋混凝土基础结构示意图

片基础浇筑前，应清扫基坑、支设模板、铺设钢筋。木模板应浇水润湿，钢模板表面应涂上隔离剂。

混凝土浇筑方向应平行于次梁长度方向，对于平板式片筏基础则应平行于基础的长边方向。混凝土应一次浇灌完成，若不能整体浇灌完成，则应留设垂直施工缝，并用木板挡住。当平行于次梁长度方向浇筑时，施工缝应留设在次梁中部 1/3 跨度范围内；对于平板式基础，施工缝可留设在任意位置，但必须平行于底板短边方向。梁高出底板部分应分层浇筑，每层浇筑厚度不宜超过 200mm。当底板上或梁上有立柱时，混凝土应浇筑到柱脚顶面，留设水平施工缝，并预埋连接立柱的插筋。继续浇筑混凝土前，应对施工缝进行处理，水平施工缝和垂直施工缝处理方法相同。

混凝土浇灌完毕后，在基础表面应覆盖草帘并洒水养护，时间不少于 7d。待混凝土达到设计强度 25% 以上时，即可拆除梁的侧模。当混凝土基础达到设计强度的 30% 时，即可进行基坑回填。基坑回填应在四周同时进行，并按排水方向由高到低分层进行。

4. 箱形基础施工

箱形基础主要是由钢筋混凝土底板、顶板、侧墙以及一定数量的纵横墙构成的封闭箱体。箱形基础的基底直接承受全部荷载，所以要求地基处理良好，符合设计要求，在基坑进行验槽后，应立即进行基础施工。

箱形基础的底板、顶板及内外墙的支模和浇筑，可采用内外墙和顶板分次支模浇筑的方法施工。外墙接缝处应设榫接或设止水带。

箱形基础的底板、顶板及内外墙宜连续浇注完毕。对于大型箱形基础工程，当基础长度超过 40m 时，宜设置一道不小于 700mm 的后浇带，以防产生温度收缩裂缝。后浇带应设置在柱距三等分的中间范围内，宜四周兜底贯通顶板、底板及墙板。后浇带应按照有关规范要求施工。

箱形基础的混凝土浇筑大多属于大体积钢筋混凝土施工项目，由于混凝土体积较大，浇筑时集聚在水泥内部的水泥水化热不易散发，混凝土温度将显著上升，产生较大的温度变化和收缩作用，导致混凝土产生表面裂缝和贯穿性或深进性裂缝，影响结构的整体性、耐久性和防水性，从而影响正常使用。为此施工前要经过严格的理论计算，采取有效技术措施，防止温度差造成的结构破坏。

二、桩基础施工

桩是一种具有一定刚度和抗弯能力的传力杆件，它将构筑物或建筑物的荷载全部或部分传递给地基。桩基础是由承台将若干根桩的顶部连接成整体，以共同承受荷载的一种深基础形式。桩基础具有承载能力大、抗震性能好、施工方便等优点，能获得良好的技术经济效益，被广泛地应用于高层或软弱地基上的多层建筑基础。

1. 桩基础的分类

根据桩的承载性能、使用功能、桩身材料、环境影响和成桩方法，桩基础可作如下分类，见表 8-20。

表 8-20 桩基础的分类

分类依据	桩基础类型				
成桩方法	预制桩		灌制桩		
成桩或成孔工艺	打入桩	静压桩	沉管桩	钻孔桩	人工挖孔桩
环境影响	挤土	挤土	挤土	不挤土	不挤土
桩身材料	钢、钢筋混凝土		钢筋混凝土、素混凝土		

如上所述，桩基础的种类繁多，形式复杂。在设计和施工过程中应根据建筑物或构筑物类型、承受的荷载性质、桩的功能、穿越的土层、桩端持力土体类型、地下水位、施工设备、施工环境、施工经验和制桩材料来源的因素，选择技术可行、经济合理、安全适用的桩基础类型和施工方法。

本节将简单介绍预制桩和灌制桩的特点和施工过程。

2. 预制桩施工

预制桩施工是指在地面上制作桩身，然后采用锤击、振动或静压等方法将桩沉至设计标高的施工方法。预制桩包括钢筋混凝土预制桩和钢管预制桩等，其中以钢筋混凝土预制桩应用较多。

钢筋混凝土预制桩常用的截面形式有混凝土方形实心截面、圆柱体空心截面、预应力混凝土管形桩等。方形桩的边长通常为 200～500mm，长 7～25m。如果桩长超过 30m 或者受运输条件和桩架高度限制时，可将桩分成几段预制，然后在施工过程中根据需要逐段接长。预应力混凝土管桩是采用先张法预应力、掺加高效减水剂、高速离心蒸汽养护工艺制成的空心管桩，包括预应力混凝土管桩（PC）、预应力混凝土薄壁管桩（PTC）和预应力高强度混凝土管桩（PHC）三类，外径为 300～1000mm，每节长度为 4～12m，管壁厚 60～130mm，自重远远小于实心桩。

预制桩施工包括桩的预制、起吊、运输、堆放和沉桩等过程，其中沉桩方法包括锤击沉桩、振动沉桩和静压沉桩。施工过程中应依据工艺条件、地址状况、荷载特点等因素综合考虑，以制定合适的施工方法和技术组织措施。

3. 灌制桩施工

灌制桩施工是指在设计桩位上用钻、冲或挖等方法成孔，然后在孔中灌注混凝土成桩的施工方法。与预制桩施工相比，灌制桩施工不受地质条件变化限制，且不需要截桩和接桩，从而避免了锤击应力，桩的混凝土强度及配筋只需满足设计和使用要求即可，所以灌注桩施工具有节约材料、成本低、施工过程无振动、噪声小等优点。但灌注桩施工操作要求严格，混凝土需要养护过程，不能立即承受荷载，工期较长，在软土地基中容易出现颈缩、断裂等质量事故。

根据成孔方法不同，灌注桩施工可分为钻孔灌注桩施工、挖孔灌注桩施工、冲孔灌注桩施工、套管成孔灌注桩施工和爆扩孔灌注桩施工等。灌注桩施工的基本过程主要包括成孔、灌注和养护三个阶段。成孔是指在桩位上形成孔眼的过程，主要有钻机钻孔、人工或机械开挖以及下沉套管等方法；灌注是指在孔眼中加筋并灌注混凝土，形成钢筋混凝土桩的过程；养护是指在灌制成桩后，需要维持一定工艺条件，以保证混凝土完成凝固和硬化的过程。

复习思考题

1. 简述下列名词的含义：天然密度、干密度、含水量、可松性、休止角。
2. 简述平整场地土方量的计算步骤。
3. 简述地基处理的主要目的及方法。
4. 论述换填施工方法。

第九章 环境砌筑工程施工

环境污染治理工程工艺复杂，类型较多，与其相配套的土建工程类型也较多，但其施工方法与其他普通土木建筑施工方法有相似的共性。污水治理工程的土建施工，如各类贮水池、输水管道、泵房的土建施工；废气处理用的构筑物土建施工，如建设物的烟道与构筑物烟囱的土建施工；固体废物最终处理工程的土建施工，如垃圾填埋场的土建施工等。这些构筑物的土建施工特点主要反映在结构造型复杂、施工工种和工序多、技术水平要求高、安装难度大、基础土石方量大等方面，因而组织施工的程序和施工方法也是多种多样的。本章对污水处理工程中的常用构筑物贮水池的施工方法和钢结构工程的施工方法作一介绍。

第一节 砌筑材料

砖砌体是混合结构建筑中重要的部分，它应具有足够的强度和良好的整体性、稳定性，不论用何种组砌形式（如一顺一丁式、三顺一丁式、沙包式、二平一侧式和其他形式）皆应保证砖砌体"横平竖直、砂浆饱满、上下错缝、内外搭接"的质量要求，并保持砌体尺寸和位置准确。

一、砌筑砂浆材料

1. 水泥

砌筑砂浆常用的水泥品种有普通水泥、矿渣水泥、火山灰水泥、粉煤灰水泥，有时也采用低标号的专用砌筑水泥和快硬硅酸盐水泥等。应根据工程的特点、砌体所处的施工部位与环境以及施工要求等具体情况，选择与之相适应的水泥品种。一般水泥标号的强度值为砂浆强度等级的4~5倍较好，如为水泥标号不明或出厂日期超过三个月的过期水泥，应经试验鉴定后方可按实际强度使用。不同品种的水泥不得混合使用。常用水泥主要技术性能见表9-1，常用水泥的质量标准见表9-2。

2. 砂

砌筑砂浆宜采用中砂，并应过筛，砂中不得含有草根等杂物。砂中的含泥量，对于水泥砂浆和强度等级不小于M5的水泥石灰混合砂浆，不应超过5％；对于强度等级小于M5的水泥石灰混合砂浆，不应超过10％。砂中含泥量及泥块含量见表9-3。

3. 外掺料与外加剂

为了改善砂浆的和易性，节约水泥和砂浆用量，可在水泥砂浆中掺入石灰膏、磨细生石灰粉、粉煤灰、黏土膏等无机塑化剂或微沫剂、皂化松香、纸浆废液等有机塑化剂。外掺料与外加剂用量应通过计算和试验确定，但砂浆中的粉煤灰取代水泥率最大不宜超过40％，砂浆中的粉煤灰取代石灰膏率最大不宜超过50％。

表 9-1 常用水泥主要技术性能 单位：MPa

品种	强度等级	抗压强度 3d	抗压强度 28d	抗折强度 3d	抗折强度 28d	凝结时间	不溶物	烧失量	氧化镁	三氧化硫	细度	安定性	碱
硅酸盐水泥 P.Ⅰ P.Ⅱ	42.5	17.0	42.5	3.5	6.5	初凝≥45min；终凝≤6.5h	P.Ⅰ ≤0.75； P.Ⅱ ≤1.5%	P.Ⅰ ≤3.0%； P.Ⅱ ≤3.5%	≤5.0% (6.0%)	≤3.5%	比表面积大于300m²/kg	用沸煮法检验必须合格	用Na₂O+0.65K₂O计算值表示：≤0.60%或供需双方商定
	42.5R	22.0	42.5	4.0	6.5								
	52.5	23.0	52.5	4.0	7.0								
	52.5R	27.0	52.5	5.0	7.0								
	62.5	28.0	62.5	5.0	8.0								
	62.5R	32.0	62.5	5.0	8.0								
普通水泥 P.O	32.5	11.0	32.5	2.5	5.5	初凝≥45min；终凝≤10h		≤5.0%			80μm方孔筛筛余≤10.0%		
	32.5R	16.0	32.5	3.5	5.5								
	42.5	16.0	42.5	3.5	6.5								
	42.5R	21.0	42.5	4.0	6.5								
	52.5	22.2	52.5	4.0	7.0								
	52.5R	26.0	52.5	5.0	7.0								

表 9-2 常用水泥的质量标准

项目		硅酸盐水泥			普通硅酸盐水泥			矿渣硅酸盐水泥、火山灰质硅酸盐水泥、粉煤灰硅酸盐水泥		
细度		0.08mm方孔筛筛余不得超过12%								
凝结时间		初凝不得早于45min，终凝不得迟于12h								
安定性		用煮沸法检验必须合格								
物理性质		标号	龄期							
			3d	7d	28d	3d	7d	28d	3d	7d	23d
	抗压强度/MPa	275			15.7			27.0		12.8	27.0
		325				11.8	18.6	31.9		14.7	31.9
		425	17.7	26.5	41.7	15.7	24.5	41.7		20.6	41.7
		425R	22.0		41.7	21.0		41.7	19.0		41.7
		525	22.6	33.3	51.5	20.6	31.4	51.5		28.4	51.5
		525R	27.0		51.5	26.0		51.5	23.0		51.5
		625	28.4	42.2	61.3	26.5	40.2	61.3			
		625R	32.0		61.3	31.0		61.3	28.0		61.3
		725R	37.0		71.1	36.0		71.1			
	抗折强度/MPa	275			3.2			4.9		2.7	4.9
		325				2.5	3.6	5.4		3.2	5.4
		425	3.3	4.5	6.3	3.3	4.5	6.3		4.1	6.3
		425R	4.1		6.3	4.1		6.3	4.0		6.3
		525	4.1	5.3	7.1	4.1	5.3	7.1		4.9	7.1
		525R	4.9		7.1	4.9		7.1	4.6		7.1
		625	4.9	6.1	7.8	4.9	6.1	7.8			
		625R	5.5		7.8	5.5		7.8	5.2		7.8
		725R	6.2		8.6	6.2		8.6			
化学成分	烧失量	旋窑厂不得超过5.0%，立窑厂不得超过7.0%									
	氧化镁	熟料中氧化镁的含量不得超过5%，如水泥经压蒸安定性试验合格，则熟料中氧化镁的含量允许放宽到6.0%									
	三氧化硫	除矿渣硅酸盐水泥不得超过4%外，其余水泥不得超过3.5%									

表 9-3　砂中含泥量及泥块含量

混凝土强度等级	大于或等于 C30	小于 C30
含泥量（按质量计）/％	≤3.0	≤5.0
泥块含量（按质量计）/％	≤1.0	≤2.0

注：对有抗冻、抗渗或其他特殊要求的混凝土用砂，含泥量不大于 3.0%，泥块含量不大于 1.0%。对 C10 和 C10 以下的混凝土用砂，根据水泥标号，其含泥量可予放宽。

4．水

凡是可饮用的水，均可拌制砂浆。当采用其他水源时，必须经试验鉴定，砂浆拌和用水应为不含有害物质的洁净水。其水质符合建设部颁发的《混凝土拌和用水标准》方可使用。

二、砌筑砂浆的拌制要求

1．砌筑砂浆

砌筑砂浆的配合比应经计算和试验确定，可采用质量比，按通知单检查每盘用量。配料准确度：水泥和外加剂为±2%；砂、石灰、水和掺合料为±5%。水泥砂浆的最少水泥用量不宜小于 200kg/m³，砂浆的配制强度按规定应比设计强度等级提高 15%。实际施工中，常用砌筑砂浆的配合比可参照表 9-4 选用。

表 9-4　砌筑砂浆配合比（质量比）

水泥标号	砂浆强度等级			
	M10	M7.5	M5	M2.5
425	1∶0.3∶5.5	1∶0.6∶6.7	1∶1∶8.2	1∶2.2∶13.6
325	1∶0.1∶4.8	1∶0.3∶5.7	1∶0.7∶7.1	1∶1.7∶11.5
275		1∶0.2∶5.2	1∶0.6∶6.8	1∶1.5∶10.5

2．水泥砂浆

施工中，如用水泥砂浆代替设计要求的同强度等级的水泥石灰混合砂浆时，因水泥砂浆的和易性较差，其砌体抗压强度将会比水泥石灰混合砂浆的砌体抗压强度低 15% 左右，通常采用水泥砂浆的强度等级比原设计的水泥石灰混合砂浆强度等级提高一个等级并按此强度等级重新计算砂浆配制强度和配合比。采用掺有微沫剂的水泥砂浆代替同强度等级的水泥石灰混合砂浆时，其砌体抗压强度仍会比水泥石灰混合砂浆的砌体抗压强度低 10% 左右，因此，微沫水泥砂浆（简称微沫砂浆）的强度等级也应提高一级。

3．机械搅拌

砂浆应尽量采用机械搅拌，分两次投料（先加入部分砂子、水和全部塑化材料，将塑化材料打散、干拌均匀后，再投入其余的砂子和全部水泥进行搅拌），搅拌水泥石灰混合砂浆时，应先将部分砂、拌和水和石灰膏投入搅拌机内，搅拌均匀后再加入其余的砂和全部水泥，并开始计时搅拌。搅拌水泥黏土混合砂浆时，也应采用此方法。搅拌粉煤灰砂浆时，应先将粉煤灰、部分砂、拌和水和石灰膏投入搅拌机内，待基本拌匀后再加入其余的砂和全部水泥，并开始计时搅拌。搅拌掺有微沫剂的砂浆时，微沫剂宜用不低于 70℃ 的水稀释至 5%～10% 的浓度后，随拌和水投入搅拌机内，稀释后的微沫剂溶液存放的时间不宜超过 7d。

4．搅拌时间

搅拌时间自投料完算起应符合下列规定：水泥砂浆和水泥石灰混合砂浆，不得少于

2min；粉煤灰砂浆或掺外加剂的砂浆，不得少于3min，掺用微沫剂的砂浆为3～5min。砌筑砂浆的稠度应符合表9-5的规定。砂浆的分层度以20mm为宜，最大不得超过30mm，砂浆的颜色要均匀一致。

表 9-5　砌筑砂浆稠度

项目	砌体种类	砂浆稠度/mm	项目	砌体种类	砂浆稠度/mm
1	实心砖墙、柱	70～100	4	空斗砖墙、砖筒拱	50～70
2	实心砖平拱	50～70	5	石砌体	30～50
3	空心砖墙、柱	60～80			

拌成后的砂浆应盛入灰桶、灰槽等储灰器内，如砂浆出现泌水现象，应在砌筑前重新拌和均匀。砌筑砂浆应随拌随用，水泥砂浆和水泥石灰混合砂浆必须分别在拌成后3h使用完毕，如施工期间当日最高气温超过30℃时，必须分别在拌成后2～3h使用完毕。

5．砂浆的强度等级

砂浆强度等级是以标准养护［温度（20±3）℃及正常湿度条件下的室内不通风处养护］、龄期为28d的试块抗压强度的试验结果为准。砌筑砂浆的强度等级分为M15、M10、M7.5、M5、M2.5、M1和M0.4七个等级。各强度等级相应的抗压强度值应符合表9-6的规定。

表 9-6　砌筑砂浆强度等级相应的抗压强度值

强度等级	龄期28d抗压强度/MPa		强度等级	龄期28d抗压强度/MPa	
	各组平均值	最小一组平均值		各组平均值	最小一组平均值
	不小于	不小于		不小于	不小于
M15	15	11.25	M2.5	2.5	1.88
M10	10	7.5	M1.0	1	0.75
M7.5	7.5	5.63	M0.4	0.4	0.3
M5	5	3.75			

砂浆试块应在搅拌机出料口随机取样、制作。一组试样（每组6块）应在同一盘砂浆中取样制作，同盘砂浆只能制作一组试样。砂浆的抽样频率应符合下列规定：每一工作班每台搅拌机取样不得少于一组；每一楼层的每一分项工程取样不得少于一组；每一楼层或250m³砌体中同强度等级和品种的砂浆取样不得少于3组。基础砌体可按一个楼层计。任意一组砌筑砂浆试件的抗压强度均不得低于设计强度的75%。以每组6个试件测得的抗压强度的算术平均值作为该组试件的抗压强度值，当6个试件的最大值或最小值与6个试件的平均值之差超过20%时，以中间4个试件的平均值作为该组试件的抗压强度值。

三、砖与砌块

1．普通黏土实心砖

普通黏土实心砖是指以砂质黏土为原料，或掺有外掺料，经烧结而成的实心砖，是当前建筑工程中使用最普遍、用量最大的墙体材料之一。

普通黏土砖的生产工艺过程为：采土—配料调制—制坯—干燥—焙烧（950～1050℃）—成品。生产普通黏土砖的窑有两类，一类为间歇式窑，如土窑；另一类为连续式窑，如隧道窑、轮窑。目前多采用连续式窑生产，窑内分预热、焙烧、保温和冷却四带。轮窑为环形窑，砖坯码在其中不动，而焙烧各带沿着窑道轮回移动，周而复始地循环烧成；隧道窑多为直线窑，窑车载砖坯从窑的一端进入，经预热、焙烧、保温、冷却各带后，由另一端出窑，即为成品。

窑内焙烧是制砖的主要过程，焙烧的关键是火候掌握是否适当，以免产生过量的欠火砖或过火砖。欠火砖是指未达到烧结温度或保持烧结温度时间不够而造成缺陷的砖，表现出色浅、声哑、强度和耐久性差、内部孔隙多、吸水率大，不宜用于承重砌体和基础。过火砖指因超过烧结温度或保持烧结温度时间过长而造成缺陷的砖，表现出色深、声音响亮而有弯曲变形等，孔隙少、吸水率低，也不宜应用。欠火砖、过火砖与酥砖和螺旋纹砖同属砖的不合格品。

按砖的生产方法不同分为手工砖和机制砖，目前大量生产和使用的主要是机制砖。

按砖的颜色不同分为红砖和青砖。当砖窑中焙烧环境处于氧化气氛，则制成红砖；若砖坯在氧化气氛中焙烧至900℃以上，再在还原气氛中闷窑，促使砖内的红色高价氧化铁还原成青灰色的低价氧化亚铁，即得青砖。青砖一般较红砖结实，耐碱、耐久，但价格较红砖贵，青砖一般在土窑中烧成。

按砖的焙烧方法不同分为内燃砖和外燃砖。内燃砖是将煤渣、粉煤灰等可燃工业废料，按一定比例掺入制坯黏土原料中，作为内燃料，当砖坯烧到一定温度时，内燃料在坯体内进行燃烧，可节约燃料。内燃砖与外燃砖相比，可提高强度约20%，表观密度减小，热导率降低，节约黏土，生产内燃砖是综合利用工业废料的途径之一。

2. 普通黏土砖的性质及应用

GB/T 5101—2017标准对烧结普通黏土实心砖的标准尺寸、砖的强度等级和耐久性作了具体规定。普通黏土砖为矩形体，标准尺寸240mm×115mm×53mm（图9-1）。按砖的表面尺寸与形状将砖的各面分为三种：大面、条面和顶面（图9-1）。长度平均偏差±2.0mm，宽度（115mm）、高度（53mm）的平均偏差±1.5mm。

砖的强度等级：砖在砌体中主要起承受和传递荷载的作用，其强度等级按抗压强度划分。抗压强度试验按GB/T 2542进行。砖的强度等级有MU30、MU25、MU20、MU15、MU10、MU7.5六个强度等级，常用的是MU7.5和MU10。

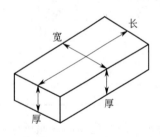

图9-1 普通黏土砖尺寸示意图

砖的耐久性：普通黏土砖的耐久性能包括抗风化性能、抗冻性、泛霜、石灰爆裂、吸水率和饱和系数，其检验方法均按GB/T 2542进行。

普通黏土砖当前还是我国建筑工程中广泛采用的墙体材料，同时也用于砌筑柱、拱、烟囱、贮水池、沟道及基础等，并可预制振动砖墙板，或与轻质混凝土等隔热材料复合使用，砌成两面为砖、中间填以轻质材料的轻墙体。在砌体中配置适当的钢筋或钢丝网，可代替钢筋混凝土柱和过梁等。

3. 黏土空心砖与黏土多孔砖

砌墙砖除黏土实心砖外，按孔洞类型分为空心砖（孔的尺寸大而数量少）、多孔砖（孔的尺寸小而数量多）两类。前者常用于非承重部位，后者则常用于承重部位，多系烧结而成，故又称烧结多孔砖。黏土空心砖的密度较小，一般为1100~1400kg/m³，与普通黏土砖相比，空心砖能节约黏土20%~30%，减轻建筑物自重，且在满足相同加工性能要求时，能改善砖的绝热、隔声性能，减薄墙体厚度一半。空心砖不仅节省燃料（10%~20%），还有干燥焙烧时间短、烧成速率高的优点。

黏土多孔砖的外形呈直角六面体，是以黏土、页岩、煤矸石为主要原料，经焙烧而成的。主要对承重部位的多孔砖的规格、外观质量、强度等级、抗冻性等技术要求作了规定，相应的试验项目按照砌墙砖检验方法 GB/T 2542—2012 规定进行。

四、其他砌墙材料

为解决黏土砖与农田争土的矛盾，在有条件的地方，可利用其他材料制砖，尤其是工业城市的大量工业废料，如粉煤灰、电石灰、矿渣等。

1. 烧结页岩砖

烧结页岩砖是以泥质及碳质页岩经粉碎成型、焙烧而成的。由于页岩需要磨细的程度不及黏土，成型所需水分比黏土少，因此砖坯干燥速度快，制品收缩小。页岩砖的颜色及技术质量规定多与黏土砖相似。

2. 烧结煤矸石砖

烧结煤矸石砖是以开采煤时剔除的废石（煤矸石）为主要原料，经选择、粉碎、成型、干燥、焙烧而成的。煤矸石的化学成分与黏土近似，焙烧过程中，煤矸石发热作为内燃料，可节约烧砖用煤，并大量利用工业废料，节约烧砖用土。煤矸石砖生产周期短、干燥性好、色深红而均匀，声音清脆，在一般建筑工程中可替代烧结普通黏土砖使用。

3. 烧结粉煤灰砖

烧结粉煤灰砖是以粉煤灰为主要原料掺入一定的胶结料，经配料、成型、干燥、焙烧而成的。坯体干燥性好，与烧结普通黏土砖相比吸水率偏大（约为 20%），但能满足抗冻性要求，一般呈淡红或深红色，用于取代烧结普通黏土砖，在一般建筑中，可达到与利用煤矸石一样的经济效益和环境效益。

4. 蒸压灰砂砖

蒸压灰砂砖是由砂和石灰为主要原料，经坯料制备、压制成型、蒸压养护而成的实心砖。

所谓蒸压养护是把粉磨的石灰与砂、水组成的物料加压成砖坯之后经高压饱和蒸汽处理，使砂中结晶态的 SiO_2 能较快溶解，与氢氧化钙作用而生成水化硅酸钙，首先在砂粒表面形成，然后逐步扩展到砂粒之间的空间内联结交织，形成坚硬的整体。蒸压养护后尚有部分 $Ca(OH)_2$ 存在，对灰砂砖的使用范围产生限制性影响。

蒸压灰砂砖执行《蒸压灰砂实心砖和实心砌块》（GB/T 11945—2019），有关试验按 GB/T 2542—2012 标准进行。蒸压灰砂砖的外形尺寸与普通黏土砖相同，抗压强度和抗折强度分为 MU25、MU20、MU15、MU10 四个强度等级。

蒸压灰砂砖无烧缩现象，组织均匀密实，尺寸偏差较小，外形光洁整齐，呈淡灰色，若掺入矿物颜料可获得不同的色彩。强度等级 MU10 的蒸压灰砂砖，常用于防潮层以上建筑部位，强度等级不小于 MU15 的蒸压灰砂砖，可用于基础或其他部位。当温度长期高于 200℃，或受骤热、骤冷作用或有酸性环境介质侵蚀的部位应避免使用蒸压灰砂砖，因为砖中游离氢氧化钙、碳酸钙分解，石英膨胀都会对砖起破坏作用。

5. 碳化灰砂砖

碳化灰砂砖是以石灰、砂和微量石膏为主要原料，经坯料制备压制成型后，利用石灰窑的废气 CO_2 进行碳化而成的。其强度主要依赖于碳化后形成的 $CaCO_3$，耐潮性、耐热性均较差，强度也较低，砌体容易出现裂缝，在水流冲刷及有严重化学侵蚀的环境中不得使用碳化灰砂砖。可用于受热低于 200℃ 的部位，或低标准临时性建筑中，施工前不宜对砖浇水。

碳化灰砂砖的外形尺寸与普通黏土砖相同，各项指标的试验同蒸压灰砂砖一样。

6. 蒸压粉煤灰砖

粉煤灰砖指以粉煤灰、石灰为主要原料，掺入适量石膏和骨料，经坯料制备、压制成型、高压或常压蒸汽养护而成的实心砖。粉煤灰砖执行《蒸压粉煤灰砖》（JC/T 239—2014），外形、标准尺寸与普通砖相同。抗压强度和抗折强度分为MU20、MU15、MU10和MU7.5四个强度等级。

粉煤灰以SiO_2、Al_2O_3、Fe_2O_3为主要化学成分。在湿热条件中，这些成分与石灰、石膏发生反应，生成以水化硅酸钙为主的水化物，在水化物中还有水化硫铝酸钙等，赋予粉煤灰砖作为墙体用材所需要的强度和力学性能。

根据砖的外观质量、强度、抗冻性和干燥收缩，粉煤灰砖分为优等品（A）、一等品（B）、合格品（C）。

粉煤灰砖可用于一般工业与民用建筑的墙体和基础。长期受热高于200℃、受冷热交替作用、有酸性环境介质侵蚀的部位，不得使用粉煤灰砖。使用粉煤灰砖砌筑的建筑物，应考虑增设圈梁及伸缩缝或者采取其他措施，以避免和减少收缩裂缝的产生。处于易受冻融和干湿交替作用的建筑部位使用粉煤灰砖时，必须选用一等砖与优等砖，并要求抗冻检验合格，用水泥砂浆抹面或在设计上采取适当措施，以提高建筑物的耐久性。

7. 免烧砖

免烧砖以黏土类物质或工业废渣、废土经破碎过筛成细小颗粒和粉料，达到合理颗粒级配，经计量配料，掺入4%~7%硅酸盐类水泥和少量早强剂或表面活性物质，加入少量水拌和搅拌压制成型，堆放一周后即可硬化使用。

免烧砖执行《非烧结垃圾尾矿砖》（JC/T 422—2007）。外形、标准尺寸与普通砖相同，抗压强度和抗折强度分为MU15、MU10和MU7.5三个强度等级。

根据砖的外观质量、尺寸允许偏差、强度等级，把砖分为一等品（B）和合格品（C）。免烧砖适用于乡镇房屋墙体材料，建厂投资少，节能明显，施工中不宜浇水，砂浆稠度以较干稠为好。砌体抗裂性能较差。

第二节　脚手架与垂直运输设备

一、脚手架工程

脚手架是建筑工程施工中堆放材料和工人进行操作的临时设施。按其搭设位置分为外脚手架和里脚手架两大类；按其所用材料分为木脚手架、竹脚手架、钢管脚手架；按其构造形式分为多立柱式、门型、桥式、悬吊式、挂式、挑式、爬升式脚手架等。脚手架工程一般要求为：结构设计合理，搭拆方便，能多次周转使用；坚固、稳定，能满足施工期间在各种荷载和气候条件下正常使用；因地制宜，就地取材；其宽度应满足工人操作、材料堆置和运输的需要，脚手架的宽度一般为1.5~2m。

1. 钢管扣件式脚手架

钢管扣件式脚手架目前得到广泛应用，虽然其一次性投资较大，但其周转次数多，摊销费用低，装拆方便，搭设高度大，能适应建筑物平立面的变化。

钢管扣件式脚手架由钢管、扣件、脚手板和底座等组成，如图9-2所示。钢管一般用

ϕ48mm、壁厚3.5mm的焊接钢管。扣件用于钢管之间的连接，其基本形式有三种，如图9-3所示。直角扣件，用于两根钢管呈垂直交叉的连接；旋转扣件，用于两根钢管呈任意角度交叉的连接；对接扣件，用于两根钢管的对接连接。

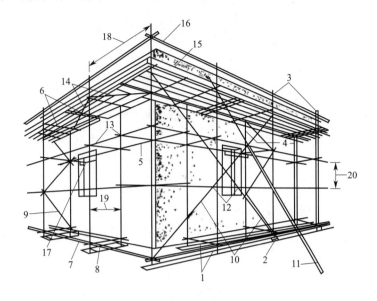

图 9-2　钢管扣件式脚手架构造

1—垫板；2—底座；3—外立柱；4—内立柱；5—纵向水平杆；6—横向水平杆；7—纵向扫地杆；
8—横向扫地杆；9—横向斜撑；10—剪刀撑；11—抛撑；12—旋转扣件；13—直角扣件；14—水平斜撑；
15—挡脚板；16—防护栏杆；17—连墙固定件；18—柱距；19—排距；20—步距

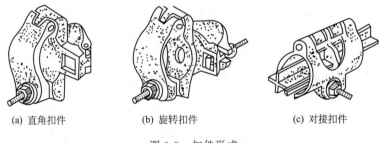

(a) 直角扣件　　　　(b) 旋转扣件　　　　(c) 对接扣件

图 9-3　扣件形式

立柱底端立于底座上，以传递荷载到地面上。脚手板可采用冲压钢脚手板、钢木脚手板、竹脚手板等。每块脚手板的质量不宜大于30kg。钢管扣件式脚手架的基本形式有双排、单排两种。单排和双排一般用于外墙砌筑与装饰，它的主要杆件有纵向水平杆、横向水平杆、立柱、支撑体系、固定件、脚手板。

2. 碗扣式钢管脚手架

碗扣式钢管脚手架也称多功能碗扣型脚手架。这种新型脚手架的核心部件是碗扣接头（图9-4），由上下碗扣、横杆接头和上碗扣的限位销等组成，具有结构简单、杆件全部轴向连接、力学性能好、接头构造合理、工作安全可靠、拆装方便、操作容易、零部件损耗率低等特点。碗扣式接头可同时连接4根横杆，横杆可相互垂直或偏转一定角度。正是由于这一特点，碗扣式钢管脚手架的部件可用以搭设各种形式脚手架，还可作为模板的支撑，特别适合于搭设扇形表面及高层建筑施工和装修作业两用脚手架。

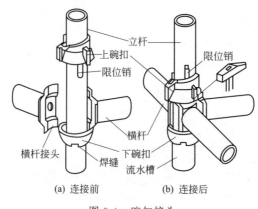

图 9-4 碗扣接头

3. 木脚手架

通常用剥皮杉木杆。用于立柱和支撑的杆件小头直径不少于 70mm。用于纵向水平杆、横向水平杆的杆件小头直径不少于 80mm。木脚手架构造搭设与钢管扣件式脚手架相似，但它一般用 8 号铁丝绑扎。

4. 竹脚手架

杆件应用生长三年以上的毛竹。用于立柱、支撑、顶柱、纵向水平杆的竹竿小头直径不小于 75mm，用于横向水平杆的小头直径不小于 90mm。竹脚手架一般用竹篾绑扎，在立柱旁加设顶柱顶住横向水平杆，以分担一部分荷载，免使纵向水平杆因受荷过大而下滑，上下顶柱应保持在同一垂直线上。

5. 门型脚手架

门型脚手架又称多功能门型脚手架，是目前国际上应用最普遍的脚手架之一。它是由门式框架、剪刀撑和水平梁架或脚手板构成基本单元，这种脚手架的搭设高度一般限制在 45m 以内。施工荷载限定为：均布荷载 $816N/m^2$ 或作用于脚手板跨中的集中荷载 $1916N/m^2$。门型脚手架部件之间的连接是采用方便可靠的自锚结构，常用形式为制动片式和偏重片式。

6. 悬吊脚手架

悬吊脚手架是通过特设的支承点，利用吊索悬吊吊架或吊篮进行砌筑或装饰工程操作的一种脚手架。其主要组成部分为吊架（包括桁架式工作台和吊篮）、支承设施（包括支承挑梁和挑架）、吊索（包括钢丝绳、铁链、钢筋）及升降装置等，它适用于高层建筑的外装饰作业和进行维修保养。

7. 悬挑脚手架

这种脚手架是将外脚手架（图 9-5）分段悬挑搭设，即每隔一定高度，在建筑物四周水平布置支承架，在支承梁上支钢管扣件式脚手架或门型脚手架，上部脚手架和施工荷载均由悬挑的支承架承担。支承架一般采用三脚架形式，悬挑三脚架的安装方法有：一是预先将水平挑梁和斜杆组成一个整体，浇筑结构混凝土时，将水平挑梁埋入混凝土内，只需施焊斜杆根部即可，这种方法较安全可靠，但遇到结构中钢筋过密时埋入困难，且不易埋设准确；二是采用上下均埋设预埋件的方法。

8. 附着升降式脚手架

附着升降式脚手架又称爬架，由承力系统、脚手架系统和提升系统三个部分组成。它仅

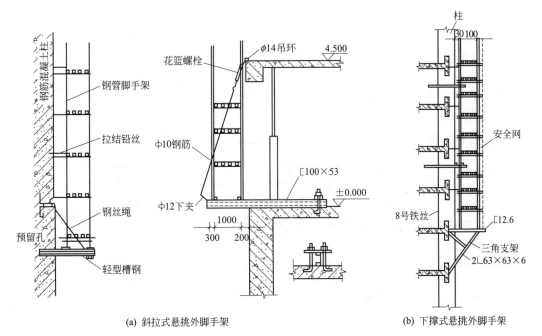

(a) 斜拉式悬挑外脚手架　　(b) 下撑式悬挑外脚手架

图 9-5　两种不同悬挑支撑结构的悬挑脚手架

用少量不落地的附墙脚手架，以钢筋混凝土结构为承力点，利用提升设备沿建筑物的外墙上下移动。这种脚手架吸收了吊脚手架和挂脚手架的优点，不但可以附墙升降，而且可以节省大量脚手架材料和人工。近年来，出现了多种形式的爬架，其爬升方法主要有架子互爬和整体爬升两种，如轨道式爬架、主套架式爬架、悬挑式爬架、吊拉式爬架、交错升降式爬架和整体升降式电动爬架，如图 9-6 所示。

9. 里脚手架

里脚手架用于在楼层上砌墙、内装饰和砌筑围墙等。常用的里脚手架有：角钢（钢筋、钢管）折叠式里脚手架（图 9-7 和图 9-8），支柱式里脚手架，木、竹、钢制马凳式里脚手架等。

二、脚手架的施工注意事项

1. 脚手架的搭设和拆除施工注意事项

对于扣件式、碗扣式钢管脚手架施工时应注意以下两点：

① 搭设范围内的地面要夯实找平。

② 脚手架的杆件间距和布置应按照设计构造方案进行布置。立杆的垂直偏差不得大于架高的 1/300，相邻两根立杆的接头应错开 50cm。大横杆纵向水平应尽量一致，不宜超过一皮砖厚度的高差。小横杆紧固于大横杆上，靠近立杆的小横杆可紧固于立杆上，剪刀撑的搭设是将一根斜杆扣在立杆上，另一根斜杆扣在小横杆的伸出部分上。

2. 脚手架的安全注意事项

为了确保脚手架的安全，脚手架应具备足够的强度、刚度和稳定性。对多立柱式外脚手架，施工均布荷载标准规定为：维修脚手架为 $1kN/m^2$，装饰脚手架为 $2kN/m^2$，结构脚手架为 $3kN/m^2$。若需超载，则应采取相应措施并进行验算。

当外墙砌砖高度超过 4m 或立体交叉作业时，必须设置安全网，以防材料下落伤人和高空操作人员坠落。安全网是用直径 9mm 的麻绳、棕绳或尼龙绳编织而成的，一般规格为宽

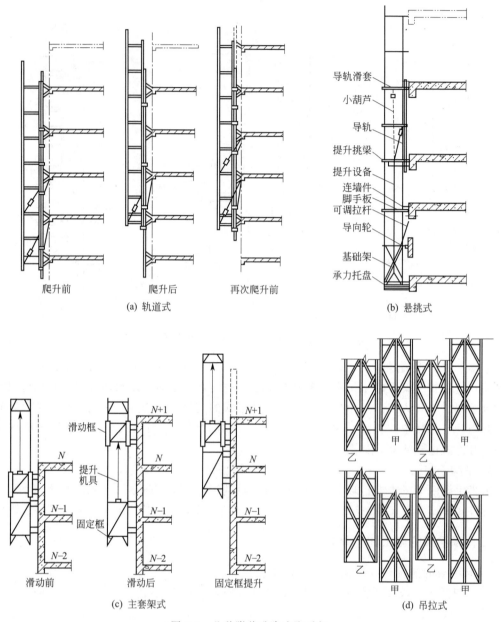

图 9-6 几种附着升降式脚手架

3m、长 6m、网眼 50mm 左右，每块织好的安全网应能承受不小于 1.6kN 的冲击荷载。

钢脚手架（包括钢井架、钢龙门架、钢独脚拔杆提升架等）不得搭设在距离 35kV 以上的高压线路 4.5m 以内的地区和距离 1～10kV 高压线路 2m 以内的地区，否则使用期间应断电或拆除电源。过高的脚手架必须有防雷措施，钢脚手架的防雷措施是用接地装置与脚手架连接，一般每隔 50m 设置一处，最远点到接地装置脚手架工的过渡电阻不应超过 10Ω。

三、垂直运输设备

垂直运输设施指担负垂直输送材料和施工人员上下的机械设备和设施。目前砌筑工程中常用的垂直运输设施有塔式起重机、井字架、龙门架、独杆提升机、屋顶起重机、建筑施工

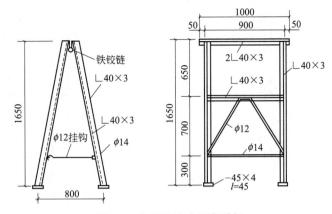

图 9-7 角钢折叠式里脚手架

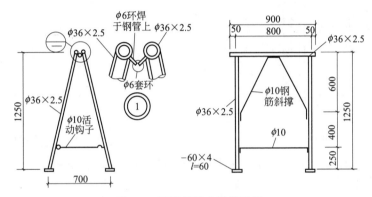

图 9-8 钢管折叠式里脚手架

电梯等。

1. 井字架

普通钢井字架如图 9-9 所示,是施工中最常用的,亦为最简便的垂直运输设施。它稳定性好,运输量大。除用型钢或钢管加工的定型井架之外,还可用脚手架材料搭设而成。井架起重能力一般为 1~3t,提升高度一般在 60m 以内,在采取措施后,亦可搭设得更高。

井架多为单孔井架,但也可构成两孔或多孔井架。井架内设吊盘,也可在吊盘下加设混凝土料斗,两孔或三孔井架可分别设吊盘或料斗,以满足同时运输多种材料的需要。

2. 龙门架

龙门架构造如图 9-10 所示,由两立柱及天轮梁(横梁)构成。在龙门架上装设滑轮、导轨、吊盘(上料平台)、安全装置以及起重索、缆风绳等,即构成一个完整的垂直运输体系。龙门架构造简单,制作容易,用材少,装拆方便,起重能力一般在 2t 以内,提升高度一般为 40m 以内,适用于中小型工程。

3. 建筑施工电梯

目前在高层建筑施工中常采用人货两用的建筑施工电梯,其吊笼装在井架外侧,沿齿条式轨道升降,附着在外墙或建筑物其他结构上,可载重货物 1.0~1.2t,亦可乘 12~15 人。其高度随着建筑物主体结构施工而接高,可达 100m 以上。它特别适用于高层建筑,也可用于高大建筑物、多层厂房和一般楼房施工中的垂直运输。

建筑施工电梯安装前先做好混凝土基础,混凝土基础上预埋锚固螺栓或者预留固定螺栓

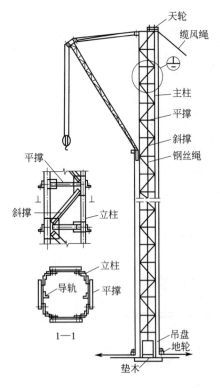

图 9-9 普通钢井字架

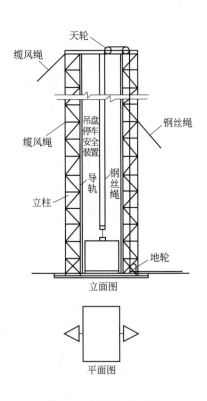

图 9-10 龙门架构造图

孔以固定底笼。其安装过程大致为：将部件运至安装地点→装底笼和二层标准节→装梯笼→接高标准节并随设附墙支撑→安平衡箱。

第三节 砖砌体的施工

一、砌筑材料的准备

1. 砖的准备

砌筑用砖按砖面孔洞率不同分为三大类：普通砖是指孔洞率不大于15%或没有孔洞的砖；多孔砖是指孔洞率大于15%，但不大于35%的砖；空心砖是指孔洞率大于35%的砖。普通砖又分为烧结砖和蒸养（压）砖两类。常用烧结普通砖有黏土砖、页岩砖、煤矸石砖和烧结粉煤灰砖；常用蒸养（压）砖有灰砂砖、粉煤灰砖和炉渣砖；常用多孔和空心砖主要有烧结多孔砖和只适用于填充墙的烧结空心砖。

砖的品种、质量、标号必须符合设计要求，规格一致，有出厂合格证；用于清水墙、柱表面的砖应边角整齐、色泽均匀。砖的强度等级见表9-7。

在砌砖前一天或半天（视天气情况而定）应将砖堆浇水湿润，以免在砌筑时因干砖吸收砂浆中的水分，使砂浆流动性降低，砌筑困难，并影响砂浆的黏结力和强度。但也要注意不能将砖浇得过湿而使砖不能吸收砂浆中的多余水分，影响砂浆的密实性、强度和黏结力，而且还会产生堕灰和砖块滑动现象，使墙面不洁净，灰缝不平整，墙面不平直。要求普通黏土砖、空心砖含水率为10%~15%。施工中可将砖砍断，看其断面四周的吸水深度达10~20mm

表 9-7　砖的强度等级　　　　　　　　　　　　　　　　　　单位：mm

强度等级	抗压强度平均值 f/MPa	变异系数 $\delta \leqslant 0.21$ 强度标准值 f_k/MPa	变异系数 $\delta \geqslant 0.21$ 单块最小抗压强度值 f_{min}/MPa
MU30	≥30.0	≥22.0	≥25.0
MU25	≥25.0	≥18.0	≥22.0
MU20	≥20.0	≥14.0	≥16.0
MU15	≥15.0	≥10.0	≥12.0
MU10	≥10.0	≥6.5	≥7.5

即认为合格。灰砂砖、粉煤灰砖含水率宜为5%～8%。雨期施工时，不得使用含水率达到饱和状态的砖砌墙。砖应尽量不在脚手架上浇水，如砌筑时砖块干燥，操作困难时，可用喷壶适当补充浇水。

2. 施工机具的准备

砌筑工程施工前，必须按施工组织设计的要求组织垂直和水平运输机械、砂浆搅拌机械进场、安装、调试等工作，做好机械架设与安装。同时，还要准备脚手架、砌筑工具（如皮数杆、托线板）等。

强度试验按GB/T 2542进行，取10块砖试验，计算强度变异系数及标准差，评定砖的强度等级。

二、砖砌体的施工工艺

砖砌体的施工过程有抄平、基础放线、摆砖、立皮数杆和砌砖、清理等工序。

1. 抄平

砌墙前应在基础防潮层或楼面上定出各层标高，并用M7.5水泥砂浆或C10细石混凝土找平，使各段砖墙底部标高符合设计要求。找平时，需使上下两层外墙之间不致出现明显的接缝。

2. 基础放线

根据龙门板上给定的轴线及图纸上标注的墙体尺寸，在基础顶面上用墨线弹出墙的轴线和墙的宽度线，并分出门洞口位置线。二楼以上墙的轴线可以用经纬仪或垂球将轴线引上，并弹出各墙的宽度线，画出门洞口位置线。

3. 摆砖

摆砖是指在放线的基面上按选定的组砌方式用干砖试摆。一般在房屋外纵墙方向摆顺砖，在山墙方向摆丁砖，摆砖由一个大角摆到另一个大角，砖与砖留10mm缝隙。摆砖的目的是为了校正所放出的墨线在门窗洞口、附墙垛等处是否符合砖的模数，以尽可能减少砍砖，并使砌体灰缝均匀，组砌得当。

4. 立皮数杆和砌砖

皮数杆是指在其上画有每皮砖和砖缝厚度，以及门窗洞口、过梁、楼板、梁底、预埋件等标高位置的一种木制标杆，如图9-11所示。它是砌筑时控制砌体竖向尺寸的标志，同时还可以保证砌体的垂直度。皮数杆一般立于房屋的四大角、内外墙交接处、楼梯间以及洞口多的地方，每隔10～15m立1根。皮数杆的设立，应两个方向斜撑或锚钉加以固定，以保证其牢固和垂直。一般每次开始砌砖前应检查一遍皮数杆的垂直度和牢固程度。

砌砖的操作方法很多，各地的习惯、使用工具也不尽相同，一般宜用"三一"砌砖法。

砌砖时，先挂上通线，按所排的干砖位置把第一皮砖砌好，然后盘角，盘角不得超过六皮砖，在盘角过程中应随时用托线板检查墙角是否垂直平整，底灰缝是否符合皮数杆标志，然后在墙角安装皮数杆，即可挂线砌第二皮以上的砖。砌筑过程中应"三皮一吊，五皮一靠"，把砌筑误差消灭在操作过程中，以保证墙面垂直平整。砌一砖半厚度以上的砖墙必须双面挂线。

5. 清理

当该层砖砌体砌筑完毕后，应进行墙面、柱面和落地灰的清理。

三、砖砌体的砌筑方法

砖砌体的砌筑方法有"三一"砌砖法、挤浆法、刮浆法和满刀灰法四种，其中"三一"砌砖法和挤浆法最常用。

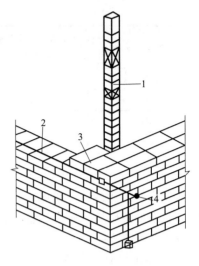

图 9-11　皮数杆示意图
1—皮数杆；2—准线；
3—竹片；4—圆铁钉

1. "三一"砌砖法

"三一"砌砖法即是一块砖、一铲灰、一揉压，并随手将挤出的砂浆刮去的砌筑方法。这种砌砖方法的优点是：灰缝容易饱满，黏结力好，墙面整洁。因此，它是应用最广的砌砖法之一，特别是实心砖墙或抗震裂度八度以上地震设防区的砌砖工程更宜采用此法。

2. 挤浆法

挤浆法是用灰勺、大铲或小灰桶将砂浆倒在墙顶面上铺一段砂浆，随即用大铲或推尺铺灰器将砂浆铺平（每次铺设长度不应大于 750mm，当气温高于 30℃时，一次铺灰长度不应大于 500mm），然后双手拿砖或单手拿砖，用砖挤入砂浆中一定厚度之后把砖放平，达到下齐边、上齐线、横平竖直的要求。也可采用加浆挤砖的方法，即左手拿砖，右手用瓦刀从灰桶中舀适量灰浆放在顶头的立缝中（这种方法称"带头灰"），随即挤砌在要求位置上。

挤浆法的优点是一次铺灰后，可连续挤砌 2～3 排顺砖，减少了多次铺灰的重复动作，砌筑效率高；采用平推平挤砌砖或加浆挤砖均可使灰缝饱满，有利于保证砌筑质量。挤浆法也是应用最广的砌筑方法之一。

3. 刮浆法

对于多孔砖和空心砖，由于砖的规格或厚度较大，竖缝较高，用"三一"法和挤浆法砌筑时，竖缝砂浆很难挤满，因此先在竖缝的墙面上刮一层砂浆后再砌筑，这就是刮浆法。

4. 满刀灰法

又称打刀灰，即在砌筑空斗墙时，不能采用"三一"法和挤浆法铺灰砌筑，而应使用瓦刀舀适量稠度和黏结力较大的砂浆，并将其抹在左手拿着的普通砖需要黏结的位置上，随后将砖按在墙顶上的砌筑方法。

四、常用砖砌体的组砌形式

砖砌体的组砌要求：上下错缝，内外搭接，以保证砌体的整体性；同时组砌要有规律，少砍砖，以提高砌筑效率，节约材料。

1. 普通砖墙

普通砖墙的厚度有半砖（115mm）、3/4 砖（178mm，习惯上称 180 墙）、一砖

(240mm)、一砖半（365mm）、二砖（490mm）等几种，个别情况下还有 5/4 砖（303mm，习惯上称 300 墙）。但从墙的立面上看，共有下列六种组砌形式。

（1）一顺一丁　一顺一丁砌法，是一面墙的同一皮中全部顺砖与一皮中全部丁砖相互间隔砌成，上下皮间的竖缝相互错开 1/4 砖长（图 9-12）。这种砌法效率较高，但当砖的规格不一致时，竖缝就难以整齐。

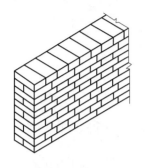 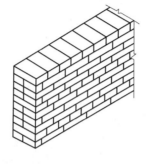 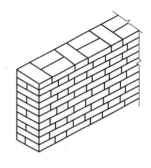

图 9-12　一顺一丁　　　　　图 9-13　三顺一丁　　　　　图 9-14　梅花丁

（2）三顺一丁　三顺一丁砌法，是一面墙的连续三皮中全部采用顺砖与一皮中全部采用丁砖间隔砌成。上下皮顺砖间竖缝错开 1/2 砖长（125mm）；上下皮顺砖与丁砖间竖缝错开 1/4 砖长（图 9-13）。这种砌筑方法，由于顺砖较多，砌筑效率较高，但丁砖拉结较少结构的整体性较差，适用于砌一砖和一砖以上的墙厚。

（3）梅花丁　又称沙包式、十字式。梅花丁砌法是每皮中丁砖与顺砖相隔，上皮丁砖坐中于下皮顺砖，上下皮间竖缝相互错开 1/4 砖长（图 9-14）。这种砌法内外竖缝每皮都能错开，故整体性较好，灰缝整齐，比较美观，但砌筑效率较低。砌筑清水墙或当砖规格不一致时，采用这种砌法较好。

（4）两平一侧　两平一侧砌法是一面墙连续两皮平砌砖与一皮侧立砌的顺砖上下间隔砌成。当墙厚为 3/4 砖时，平砌砖均为顺砖，上下皮平砌顺砖的竖缝相互错开 1/2 砖长，上下皮平砌顺砖与侧砌顺砖的竖缝相错 1/2 砖长；当墙厚为 1 砖时，只上下皮平砌丁砖与平砌顺砖或侧砌顺砖的竖缝相错 1/4 砖长，其余与墙厚为 3/4 砖的相同（图 9-15）。两平一侧砌法只适用 3/4 砖和 5/4 砖墙。

（5）全顺　全顺砌法是一面墙的各皮砖均为顺砖，上下皮竖缝相错 1/2 砖长（图 9-16）。此砌法仅适用于半砖墙。

（6）全丁　全丁砌法是一面墙的每皮砖均为丁砖，上下皮竖缝相错 1/4 砖长。适于砌筑一砖、一砖半、二砖的圆弧形墙、烟囱筒身和圆井圈等（图 9-17）。为了使砖墙的转角处各皮间竖缝相互错开，必须在外角处砌七分头砖（即 3/4 砖长）。当采用一顺一丁组砌时，七分头的顺面方向依次砌顺砖，丁面方向依次砌丁砖。

2. 空斗墙

空斗墙是指墙的全部或大部分采用侧立丁砖和侧立顺砖相间砌筑而成，在墙中由侧立丁砖、顺砖围成许多个空斗，所有侧砌斗砖均用整砖。空斗墙的组砌方式有以下几种（图 9-18）。无眠空斗是全部由侧立丁砖和侧立顺砖砌成的斗砖层构成的，无平卧丁砌的［图 9-18(a)］。一眠一斗是由一皮平卧的眠砖层和一皮侧砌的斗砖层上下间隔砌成的［图 9-18(b)］。一眠二斗是由一皮眠砖层和二皮连续的斗砖层相间砌成的［图 9-18(c)］。一眠三斗是由一皮眠砖层和三皮连续的斗砖层相间砌成的［图 9-18(d)］。

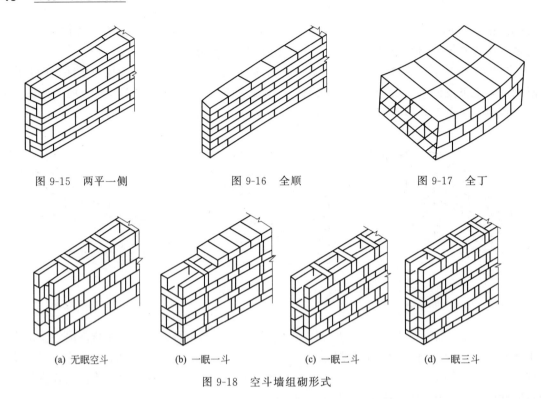

图 9-15 两平一侧　　图 9-16 全顺　　图 9-17 全丁

(a) 无眠空斗　(b) 一眠一斗　(c) 一眠二斗　(d) 一眠三斗

图 9-18 空斗墙组砌形式

无论采用哪一种组砌方法，空斗墙中每一皮斗砖层每隔一块侧砌顺砖必须侧一块或两块丁砖，相邻两皮砖之间均不得有连通的竖缝。空斗墙砌砖时宜采用满刀灰法，并用整砖砌筑。砌筑前应试摆，不够整砖卧在两端实体墙部分加砌侧立丁砖，不得砍凿条砌的侧立斗砖。在有眠空斗墙中，眠砖层与侧立丁砖接触处，除两端外，其余部分不应填抹砂浆。空斗墙的水平灰缝和竖向灰缝，标准宽度为 10mm，允许最小为 7mm，最大 13mm。空斗墙中不得留脚手眼。空斗墙中留设洞口，必须在砌筑时留出，严禁砌完再挖墙凿洞。空斗墙内要求填炉渣时应随砌随填，并不得碰动斗砖。

在空斗墙下列部位，应砌成实砖砌体（平砌或平砌与侧砌结合）。

① 墙体的转角处和交接处，洞口和壁柱的两侧 240mm 范围内。

② 室内首层地面以下的全部基础，首层地面和楼板面之上前 3 皮砖高范围内的墙体。

③ 三层楼房的首层窗台标高以下部分的外墙。

④ 梁和屋架支撑处按设计要求的部分。

⑤ 楼板、圈梁、格栅和檩条等支承面下 2～4 皮砖之上的墙体通长部分，应采用不低于 M2.5 的砂浆实砖砌筑。

⑥ 屋檐和山墙压顶下的 2 皮砖部分。

⑦ 楼梯间的墙、防火墙、挑檐以及烟道和管道较多的墙。

⑧ 作填充墙时，与骨架拉结条的连接处。

五、砖基础的施工

1. 基础施工前检查

应先检查垫层施工是否符合质量要求，然后清扫垫层表面，将浮土及垃圾清除干净。砌基础时可依皮数杆先砌几皮转角及交接处部分的砖，然后在其间拉准线砌中间部分。若砖基础不在同一深度，则应先由底往上砌筑，见图 9-19。在砖基础高低台阶接头处，下面台阶要砌一定长度（一般不小于基础扩大部分的高度）实砌体，砌到上面后和上面的砖一起退台。

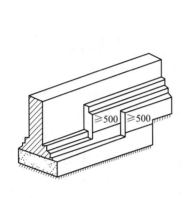

图 9-19 砖基础高低接头处砌法

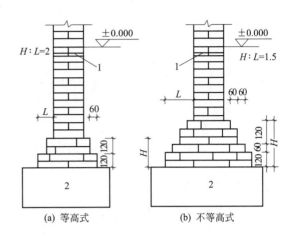

图 9-20 砖基础大放脚形式
1—防潮层；2—垫层

2. 大放脚

基础下部扩大部分称为大放脚。大放脚有等高式和不等高式两种（图 9-20），大放脚的底宽应根据计算而定，各层大放脚的宽度应为半砖长的整数倍。大放脚一般采用一顺一丁砌法，竖缝要错开，要注意十字及丁字接头处砖块的搭接。

3. 砖基础施工

砖基础有带形基础和独立基础，砖基础水平灰缝和竖缝宽度应控制在 8～12mm 之间，水平灰缝的砂浆饱满度用方格网检查不得小于 80%。砖基础中的洞口、管道、沟槽和预埋件等，砌筑时应留出或预埋，宽度超过 300mm 的洞口应设置过梁。

4. 回填

回填基槽回填土时应从基础两侧同时进行，并按规定的厚度和要求进行分层回填、分层夯实。单侧回填土时，应在砖基础的强度达到能抵抗回填土的侧压力并能满足允许变形的要求后方可进行，必要时，应在基础非回填的一侧加设支撑。基础回填前需办理隐蔽工程验收，合格后方可回填。

六、砖柱

砖柱的断面主要是方形、矩形、多角形和圆形。方柱的最小断面为 365mm×365mm（临时房屋的砖柱也有 240mm×240mm 方柱），矩形柱的最小断面为 240mm×365mm。砖柱的正确排列砌筑如图 9-21 所示；矩形砖柱错误砌法如图 9-22 所示。

砖柱砌筑的特殊要求是：应使柱面上下皮砖的竖缝错开不少于 1/4 砖长，在柱心无通缝，少砍砖并尽量利用 1/4 砖，不得采用先砌四周后填心的包心砌法；砖柱应选用整砖砌筑；表面必须选用边角整齐、颜色均匀、规格一致的砖；成排砖柱应拉通线砌筑，这样易于控制皮数正确、高低及进出一致；砖柱每日砌筑高度不宜超过 1.8m；柱与隔墙如不同时砌筑时，可于柱中引出直槎，并于柱的灰缝中预埋拉结筋，每 200mm 宽不少于 2 根。

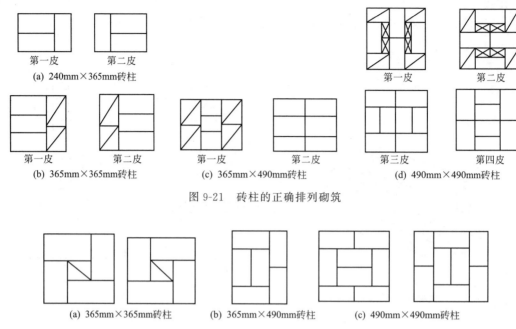

图 9-21 砖柱的正确排列砌筑

图 9-22 矩形砖柱错误砌法

七、砖垛的组砌

砖垛又称附墙柱、壁柱。砖垛断面根据墙厚不同及垛的大小有多种形式（图 9-23），一般采用矩形断面的垛，垛凸出墙面至少 120mm，垛宽至少 240mm。砖垛必须与墙同时砌筑，砌筑要求同墙、柱一样。砖垛的砌法要根据墙厚度及垛的大小而定，但都应使垛与墙身逐皮搭接并同时砌筑，切不可分离砌筑。搭接长度至少为 1/2 砖长，因错缝需要可加砌 3/4 砖或半砖。

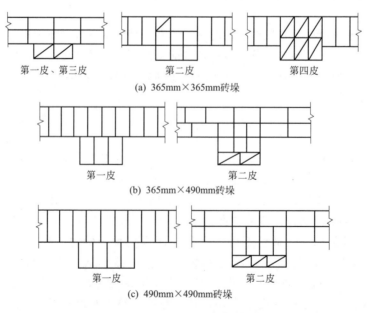

图 9-23 一砖墙附砖垛封皮砌法

八、砖墙砌筑

墙身砌砖前检查皮数杆。全部砖墙除分段处外,均应尽量平行砌筑,并使同一皮砖层的每一段墙顶面均在同一水平面内,作业中以皮数杆上砖层的标高进行控制。砖基础和每层墙砌完后,必须校正一次水平线、标高和轴线,偏差在允许范围之内的,应在抹防潮层或圈梁施工、楼板施工时加以调整,实际偏差超过允许偏差的(特别是轴线偏差),应返工重砌。

砖墙砌筑前,应将砌筑部位的顶面清理干净,并放出墙身轴线和墙身边线,浇水润湿。

宽度小于 1m 的窗间墙应选用质量好的整砖砌筑,半头砖和有破损的砖应分散使用在受力较小的墙体内侧,小于 1/4 砖的碎砖不能使用。

砖墙的转角处和交接处应同时砌筑,不能同时砌筑时应砌成斜槎(踏步槎),斜槎长度不应小于其高度的 2/3,如图 9-24(a) 所示。如留斜槎确有困难,除转角处外,也可以留直槎,但必须做成突出墙面的阳槎,并加设拉结钢筋。拉结钢筋的数量为每半砖墙厚设置 1 根,每道墙不得少于 2 根,钢筋直径为 6mm;拉结钢筋的间距为沿墙高不得超过 500mm(8 皮砖高);埋入墙内的长度从留槎处算起每边均不应小于 500mm;钢筋的末端应做成 90°弯钩,如图 9-24(b) 所示。抗震设防地区建筑物的临时间断处不得留直槎。

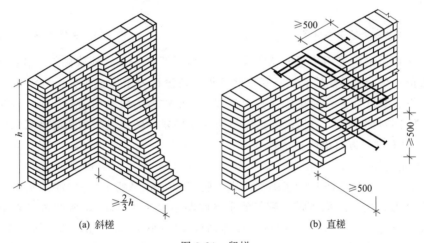

图 9-24　留槎

砖墙分段施工时,施工流水段的分界线宜设在伸缩缝、沉降缝、抗震缝或门窗洞口处,相邻施工段的砖墙砌筑高度差不得超过一个楼层高,且不宜大于 4m,砖墙临时间断处的高度差,不得超过一步架高。

墙中的洞口、管道、沟槽和预埋件等,均应在砌筑时正确留出或预埋,宽度超过 300mm 的洞口应设置过梁。

砖墙每天的砌筑高度以不超过 1.8m 为宜,雨天施工时,每天砌筑高度不宜超过 1.2m。

脚手眼不允许留在《砌体工程施工及验收规范》规定的部位,不得在下列墙体或部位中留设脚手眼:空斗墙、半砖墙和砖柱;砖过梁上与过梁呈 60°角的三角形范围内;宽度小于 1m 的窗间墙;梁或梁垫下及其左右各 500mm 的范围内;砖砌体的门窗洞口两侧 180mm 和转角处 430mm 的范围内。

如果砖砌体的脚手眼不大于 80mm×140mm,可不受以上后五条规定的限制。

九、砖过梁与檐口的组砌

1. 砖平拱过梁

砖平拱过梁立面呈倒梯形，拱高有240mm、300mm、365mm三种，拱厚等于墙厚。砌砖平拱前，应将砖拱两边的墙端面砌成斜面，其斜度为1/6~1/4，砖拱两端伸入洞口两侧墙内的拱脚长度应为20~30mm。砖拱侧砌砖的排数务必为单数，竖向灰缝呈上宽下窄的楔形，拱底灰缝宽度不应小于5mm，拱顶灰缝宽度不应大于15mm（图9-25）。

2. 砖弧拱过梁

采用普通砖砌筑时，弧拱楔形竖向灰缝下宽不应小于5mm，宽度不应大于15mm，上口宽度不应大于25mm，当采用加工成的楔形砖砌筑时，弧拱的竖向灰缝宽度应一致，并控制在8~10mm（图9-26）。

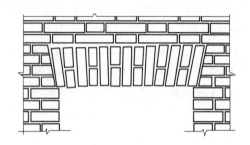

图9-25 砖平拱过梁　　　　　图9-26 砖弧拱过梁

总之，砖拱过梁应采用不低于MU7.5的砖和不低于M5的砂浆砌筑。在拱底支模时，平拱底模板的中部应有1%的起拱；弧拱底模板应按设计要求做成圆弧。在模板上要画出砖和灰缝的位置、宽度线，并使排砖块数为单数。砖拱过梁一般采用满刀灰法，按模板上的准线从两边向中间对称砌筑，最后砌的正中一块砖要挤紧。砖拱过梁的灰缝砂浆强度达到设计强度的50%以上时，方可拆除拱底模板。

3. 钢筋砖过梁

钢筋砖过梁是用普通砖和砂浆砌筑而成，底部30mm厚的1:3水泥砂浆层内，配有不少于3根直径为6~8mm的钢筋。钢筋的水平间距不大于120mm，两端弯成直角弯钩，勾在其上的竖向灰缝中，钢筋伸入洞口两边墙内的长度不小于240mm，两边伸入长度要一致，如图9-27所示。钢筋砖过梁中砖的组砌与墙体一样，宜采用一顺一丁或梅花丁，但钢筋砂浆层上的第一皮砖应采用丁砖。在高度不小于洞口净跨1/4且不少于六皮砖高的过梁范围内的墙体，应采用不低于MU7.5的砖和M5的砂浆砌筑。支底模板时，模板跨中应有1%的

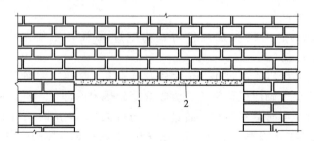

图9-27 钢筋砖过梁
1—30mm厚的水泥砂浆；2—3根直径6~8mm的钢筋

起拱。钢筋砖过梁的灰缝砂浆强度达到设计强度的50%以上时,方可拆除过梁底模板。

4. 砖挑檐

砖挑檐是用普通砖和砂浆按一皮一挑、二皮一挑或二皮一挑与一皮一挑相间隔砌筑而成的悬挑构造。无论采用哪种形式,挑檐的下皮砖应为丁砖,每次挑出长度应不大于60mm,砖挑檐的总挑出长度应小于墙的厚度。

砌筑砖挑檐时,应选用边角整齐、规格一致的整砖和强度等级不低于M5的砂浆。先砌挑檐的两头,然后在挑檐外侧每一挑层的下棱角处拉设挑出准线,依准线逐层砌筑中间部分的挑檐。

每皮挑檐应先砌里侧砖,后砌外侧挑出砖,确保上皮里侧砖压住下皮挑出砖后,方可砌上皮挑出砖。挑出砖的水平灰缝应控制在8~10mm,外侧灰缝稍厚,里侧稍薄。竖向灰缝要砂浆饱满,灰缝宽度为10mm左右。

十、砌块建筑的施工工艺

砌筑的工序是铺灰、砌块就位、校正和灌竖缝等。在现场使用井架、少先式起重机等机具和采用镶砖的情况下,砌块吊装砌筑过程如图9-28所示。

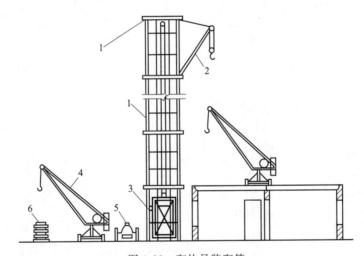

图9-28 砌块吊装砌筑
1—井架;2—井架吊臂;3—井架吊笼;4—少先式起重机;5—卷扬机;6—砌块

1. 砌块的吊装

砌块吊装前应浇水润湿砌块。在施工中,和砌砖墙一样,也需弹墙身线和立皮数杆,以保证每皮砌块水平和控制层高。

吊装时,按照事先划分的施工段,将台灵架在预定的作业点就位。在每一个吊装作业范围内,根据建筑物高度和砌块排列图逐皮安装,吊装顺序先内后外,先远后近。每层开始安装时,应先立转角砌块(定位砌块),并用托线板校正其垂直度,顺序向同一方向推进,一般不可在两块中插入砌块。必须按照砌块排列严格错缝,转角纵、横墙交接处上下皮砌块必须搭砌。门、窗、转角应选择面平棱直的砌块安装。

砌块起吊使用夹钳时,砌块不应偏心,以免安装就位时砌块偏斜和挤落灰缝砂浆。砌块吊装就位时,应用手扶着引向安装位置,让砌块垂直而平稳地徐徐下落,并尽量减少冲击,待砌块就位平稳后,方可松开夹具。如安装挑出墙面较多的砌块,应加设临时支撑,保证砌块稳定。

当砌块安装就位出现通缝或搭接小于150mm时，除在灰缝砂浆中安放钢筋网片外，也可用改变镶砖位置或安装最小规格的砌块来纠正。一个施工段的砌块吊装完毕，按照吊装路线将台灵架移动到下一个施工段的吊装作业范围内或上一楼层，继续吊装。

砌体接茬采用阶梯形，不要留马牙直槎。

2. 吊装夹具

砌块吊装使用的夹具有单块夹和多块夹，如图9-29所示。钢丝绳索具也有单块索和多块索，如图9-30所示。这几种砌块夹具与索具使用时均较方便。图9-31为砌块厚度为240mm的砌块夹钳的结构图。销钉及螺栓所用材料为45钢，其他为3钢，用料尺寸由砌块重量决定。当砌块厚度较小时，可按该图的尺寸相应减少。

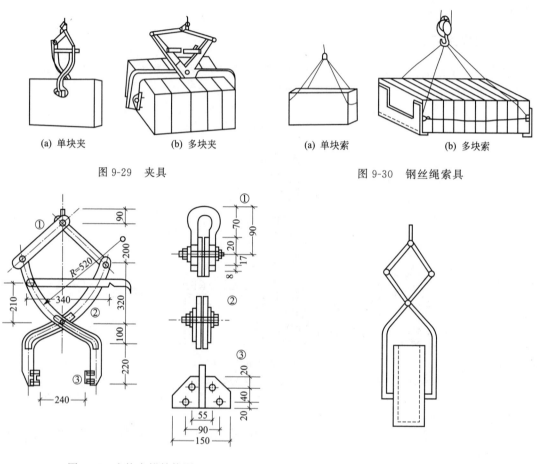

图 9-29 夹具

图 9-30 钢丝绳索具

图 9-31 砌块夹钳结构图

图 9-32 翻身用砌块夹

对于一端封口的空心砌块，因运输时孔口朝上，但砌筑时是孔口朝下，因此吊装时用加长砌块夹（图9-32）夹在砌块重心下部，吊起时，利用砌块本身重心关系或用手轻轻拨动砌块，孔就向下翻身，随即吊往砌筑位置。

3. 砌块校正

砌块就位后，如发现偏斜，可以用人力轻轻推动，也可用瓦刀、小铁棒微微撬挪移动。如发现有高低不平时，可用木锤敲击偏高处，直至校正为止。如用木锤敲击仍不能校正，应将砌块吊起，重新铺平灰缝砂浆，再安装到水平。不得用石块或楔块等垫在砌块底部，以求平整。

校正砌块时,在门、窗、转角处应用托线板和线锤挂直;墙中间的砌块则以拉线为准,每一层再用2m长托线校正。砌块之间的竖缝尽可能保持在20~30mm,避免小于5~15mm的狭窄灰缝(俗称瞎眼灰缝)。

4. 铺灰和灌竖缝

砌块砌体的砂浆以用水泥石灰混合砂浆为好,不宜用水泥砂浆或水泥黏土混合砂浆。砂浆不仅要求具有一定的黏结力,还必须具有良好的和易性,以保证铺灰均匀,并与砌块黏结良好;同时可以加快施工速度,提高工效。砌筑砂浆的稠度为7~8cm(炎热或干燥环境下)或5~6cm(寒冷或潮湿环境下)。

铺设水平灰缝时,砂浆层表面应尽量做到均匀平坦,上下皮砌块灰缝以缩进5mm为宜,铺灰长度应视气候情况严格掌握。酷热或严寒季节,应适当缩短铺灰长度。平缝砂浆如已干,则应刮去重铺。

基础和楼板上第一皮砌块的铺灰,要注意混凝土垫层和楼板面是否平坦,发现有高低时,应用M10砂浆或C15细石混凝土找平,待找平层稍微干硬后再铺设灰缝砂浆。

竖缝灌缝应做到随砌随灌。灌筑竖缝砂浆和细石混凝土时,可用灌缝夹板(图9-33)夹牢砌块竖缝,用瓦刀和竹片将砂浆或细石混凝土灌入,认真捣实。对于门、窗边规格较小的砌块竖缝,灌缝时应仔细操作,防止挤动砌块。

铺灰和灌缝完成后,下一皮砌块吊装时,不准撞击或撬动已灌好缝的砌块,以防墙砌体松动。当冬季和雨天施工时,还应采取使砂浆不受冻结和雨水冲刷的措施。

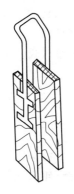
图9-33 灌缝夹板图

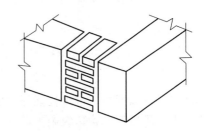
图9-34 镶砖与砌块上口找平

5. 镶砖

由于砌块规格限制和建筑平、立面的变化,在砌体中还经常有不可避免的镶砖量,镶砖的强度等级不应低于10MPa。

镶砖主要是用于较大的竖缝(通常大于110mm)和过梁、圈梁的找平等。镶砖在砌筑前也应浇水润湿,砌筑时宜平砌,镶砖与砌块之间的竖缝一般为10~20mm。镶砖的上皮砖口与砌块必须找齐(图9-34),不要使镶砖高于或低于砌块口,否则上皮砌块容易断裂损坏。门、窗、转角不宜镶砖,必要时应用一砖(190mm或240mm)镶砌,不得使用半砖。镶砖的最后一皮和安放格栅、楼板、梁、檩条等构件下的砖层,都必须使用整块的顶砖,以确保墙体质量。

十一、特殊气候下的施工措施

由于砌块施工是露天作业,受到暑热、雨水和冰冻等气候影响。在各种特殊气候下进行砌块吊装，必须按各地不同情况，采取相应的措施，以确保砌块施工质量。

1. 夏季施工

在酷热、干燥和多风的条件下，砂浆和砌块表面水分蒸发很快，铺置于墙身上的砂浆容易出现未待砌块安装就已干硬的现象。在竖缝中，也常有砂浆脱水现象。这样，就减少了砂浆和砌块的黏结力，严重地影响墙体的质量。因此，必须严格掌握砂浆的适当稠度和充分浇水润湿砌块，提高砂浆在施工时的保水性与和易性。砂浆宜随拌随砌。同时，当一个施工段的吊装作业完成，砂浆初凝后，宜用浇水的方法养护墙体，确保墙体内水分不致过快地蒸发。在有台风的季节里吊装砌块，当每天的吊装高度完成以后，最好将窗间墙、独立墩子等用支撑加固，避免发生倾倒危险。

2. 雨季施工

雨季吊装砌块往往会出现砂浆坠陷、砌块滑移、水平灰缝和竖缝的砂浆流淌，引起门、窗、转角不直和不平等情况，严重影响墙体质量，产生这种情况的主要原因是水分过多。因此，在砌块堆垛上面宜用油布或芦席等遮盖，尽量使砌块保持干燥。凡淋在雨中、浸在水中的砌块一般不宜立即使用。搅拌砂浆时，按具体情况调整用水量。墙体的水平灰缝厚度应适当减小，砌好墙体后，仍应该注意遮盖。

3. 冬季施工

冬季施工的最主要问题是容易遭受冰冻。当砂浆冻结以后，会使硬化终止而影响砂浆强度和黏结力，同时砂浆的塑性降低，使水平灰缝和竖缝砂浆密实性也降低。因此，施工过程中，应将各种材料集中堆放，并用草帘、草包等遮盖保温，砌筑好的墙体也应用草帘遮盖。冬季施工时，不可浇水润湿砌块。搅拌砂浆可按规定掺入氯化钙或食盐，以提高砂浆的早期强度和降低砂浆的冰点。所用砂浆材料中不得含有冰块或其他冰结物，遭受冰冻的石灰膏不得使用。必要时将砂与水加热，砂浆稠度适当减小，铺灰长度不宜过长。

第四节 钢结构的施工

钢结构具有强度高、抗震性能好、便于机械化施工等优点，广泛应用于高层建筑和网架结构中。由于采用钢结构建筑施工进度快，建设费用节省，因此近年来在环境工程的施工中也经常采用。本节主要讲述高层钢结构和网架结构的施工。

一、高层钢结构建筑施工

钢结构的生产工艺流程：先将钢材制成半成品和零件，然后按图纸规定的运输单元，装配连接成整体。高层钢结构建筑与高层装配式钢筋混凝土建筑在施工平面布置、施工机械、构件吊装等方面有相近之处，但在具体施工方法上有所不同。

1. 钢结构拼装和连接

钢结构拼装常用的工具有卡兰、槽钢加紧器、矫正夹具及拉紧器、正反螺纹推撑器和手动千斤顶等。焊接结构的拼装允许偏差应符合表9-8的规定。

钢结构在连接时应保持正确的相互位置，其方法主要有焊接、铆接和螺栓连接（图9-35、图9-36）。焊接不削弱杆件截面，节约钢材，易于自动化操作，但对疲劳较敏感，广泛应用于工业及民用建筑钢结构中。对于直接承受动力荷载的结构连接，不宜采用焊接。铆接传力可靠，易于检查，但构造复杂，施工烦琐，主要用于直接承受动力荷载的结构连接。螺栓连接分为普通螺栓连接和高强螺栓连接两种，螺栓连接安装简单，施工方便，在工业与民用建筑钢结构中应用广泛。对于一些需要装拆的结构，采用普通螺栓连接较为方便。

表 9-8 拼装允许偏差

项次	项 目	允许偏差/mm	备 注
1	对口错边	$t/10$ 且不大于 3.0，间隙为 ±1.0	t 为对接件高度
2	搭接长度	±5.0，间隙为 1.5	
3	高度	±2.0	
4	垂直度	$b/100$ 且不大于 2.0	b 为构件宽度
5	中心偏移	±2.0	
6	型钢错位	连接处/其他处	1.0/2.0
7	桁架结构杆件轴线交点偏差	3.0	

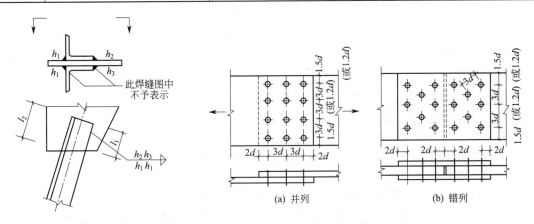

图 9-35 双拼角钢中间有节点板的焊缝标法

图 9-36 钢板上螺栓和铆钉的排列

(a) 并列　(b) 错列

2. 结构安装与校正

钢结构的安装质量和柱基础的定位轴线、基准标高有直接关系。基础施工必须按设计图纸规定进行，定位轴线、柱基准点标高和柱轴线垂直度等应满足表 9-9 的要求，规范规定在柱基中心表面与钢柱之间预留 50mm 的空隙，作为钢柱安装前的标高调整。为了控制上部结构标高，在柱基表面，利用无收缩砂浆立模浇筑标高块，如图 9-37 所示。标高块顶部埋设 16～20mm 的钢面板。第一节钢柱吊装完成后，应用清水冲洗基础表面，然后支模灌浆。

表 9-9 钢柱安装的允许偏差

项次	项 目			允许偏差/mm
1	柱角底座中心线对定位轴线的偏移			5.0
2	柱基准点标高	有吊车梁的柱		+3.0;−5.0
		无吊车梁的柱		+5.0;−8.0
3	挠曲矢高			$H/1000$;15.0
4	柱轴线垂直度	单层柱	柱高小于 10m	10.0
			柱高大于 10m	$H/1000$;25.0
		多节柱	底层柱	10.0
			柱全高	35.0

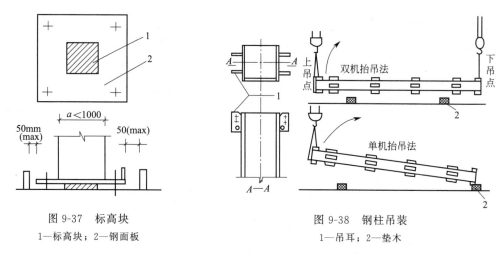

图 9-37 标高块
1—标高块；2—钢面板

图 9-38 钢柱吊装
1—吊耳；2—垫木

钢柱在吊装前，应在吊点部位焊吊耳，施工完毕后再割去。钢柱的吊装有双机抬吊和单机抬吊两种方式，如图 9-38 所示。钢柱就位后，应按照先后顺序调整标高、位移和垂直度。为了控制安装误差，应取转角柱作为标准柱，调整其垂直偏差至零。钢梁吊装前，在上翼缘开孔作为起吊点。对于质量较小的钢梁，可利用多头吊索一次吊装数根。为了减少高空作业，加快吊装速度，也可将梁柱拼装成排架，整体起吊。

二、钢网架结构吊装施工

工程上常用的钢网架吊装方法有高空拼装法、整体安装法和高空滑移法三种。

1. 高空拼装法

所谓高空拼装法是指利用起重机把杆件和节点或拼装单元吊至设计位置，在支架进行拼装的施工方法。高空拼装法的特点是钢网架在设计标高处一次拼装完成，但拼装支架用量较大，且高空作业多。图 9-39 所示为上海银河宾馆多功能大厅的钢网架示意图，该施工采用的就是高空拼装法。

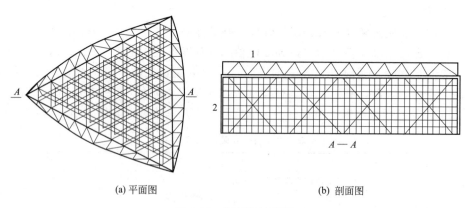

(a) 平面图   (b) 剖面图

图 9-39 钢网架示意图
1—网架；2—拼装支架

2. 整体安装法

将钢网架在地面拼装成整体，利用起重设备提升到设计标高，加以固定，这种方法称为整体安装法。该法不需要高大的拼装支架，高空作业少，但需要大型起重设备。整体安装法可采用多机抬吊或拔杆提升等方法，如图 9-40、图 9-41 所示。

第九章 环境砌筑工程施工

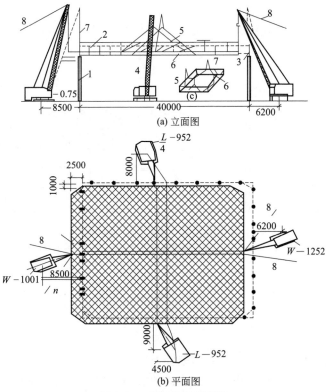

图 9-40 多机抬吊钢网架
1—柱子；2—网架；3—弧形铰支座；4—起重机；5—吊索；6—吊点；7—滑轮；8—缆风绳

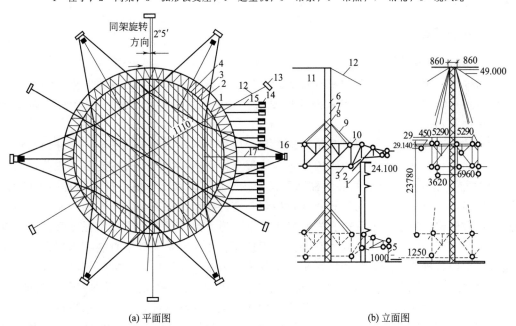

图 9-41 拔杆提升钢网架
1—柱子；2—钢网架；3—网架支座；4—提升以后再焊的杆件；5—拼桩用钢支柱；6—独脚拔杆；
7—滑轮组；8—铁扁担；9—吊索；10—架吊点；11—平缆风绳；12—斜缆风绳；13—地锚；
14—起重卷扬机；15—起重钢丝绳；16—校正用卷扬机；17—校正用钢丝绳

3. 高空滑移法

高空滑移法是指将网架在拼装处拼装，图 9-42 所示为一影剧院网架屋盖的高空滑移法施工示意图。

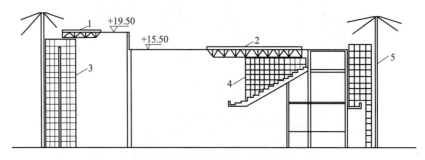

图 9-42　影剧院网架屋盖高空滑移法施工示意图
1—舞台网架；2—观众厅网架；3—舞台网架拼装平台；4—观众厅网架拼装平台；5—龙门架

第五节　环境装饰工程

环境装饰是设置于房屋或构筑物表面的饰面层，起着保护结构构件、改善清洁卫生条件和美化环境的作用。装饰工程按用途可分为保护装饰、功能装饰、饰面工程；按工程部位可分为外墙装饰、内墙装饰、门窗装饰；根据施工工艺和建筑部位的不同，环境装饰工程可分为抹灰工程、涂料工程、门窗工程、饰面工程等。

一、抹灰工程

1. 抹灰工程的分类和组成

（1）抹灰工程分类　一般抹灰有石灰砂浆、水泥石灰砂浆、水泥砂浆、聚合物水泥砂浆以及麻刀灰、纸筋灰、石膏灰等；按使用要求、质量标准和操作工序不同，又分为普通抹灰、中级抹灰和高级抹灰。

（2）抹灰工程组成　一般抹灰工程施工是分层进行的，以利于抹灰牢固、抹面平整和保证质量。如果一次抹得太厚，由于内外收水快慢不同，容易出现干裂、起鼓和脱落现象。

① 底层。底层主要起与基层的黏结和初步找平作用。底层所使用材料随基层不同而异，室内砖墙面常用石灰砂浆、水泥石灰混合砂浆；室外砖墙面和有防潮防水的内墙面常用水泥砂浆或混合砂浆；对混凝土基层宜先刷素水泥浆一道，采用混合砂浆或水泥砂浆打底，更易于黏结牢固，而高级装饰工程的预制混凝土板顶棚宜用 108 水泥砂浆打底；木板条、钢丝网基层等，用混合砂浆、麻刀灰和纸筋灰并将灰浆挤入基层缝隙内，以加强拉结。

② 中层。中层主要起找平作用，使用砂浆的稠度为 70～80mm，根据基层材料的不同，其做法基本上与底层的做法相同。按照施工质量要求可一次抹成，也可分遍进行。

③ 面层。面层主要起装饰作用，所用材料根据设计要求的装饰效果而定。室内墙面及顶棚抹灰常用麻刀灰或纸筋灰，室外抹灰常用水泥砂浆或做成水刷石等饰面层。

2. 抹灰基体的表面处理

为保证抹灰层与基体之间能黏结牢固，不致出现裂缝、空鼓和脱落等现象，在抹灰前基体表面上的灰土、污垢、油渍等应清除干净，基体表面凹凸明显的部位应事先剔平或用水泥砂浆补平，基体表面应具有一定的粗糙度。砖石基体面灰缝应砌成凹缝式，使砂浆能嵌入灰缝内与砖石基体黏结牢固。混凝土基体表面较光滑，应在表面先刷一道水泥浆或喷一道水泥砂浆疙瘩，如刷一道聚合物水泥浆效果更好。加气混凝土表面抹灰前应清扫干净，并需刷一道聚合物胶水溶液，然后才可抹灰。板条墙或板条顶棚，各板条之间应预留 8~10mm 缝隙，以便底层砂浆能压入板缝内结合牢固。木结构与砖石结构、混凝土结构等相接处应先钉金属网，并绷紧牢固。门窗框与墙连接处的缝隙，应用水泥砂浆嵌塞密实，以防因振动而引起抹灰层剥落、开裂。

3. 一般抹灰施工工艺

一般抹灰按表面质量的要求分为普通、中级和高级抹灰 3 级。外墙抹灰层的平均总厚度不得超过 20mm，勒脚及突出墙面部分不得超过 25mm。顶棚抹灰层的平均总厚度对板条及现浇混凝土基体不得超过 15mm，对预制混凝土基体则不得超过 18mm。严格控制抹灰层的厚度不仅是为了取得较好的技术经济效益，而且还是为了保证抹灰层的质量。抹灰层过薄达不到预期的装饰效果，过厚则由于抹灰层自重增大，灰浆易下坠脱离基体导致出现空鼓，而且由于砂浆内外干燥速率相差过大，表面易于产生收缩裂缝。

一般抹灰随抹灰等级的不同，其施工工序也有所不同。普通抹灰只要求分层涂抹、赶平、修整、表面压光；中级抹灰则要求阳角找方、设置标筋、分层涂抹、赶平、修整、表面压光；高级抹灰要求阴阳角找方、设置标筋、分层涂抹、赶平、修整、表面压光等。一般抹灰的施工工艺如下。

（1）设置标筋　为了有效地控制墙面抹灰层的厚度与垂直度，使抹灰面平整，抹灰层涂抹前应设置标筋（又称冲筋），作为底、中层抹灰的依据。

设置标筋时，先用托线板检查墙面的平整垂直程度，据以确定抹灰厚度（最薄处不宜小于 7mm），再在墙两边 1500mm 高处，离阴角边 100~200mm 处按抹灰厚度用砂浆做一个四方形（边长约 50mm）标准块，称为"灰饼"，然后根据这两个灰饼，用托线板或线锤吊挂垂直，做墙面下角的两个灰饼（高低位置一般在踢脚线上口），随后以上角和下角左右两灰饼面为准拉线，每隔 1.2~1.5m 上下加做若干灰饼。待灰饼稍干后在上下灰饼之间用砂浆抹上一条宽 100mm 左右的垂直灰埂，此即为标筋，作为抹底层和中层之间的厚度控制和赶平的标准。顶棚抹灰一般不做灰饼和标筋，而是在靠近顶棚四周的墙面上弹一条水平线以控制抹灰层厚度，并作为抹灰找平的依据。

（2）做护角　室外内墙面、柱面和门窗洞口的阳角抹灰要求线条清晰、挺直，并防止碰坏，故该处应用 1∶2 水泥砂浆做护角，砂浆收水稍干后，用捋角器抹成小圆角。

（3）抹灰层的涂抹　当标筋稍干后，即可进行抹灰层的涂抹。涂抹应分层进行，以免一次涂抹厚度较厚，砂浆内外收缩不一致而导致开裂。一般涂抹水泥砂浆时，每遍厚度以 5~7mm 为宜；涂抹石灰砂浆和水泥混合砂浆时，每遍厚度以 7~8mm 为宜。

分层涂抹时，应防止涂抹后一层砂浆时破坏已抹砂浆的内部结构而影响与前一层的黏结，应避免几层湿砂浆合在一起造成收缩率过大，导致抹灰层开裂、空鼓。因此，水泥砂浆和水泥混合砂浆应待前一层抹灰层凝结后，方可涂抹后一层；石灰砂浆应待前一层发白（约七八成干）后，方可涂抹后一层。抹灰用的砂浆应具有良好的工作性（和易性），以便于操作。砂浆稠度一般宜控制为：底层抹灰砂浆 100~120mm，中层抹灰砂浆 70~80mm。底层砂浆与中层砂浆的配合比应基本相同。中层砂浆强度不能高于底层，底层砂浆强度不能高于基体，以免砂浆在凝结过程中产生较大的收缩应力，破坏强度较低的抹灰底层或基体，导致抹灰层产生裂缝、空鼓或脱落。另外底层砂浆强度与基体强度相差过大时，由于收缩变形、性能相差悬殊也易产生开裂和脱离，故混凝土基体上不能直接抹石灰砂浆。

为使底层砂浆与基体黏结牢固，抹灰前基体一定要浇水湿润，以防止基体过干而吸去砂浆中的水分，使抹灰层产生空鼓或脱落。砖基体一般宜浇水两遍，使砖面渗水深度达8～10mm左右。混凝土基体宜在抹灰前一天即浇水，使水渗入混凝土表面2～3mm。如果各层抹灰相隔时间较长，已抹灰砂浆层较干时，也应浇水湿润，才可抹下一层砂浆。抹灰层除用手工涂抹外，还可利用机械喷涂。机械喷涂抹灰将砂浆的拌制、运输和喷涂三者有机地衔接起来。

（4）罩面压光　室内常用的面层材料有麻刀石灰、纸筋石灰、石膏灰等。应分层涂抹，每遍厚度为1～2mm，经赶平压实后，面层总厚度对于麻刀石灰不得大于3mm，对于纸筋石灰、石膏灰不得大于2mm。罩面时应待底子灰五六成干后进行。如底子灰过干应先浇水湿润，分纵横两遍涂抹，最后用钢抹子压光，不得留抹纹。

室外抹灰常用水泥砂浆罩面。由于面积较大，为了不显接茬，防止抹灰层收缩开裂，一般应设有分格缝，留茬位置应留在分格缝处。由于大面积抹灰罩面抹纹不易压光，在阳光照射下极易显露而影响墙面美观，故水泥砂浆罩面宜用木抹子抹成毛面。为防止色泽不匀，应用同一品种与规格的原材料，由专人配料，采用统一的配合比，底层浇水要匀，干燥程度基本一致。

二、涂料工程

涂料工程是指将涂料施涂于基层表面上以形成装饰保护层的一种饰面工程。涂料是指涂敷于物体表面并能与表面基体材料很好黏结形成完整而坚韧保护膜的材料，所形成的这层保护膜，又称涂层。

采用涂料作为建筑构件的保护和装饰材料，我国已有悠久的历史。早在两千多年前，我国便已能利用桐树籽榨得的桐油和漆树漆汁制成天然漆。由于早期涂料的主要原料天然植物油和天然树脂（如桐油、亚麻仁油、松香、生漆等）都含有油类，故称之为油漆。近几十年来，随着石油化学工业和有机化学合成工业的发展，合成树脂品种不断增多，为涂料提供了广阔的原料来源。涂料所用的主要原料已为合成树脂所替代，现代涂料趋向于少用油或不用油，因此将油漆更名为涂料显然更切合实际。故涂料是各种油性和水性涂饰产品的总称，而旧时的油漆可称为油性涂料。

1. 涂料的组成与分类

（1）涂料的组成

① 主要成膜物质。主要成膜物质也称胶黏剂或固着剂，是决定涂料性质的最主要成分，它的作用是将其他组分黏结成一整体，并附着在被涂基层的表层，形成坚韧的保护膜。它具有单独成膜的能力，也可以黏结其他组分共同成膜。

② 次要成膜物质。次要成膜物质也是构成涂膜的组成部分，但它自身没有成膜的能力，要依靠主要成膜物质的黏结才可成为涂膜的一个组成部分。颜料就是次要成膜物质，它对涂膜的性能及颜色有重要作用。

③ 辅助成膜物质。辅助成膜物质不能构成涂膜或不是构成涂膜的主体，但对涂料的成膜过程有很大影响，或对涂膜的性能起一定辅助作用，它主要包括溶剂和助剂两大类。

（2）涂料的分类　建筑涂料的产品种类繁多，一般按下列几种方法进行分类。

① 按使用的部位可分为外墙涂料、内墙涂料、顶棚涂料、地面涂料、门窗涂料、屋面涂料等。

② 按涂料的特殊功能可分为防火涂料、防水涂料、防虫涂料、防霉涂料等。

③ 按涂料成膜物质的组成不同可分为：a. 油性涂料，系指传统的以干性油为基础的涂

料，即以前所称的油漆；b. 有机高分子涂料，包括聚乙酸乙烯系、丙烯酸树脂系、环氧系、聚氨酯系、过氯乙烯系等，其中以丙烯酸树脂系建筑涂料性能最为优越；c. 无机高分子涂料，包括有硅溶胶类、硅酸盐类等；d. 有机无机复合涂料，包括聚乙烯醇水玻璃涂料、聚合物改性水泥涂料等。

④ 按涂料分散介质（稀释剂）的不同可分为：a. 溶剂型涂料，它是以有机高分子合成树脂为主要成膜物质，以有机溶剂为稀释剂，加入适量的颜料、填料及辅助材料，经研磨而成的涂料；b. 水乳型涂料，它是在一定工艺条件下在合成树脂中加入适量乳化剂形成的以极细小的微粒形式分散于水中的乳液，以乳液中的树脂为主要成膜物质，并加入适量颜料、填料及辅助材料经研磨而成的涂料；c. 水溶型涂料，以水溶性树脂为主要成膜物质，并加入适量颜料、填料及辅助材料经研磨而成的涂料。

⑤ 按涂料所形成涂膜的质感可分为：a. 薄涂料，又称薄质涂料，它的黏度低，刷涂后能形成较薄的涂膜，表面光滑、平整、细致，但对基层凹凸线型无任何改变作用；b. 厚涂料，又称厚质涂料，它的特点是黏度较高，具有触变性，上墙后不流淌，成膜后能形成有一定粗糙质感的较厚的涂层，涂层经拉毛或滚花后富有立体感；c. 复层涂料，原称喷塑涂料，又称浮雕型涂料、华丽喷砖，其由封底涂料、主层涂料与罩面涂料三种涂料组成。

2. 建筑涂料的施工

各种建筑涂料的施工过程大同小异，大致上包括基层处理、刮腻子与磨平、涂料施涂三个阶段。

(1) 基层处理　基层处理的工作内容包括基层清理和基层修补。

混凝土及砂浆的基层处理。为保证涂膜能与基层牢固地黏结在一起，基层表面必须干净、坚实，无酥松、脱皮、起壳、粉化等现象，基层表面的泥土、灰尘、污垢、黏附的砂浆等应清扫干净，酥松的表面应予铲除。为保证基层表面平整，缺棱掉角处应用 1∶3 水泥砂浆（或聚合物水泥砂浆）修补，表面的麻面、缝隙及凹陷处应用腻子填补修平。

木材与金属基层的处理及打底子。为保证涂抹与基层黏结牢固，木材表面的灰尘、污垢和金属表面的油渍、鳞皮、锈斑、焊渣、毛刺等必须清除干净。木料表面的裂缝等在清理和修整后应用石膏腻子填补密实、刮平收净，用砂纸磨光以使表面平整。木材基层缺陷处理好后表面上应作打底子处理，使基层表面具有均匀吸收涂料的性能，以保证面层的色泽均匀一致。金属表面应刷防锈漆，涂料施涂前被涂物件的表面必须干燥，以免水分蒸发造成涂膜起泡，一般木材含水率不得大于 12%，金属表面不得有湿气。

(2) 刮腻子与磨平　涂膜对光线的反射比较均匀，因而在一般情况下不易觉察的基层表面细小的凹凸不平和砂眼，在涂刷涂料后由于光影作用都将显现出来，影响美观。所以基层必须刮腻子数遍予以找平，并在每遍所刮腻子干燥后用砂纸打磨，保证基层表面平整光滑。需要刮腻子的遍数，视涂饰工程的质量等级、基层表面的平整度和所用的涂料品种而定。

(3) 涂料施涂　一般规定涂料在施涂前及施涂过程中，必须充分搅拌均匀，用于同一表面的涂料，应注意保证颜色一致。涂料黏度应调整合适，使其施涂时不流坠、不显刷纹，如需稀释应用该种涂料所规定的稀释剂稀释。

涂料的施涂遍数应根据涂料工程的质量等级而定。施涂溶剂型涂料时，后一遍涂料必须在前一遍涂料干燥后进行；施涂乳液型和水溶性涂料时，后一遍涂料必须在前一遍涂料表干后进行。每一遍涂料不宜施涂过厚，应施涂均匀，各层必须结合牢固。

涂料的施涂方法有刷涂、滚涂、喷涂、刮涂和弹涂等。

① 刷涂。它是用油漆刷、排笔等将涂料刷涂在物体表面上的一种施工方法。此法操作

方便，适应性广，除极少数流平性较差或干燥太快的涂料不宜采用外，大部分薄涂料或云母片状厚质涂料均可采用。刷涂顺序是先左后右、先上后下、先底后面、先难后易。

② 滚涂（或称辊涂）。它是利用滚筒（或称辊筒、涂料辊）蘸取涂料并将其涂布到物体表面上的一种施工方法。滚筒表面有的是粘贴合成纤维长毛绒，也有的是粘贴橡胶（称之为橡胶压辊），当绒面压花滚筒或橡胶压花压辊表面为凸出的花纹图案时，即可在涂层上滚压出相应的花纹。

③ 喷涂。它是利用压力或压缩空气将涂料涂布于物体表面的一种施工方法。涂料在高速喷射的空气流带动下，呈雾状小液滴喷到基层表面上形成涂层。喷涂的涂层较均匀，颜色也较均匀，施工效率高，适用于大面积施工。可使用各种涂料进行喷涂，尤其是外墙涂料用得较多。

④ 刮涂。它是利用刮板将涂料厚浆均匀地批刮于饰涂面上，形成厚度为1~2mm的厚涂层。常用于地面厚层涂料的施涂。

⑤ 弹涂。它是利用弹涂器通过转动的弹棒将涂料以圆点形状弹到被涂面上的一种施工方法。若分数次弹涂，每次用不同颜色的涂料，被涂面由不同色点的涂料装饰，相互衬托，可使饰面增加装饰效果。

三、门窗工程

门窗工程是装饰工程的重要组成部分。常用的门窗有木门窗、钢门窗、铝合金门窗、塑料门窗和塑钢门窗等形式。目前室内多用木门窗，室外多用铝合金门窗和塑钢门窗。

1. 木门窗的安装

木门窗在木材加工厂制作，运到现场安装。木门窗采用后塞口法在现场安装，安装时，将窗框塞入门窗洞口，用木楔临时固定。同一层门窗应拉通线控制调整水平，上下门窗位于一条垂线上再用钉子将其固定在预埋木砖上。门窗上下横框用木楔楔紧。

木门窗扇的安装应先量好门窗框裁口尺寸，然后在门窗扇上划裁口线，再用粗刨刨去线外多余部分，用细刨刨光、刨平直，将门窗扇放入框内试装。试装合格后，在扇高的1/10~1/8处画出合页线，剔出铰链槽，然后将门窗装入用螺钉将合页与门窗扇和边框相连接。门窗扇开启应灵活，留缝应符合规定。门窗小五金应安装齐全，位置适宜，固定可靠。门窗拉手应在门窗高度中点以下，窗拉手距地面以上1.5~1.6m为宜，门拉手距地面0.9~1.05m为宜。小五金均应用木螺钉固定，不得用钉子代替。先用锤打入1/3深，再用螺钉旋具将余下部分打入，严禁打入全部深度。风缝的宽度：对口处及扇与框间为1.5~2.5mm，厂房大门为2~5mm；门扇与地面间，外门为5mm，内门为8mm，卫生间为12mm，厂房大门为10~20mm。

2. 铝合金门窗的安装

铝合金门窗的安装，一般采用后塞口法，先安装门窗框，后安装门窗扇，具体做法与木门窗相同。铝合金门窗的施工工序为：预留门窗洞口—检查并实测洞口尺寸—墙面抹灰—按实测尺寸（扣除安装缝隙）下料—组装门窗框—安立柱—刷防腐涂料—安装门窗框—填塞四周灰缝—安装门窗扇—安装玻璃—校正检查。

① 首先进行门窗洞口抹灰，外墙一次完成，抹至洞口内门窗框边，并留滴水线及坡度；内墙分两次，第一次抹至洞口边，待门窗框安装完毕，检查校正后，再抹第二次，并压准门窗框四周5mm。

② 门窗框安装固定可采用射钉枪将$\phi 4$~5mm钢钉射入墙体，或用冲击电钻钻$\phi 10$mm

孔，埋入膨胀螺钉，或施工时预留孔洞，埋设燕尾铁脚，或在混凝土中预埋铁板等方法。砖墙不得用射钉固定门窗框。

③ 外框与立柱安装时，可用点焊，检查垂直度、水平度和对角线长度误差在2mm以内，合格后再焊接固定。外框与洞口缝隙用石棉条或玻璃棉毡条分层填塞，弹性连接固定，外留5~8mm深的槽口，填塞密封材料。

④ 内外墙粉刷完，清扫干净，进行门窗扇安装，先撕掉窗框上保护纸，再安装窗扇，然后进行第二次检查，使之达到缝隙严密均匀、启闭平稳自如、扣合紧密。

3. 塑钢门窗的安装

塑钢门窗不得开焊、断裂，放存在有靠架的室内，并避免受热变形。

塑钢门窗在安装前，先装五金配件及固定件，不能用螺钉直接锤击拧入，应先用手电钻钻孔，后用自攻螺钉拧入。与墙体连接的固定件应用自攻螺钉等紧固于门窗框上。门窗框放入洞口后，调整平直，并用木楔将塑钢框四角塞牢临时固定，然后用尼龙胀管螺栓将固定件与墙体连接牢固。塑钢门窗安装节点如图9-43所示。

塑钢门窗框与洞口墙体的缝隙，用软质保温材料如泡沫塑料条、油毡卷条等填满塞实。最后应将门窗框四周的内外接缝用密封材料嵌缝严密。

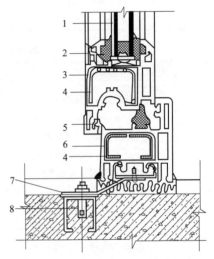

图9-43 塑钢门窗安装节点示意图
1—玻璃；2—玻璃压条；3—内扇；
4—内钢衬；5—密封条；6—外框；
7—地角；8—膨胀螺栓

4. 玻璃工程安装施工

玻璃宜集中裁割，边缘不得有缺口和斜曲，安装前，应将裁口内的污垢清除干净，畅通排水孔，接缝处的玻璃、金属和塑钢表面必须清洁、干燥。安装边长大于1.5m或短边大于1m的木框、扇玻璃，应用橡胶垫并用压条和螺钉镶嵌固定，钉距不得大于300mm，且每边不少于两个，并用油灰填实抹光。安装铝合金、塑钢框、扇的中空玻璃或面积大于$0.65m^2$的玻璃时，应符合下列规定：安装于竖框中的玻璃，应搁置在两块相同的定位垫块上，搁置点宜距垂直边1/4玻璃宽度，且不宜小于150mm；安装于扇中的玻璃，定位垫块的宽度应大于所支撑的玻璃件的厚度，长度不宜小于25mm，并符合设计要求。

铝合金、塑钢框、扇玻璃安装就位后，其边缘不得和框、扇及其连接间相接处，所留间隙应符合规定。下框安装不得影响泄水畅通；迎风面玻璃镶入框内后，应立即用通卡嵌条或垫片固定；玻璃镶嵌入框、扇内后，填塞时应均匀，贴紧；密封膏封填必须密实，外表应光洁平整。

5. 门窗工程安装质量要求

门窗安装必须符合设计要求，牢固平整框与墙体缝隙应填嵌饱满密实，表面应平整光滑。

门窗扇应开启灵活；五金配件齐全，位置正确；关闭后密封条应压缩紧密；门窗安装后外观质量应表面洁净，大面无划痕、碰伤、锈蚀；涂膜大面应平整光滑，厚度均匀，无气孔。木门窗和铝合金门窗安装允许偏差见表9-10和表9-11。门窗工程检查数量按不同品种、类型的樘数各抽查5%，但均不少于3樘。

玻璃安装质量应符合下列规定：安装后的玻璃应平整、牢固，不得有松动现象；油灰与玻璃及裁口应粘贴牢固，四角呈八字形，表面不得有裂缝、麻面和皱皮；油灰与玻璃及裁口接触的边缘应齐平，钉子、钢丝卡不得露出油灰表面；木压条接触玻璃处，应与裁口边缘齐平，并与裁口紧贴；密封条与玻璃及玻璃槽口的接触应紧密、平整，不得外露；密封膏与玻璃槽口的边缘应黏结牢固，接缝齐平。竣工后的玻璃表面应洁净，不得留有油灰、浆水、密封膏、涂料等斑污。

表 9-10 木门窗安装允许的偏差

项次	项 目	允许偏差/mm	
		Ⅰ级	Ⅱ级、Ⅲ级
1	框的正、侧面垂直度	3	3
2	框对角线长度	2	3
3	框与扇接触面平整度	2	2

表 9-11 铝合金门窗安装的允许偏差

项次	项 目		允许偏差/mm	检验方法
1	门窗槽口宽度高度	≤2000mm >2000mm	±1.5 ±2	用 3m 钢卷尺检查
2	门窗槽口对边尺寸之差	≤2000mm >2000mm	≤2 ≤2.5	用 3m 钢卷尺检查
3	门窗槽口对角线尺寸之差	≤2000mm >2000mm	≤2 ≤3	用 3m 钢卷尺检查
4	门窗框(含拼樘料)的垂直度	≤2000mm >2000mm	≤2 ≤2.5	用线坠、水平靠尺检查
5	门窗框(含拼樘料)的水平度	≤2000mm >2000mm	≤1.5 ≤2	用水平靠尺检查
6	门窗框扇搭接宽度差	≤2m² >2m²	±1 ±1.5	用深度尺或钢直尺检查
7	门窗开启力		≤60N	用 100N 弹簧秤检查
8	门窗横框标高		≤5	用钢板尺检查
9	门窗竖向偏离中心		≤5	用线坠、钢板尺检查
10	双层门窗内外框、框(含拼樘料)中心距		≤4	用钢直尺检查

复习思考题

1. 砌筑材料有哪些？这些材料有何特点？
2. 简述脚手架的作用、要求、类型和适用范围。
3. 单排的和双排的钢管扣件式脚手架在构造上有什么区别？
4. 脚手架为什么要设置斜撑？应如何设置？
5. 安全网搭设的原则和应注意的问题是什么？
6. 石砌墙体施工的要点有哪些？
7. 什么叫皮数杆？皮数杆应如何划线和布置？

8. 砖墙在转角处留设临时间断有何构造要求？
9. 试述砌筑体留脚手眼的规定。
10. 钢筋转过梁应如何施工？怎样保证施工质量？
11. 普通砖砌筑前为何要浇水？浇湿到什么程度？
12. 砖墙砌筑应如何挂线？其作用是什么？
13. 为何要规定砖砌墙每日砌筑的高度？
14. 砖墙应检查哪些方面的质量问题？如何检查？

第十章 钢筋混凝土结构工程施工

钢筋混凝土工程在环境工程施工中无论是人力、物力的消耗还是对工期的影响都占有非常重要的地位。钢筋混凝土结构工程包括现浇整体式和预制装配式两大类。前者结构的整体性和抗震性能好，构件布置灵活，适应性强，施工时不需大型起重机械，所以在建筑中得到了广泛应用。但传统的现浇钢筋混凝土结构施工时劳动强度大、模板消耗多、工期相对较长，因而出现了工厂化的预制装配式结构。预制装配式混凝土结构可以大大加快施工速度、降低工程费用、提高劳动效率，并且为改善施工现场的管理工作和组织均衡施工提供了有利条件，但也存在整体性和抗震性能较差等缺陷。现浇施工和预制装配这两个方面各有所长，应根据实际技术条件合理选择。近年来商品混凝土的快速发展和泵送施工技术的进步，为现浇整体式钢筋混凝土结构的广泛应用带来了新的发展前景。本章着重介绍现浇钢筋混凝土工程的施工技术。现浇钢筋混凝土工程包括模板工程、钢筋工程和混凝土工程三个主要工种工程，由于施工过程多，因此要加强施工管理、统筹安排、合理组织，以保证工程质量，加快施工进度，降低施工费用，提高经济效益。

第一节 钢筋工程施工

一、钢筋冷拉及强化

1. 冷拉原理及时效强化

将钢材于常温下进行冷拉使产生塑性变形，从而提高屈服强度，这个过程称为冷拉强化。产生冷拉强化的原因是：钢材在塑性变形中晶格的缺陷增多，而缺陷的晶格严重畸变对晶格进一步滑移将起到阻碍作用，故钢材的屈服点提高，塑性和韧性降低。由于塑性变形中产生内应力，故钢材的弹性模量降低。将经过冷拉的钢筋于常温下存放 15～20d，或加热到 100～200℃并保持一定时间，这个过程称为时效处理，前者称为自然时效，后者称为人工时效。冷拉以后再经时效处理的钢筋，其屈服点进一步提高，抗拉极限强度也有所增长，塑性继续降低。由于时效过程中内应力的消减，故弹性模量可基本恢复。工地或预制构件厂常利用这一原理，对钢筋或低碳钢盘条按一定制度进行冷拉或冷拔加工，以提高屈服强度，节约钢材。

2. 钢筋冷拉参数及控制方法

钢筋的冷拉应力和冷拉率是影响钢筋冷拉质量的两个主要参数。钢筋的冷拉率就是钢筋冷拉时包括其弹性变形和塑性变形的总伸长值与钢筋原长之比值（%）。在一定限度范围内，冷拉应力或冷拉率越大，则屈服强度提高越多，而塑性也越降低。但钢筋冷拉后仍有一定的塑性，其屈服强度与抗拉强度之比值（屈强比）不宜太大，以使钢筋有一定的强度储备。

钢筋冷拉可采用控制应力或控制冷拉率的方法。用作预应力筋的钢筋，冷拉时宜采用控制应力的方法。不能分清批号的热轧钢筋的冷拉不应采用控制冷拉率的方法。

控制应力的方法。采用控制应力的方法冷拉钢筋时，其冷拉控制应力及最大冷拉率应符合表10-1的规定。

表10-1　冷拉控制应力及最大冷拉率

项次	钢筋级别	钢筋直径/mm	冷拉控制应力/MPa	最大冷拉率/%
1	HPB235　Ⅰ级	≤12	280	10.0
2	HRB335　Ⅱ级	≤25	450	5.5
		28～40	430	
3	HRB400　Ⅲ级	8～40	500	5.0

控制冷拉率的方法。采用控制冷拉率的方法冷拉钢筋时，其冷拉率应由试验确定。即在同炉批的钢筋中切取试样（不少于4个），按表10-2的冷拉应力拉伸钢筋，测定各试样的冷拉率，取其平均值作为该批钢筋实际采用的冷拉率。若试样的平均冷拉率小于1%时，则仍按1%采用。冷拉率确定后，便可根据钢筋的长度求出钢筋的冷拉长度。

冷拉时，为使钢筋变形充分发展，冷拉速度不宜过快，一般以0.5～1m/min为宜，当拉到规定的控制应力（或冷拉长度）后，需稍停（1～2min），待钢筋变形充分发展后，再放松钢筋，冷拉结束。钢筋在负温下进行冷拉时，其温度不宜低于－20℃，如采用控制应力方法时，冷拉控制应力应较常温提高30MPa；采用控制冷拉率方法时，冷拉率与常温相同。

表10-2　测定冷拉率时钢筋的冷拉应力

项次	钢筋级别		冷拉应力/MPa
1	HPB235　d≤12mm		310
2	HRB335	d=25mm	480
		d为28～40mm	460
3	HRB400　d=8～40mm		530

3. 冷拉钢筋质量

冷拉后，钢筋表面不得有裂纹或局部颈缩现象，并应按施工规范要求进行拉力试验和冷弯试验。其质量应符合表10-3的各项指标。冷弯试验后，钢筋不得有裂纹、起层等现象。

表10-3　冷拉钢筋的力学性能

项次	钢筋级别	钢筋直径/mm	屈服强度/MPa	抗拉强度/MPa	伸长率 δ_{10}/%	冷　弯	
			不　小　于			弯曲角度/(°)	弯曲直径
1	HPB235	≤12	280	370	11	180	$3d$
2	HRB335	≤25	450	510	10	90	$3d$
		28～40	430	490	10	90	$4d$
3	HRB400	8～40	500	570	8	90	$5d$

4. 钢筋冷拉设备

冷拉设备主要由拉力装置、承力结构、钢筋夹具及测量装置等组成。拉力装置一般由卷扬机、张拉小车及滑轮组等组成。当缺乏卷扬机时，也可采用普通液压千斤顶、长冲程千斤顶或预应力用的千斤顶等代替。但用千斤顶冷拉时生产率较低,且千斤顶容易磨损。承力结构可采用钢筋混凝土压杆,在拉力较小或临时性工程中,可采用地锚。冷拉长度测量可用标尺,测力计可用电子秤或附有油表的液压千斤顶或弹簧测力计。测力计一般宜设置在张拉端定滑轮组处,若设置在固定端时,则应设防护装置,以免钢筋断裂时损坏测力计。为安全起见,冷拉时钢筋应缓缓拉伸,缓缓放松,并应防止斜拉,正对钢筋两端不允许站人或跨越钢筋。

二、钢筋的冷拔

1. 钢筋冷拔的特点

冷拔是使直径6~8mm的HPB300钢筋强力通过特制的钨合金拔丝模孔,使钢筋产生塑性变形,以改变其物理力学性能。钢筋冷拔后,横向压缩,纵向拉伸,内部晶格产生滑移,抗拉强度可提高50%~90%,塑性降低,硬度提高。这种经冷拔加工的钢丝称为冷拔低碳钢丝。与冷拉相比,冷拉是纯拉伸线应力,冷拔是拉伸与压缩兼有的立体应力,冷拔后没有明显的屈服现象。冷拔低碳钢丝分为甲、乙两级,甲级钢丝适用于作预应力筋,乙级钢丝适用于作焊接网、焊接骨架、箍筋和构造钢筋。

2. 钢筋冷拔工艺

钢筋冷拔的工艺流程为轧头→剥皮→拔丝。轧头是用一对轧辊将钢筋端部轧细,以便钢筋通过拔丝模孔口。剥皮是使钢筋通过3~6个上下排列的辊子,剥除钢筋表面的氧化铁渣壳,使铁渣不致进入拔丝模孔口,以提高拔丝模的使用寿命,并消除因拔丝模孔存在铁渣,使钢丝表面擦伤的现象。剥皮后,钢筋再通过润滑剂盒润滑,进入拔丝模进行冷拔。

常用的拔丝机有卧式和立式两类,其鼓筒上径一般为450~600mm,拔丝速度为0.4~1m/s。常用的润滑剂由生石灰、动植物油、肥皂、水和石蜡组成。

3. 钢筋冷拔质量的控制

影响钢筋冷拔质量的主要因素为原材料质量和冷拔总压缩率(β)。为了稳定冷拔低碳钢丝的质量,要求原材料按钢厂、钢号、直径分别堆放和使用。甲级冷拔低碳钢丝应采用符合Ⅰ级热轧钢筋标准的圆盘条轧制。

冷拔总压缩率(β)是指:由盘条拔至成品钢丝的横截面缩减率。若原材料钢筋直径为d_0,成品钢丝直径为d,则总压缩率$\beta=(d_0^2-d^2)/d_0^2$。总压缩率越大,则抗拉强度提高越多,塑性降低越多。为了保证冷拔低碳钢丝强度和塑性相对稳定,必须控制总压缩率。通常$\phi^b 5$由$\phi 8$盘条经数次反复冷拔而成,$\phi^b 3$和$\phi^b 4$由$\phi 6.5$盘条拔制。冷拔次数过少,每次压缩过大,易产生断丝和安全事故;冷拔次数过多,易使钢丝变脆,且降低冷拔机的生产率,因此,冷拔次数应适宜。根据实践经验,前道钢丝和后道钢丝直径之比约以1.15:1为宜。

三、钢筋配料

钢筋配料是根据构件配筋图,先绘出各种形状和规格的单根钢筋简图并加以编号,然后分别计算钢筋下料长度和根数、数量,按画出的大样图加工。

钢筋长度。结构施工图中所指钢筋长度是钢筋外缘至外缘的长度,即外包尺寸或外轮廓尺寸。钢筋混凝土保护层厚度是指受力钢筋外缘至混凝土构件表面的距离。

钢筋下料长度的计算如下。

两端无弯钩的直钢筋:L=构件长度-两端保护层厚度;

分布钢筋:L=构件长度-两端保护层厚度+弯钩增加长度;

有弯钩的直钢筋：L＝构件长度－两端保护层厚度＋弯钩增加长度；
弯起钢筋：L＝直径长度＋斜段长度－弯折量度差值＋弯钩增加长度；
箍筋长度＝箍筋周长＋箍筋调整值；

$$箍筋根数=\frac{直径有效长度}{箍筋间距}+1 \tag{10-1}$$

式中，直径有效长度＝构件长－两端保护层厚。

四、钢筋的连接

（一）钢筋焊接连接

钢筋连接有三种常用的连接方法：绑轧连接、焊接连接、机械连接。除个别情况（如不准出现明火）应尽量采用焊接连接，以保证质量，提高效率和节约钢材。钢筋焊接分为压焊和熔焊两种形式。压焊包括闪光对焊、电阻点焊和气压焊；熔焊包括电弧焊和电渣压力焊。此外，钢筋与预埋件 T 形接头的焊接应采用埋弧压力焊等。

钢筋的焊接质量与钢材的可焊性、焊接工艺有关。可焊性与含碳量、合金元素的数量有关，含碳、锰数量增加，则可焊性差；而含适量的钛可改善可焊性。焊接工艺（焊接参数与操作水平）亦影响焊接质量，即使可焊性差的钢材，若焊接工艺合适，亦可获得良好的焊接质量。当环境温度低于－5℃，即为钢筋低温焊接，此时应调整焊接工艺参数，使焊缝和热影响区缓慢冷却。风力超过 4 级时，应有挡风措施，环境温度低于－20℃时不得进行焊接。

1. 对焊

钢筋对焊原理是将两钢筋呈对接形式水平安置在对焊机夹钳中，使两钢筋接触，通以低电压的强电流，把电能转化为热能（电阻热），当钢筋加热到一定程度后，即施加轴向压力挤压（称为顶锻），便形成对焊接头。钢筋对焊应采用闪光对焊，它具有生产效率高、操作方便、节约钢材、焊接质量高、接头受力性能好等许多优点。

钢筋闪光对焊过程如下：先将钢筋夹入对焊机的两电极中（钢筋与电极接触处应清除锈污，电极内应通入循环冷却水），闭合电源，然后使钢筋两端面轻微接触，这时即有电流通过；由于接触轻微，钢筋端面不平，接触面很小，故电流密度和接触电阻很大，因此接触点很快熔化，形成"金属过梁"。过梁进一步加热，产生金属蒸气飞溅（火花般的熔化金属微粒自钢筋两端面的间隙中喷出，此称为烧化），形成闪光形象，故称闪光对焊。通过烧化使钢筋端部温度升高到要求温度后，便快速将钢筋挤压（称顶锻），然后断电，即形成对焊接头。

根据所用对焊机功率大小及钢筋品种、直径不同，闪光对焊又分连续闪光焊、预热闪光焊、闪光-预热闪光焊等不同工艺。钢筋直径较小时，可采用连续闪光焊；钢筋直径较大，端面较平整时，宜采用预热闪光焊；直径较大，且端面不够平整时，宜采用闪光-预热闪光焊。Ⅳ级钢筋必须采用预热闪光焊或闪光-预热闪光焊，对Ⅳ级钢筋中焊接性差的钢筋还应采取焊后通电热处理的方法以改善接头焊接质量。

钢筋焊接质量与焊接参数有关。闪光对焊参数主要包括调伸长度、烧化留量、预热留量、烧化速度、顶锻留量、顶锻速度及变压器级次等。

钢筋在环境温度低于－5℃的条件下进行对焊则属低温对焊。在低温条件下焊接时，焊件冷却快，容易产生淬硬现象，内应力也将增大，使接头力学性能降低，给焊接带来不利因素。因此在低温条件下焊接时，应掌握好减小温度梯度和冷却速度。为使加热均匀，增大焊件受热区域，宜采用预热闪光焊或闪光-预热闪光焊。

2. 电阻点焊

钢筋骨架或钢筋网中交叉钢筋的焊接宜采用电阻点焊，其所适用的钢筋直径和级别为：直径 6~14mm 的热轧Ⅰ、Ⅱ级钢筋，直径 3~5mm 的冷拔低碳钢丝和直径 4~12mm 的冷轧带肋钢筋。所用的点焊机有单点点焊机（用以焊接较粗的钢筋）、多头点焊机（一次焊数点，用以焊钢筋网）和悬挂式点焊机（可得平面尺寸大的骨架或钢筋网）。现场还可采用手提式点焊机。

点焊时，将已除锈污的钢筋交叉点放入点焊机的两电极间，使钢筋通电发热至一定温度后，加压使焊点金属焊牢。

采用点焊代替绑扎，可提高工效，节约劳动力，成品刚性好，便于运输。钢筋点焊参数有通电时间、电流强度、电极压力及焊点压入深度等。应根据钢筋级别、直径及焊机性能合理选择。

点焊时，部分电流会通过已焊好的各点而形成闭合电路，这样将使通过焊点的电流减小，这种现象叫电流的分流现象。分流会使焊点强度降低。分流大小随通路的增加而增加，随焊点距离的增加而减少。个别情况下分流可达焊点电流的 40% 以上。为消除这种有害影响，施焊时应合理考虑施焊顺序或适当延长通电时间或增大电流。在焊接钢筋交叉角小于 30° 的钢筋网或骨架时，也须增大电流或延长时间，焊点应做外观检查和强度试验。合格的焊点无脱落、漏焊、气孔、裂纹、空洞及明显烧伤，焊点处应挤出饱满而均匀的熔化金属，压入深度符合要求。热轧钢筋焊点应做抗剪试验，冷拔低碳钢丝焊点除做抗剪试验外，还应对较小钢丝做抗拉试验。强度指标应符合《钢筋焊接及验收规程》的规定。

3. 气压焊

钢筋气压焊是采用一定比例的氧气和乙炔焰为热源，对需要连接的两钢筋端部接缝处进行加热，使其达到热塑状态，同时对钢筋施加 30~40MPa 的轴向压力，使钢筋顶锻在一起。该焊接方法使钢筋在还原气体的保护下，发生塑性流变后相互紧密接触，促使端面金属晶体相互扩散渗透，再结晶，再排列，形成牢固的焊接接头。这种方法，设备投资少、施工安全、节约钢材和电能，不仅适用于竖向钢筋的连接，也适用于各种方向布置的钢筋连接。适用范围为直径 14~40mm 的钢筋，当不同直径钢筋焊接时，两钢筋直径差不得大于 7mm。

4. 电弧焊

电弧焊系利用弧焊机使焊条与焊件之间产生高温电弧（焊条与焊件间的空气介质中出现强烈持久的放电现象叫电弧），使焊条和电弧燃烧范围内的焊件金属熔化，熔化的金属凝固后，便形成焊缝或焊接接头。电弧焊应用范围广，如钢筋的接长、钢筋骨架的焊接、钢筋与钢板的焊接、装配式结构接头的焊接及其他各种钢结构的焊接等。

弧焊机分为交流弧焊机、直流弧焊机和整流弧焊机三种。工地多采用交流弧焊机。钢筋电弧焊可分为搭接焊、帮条焊、坡口焊、熔槽帮条焊和窄间隙焊五种接头形式。

搭接焊接头（图 10-1）适用于焊接直径 10~40mm 的钢筋。钢筋搭接焊宜采用双面焊，不能进行双面焊时，可采用单面焊。焊接前，钢筋宜预弯，以保证两钢筋的轴线在一直线上，使接头受力性能良好。

帮条焊接头（图 10-2）适用于焊接直径 10~40mm 的钢筋。钢筋帮条焊宜采用双面焊，不能进行双面焊时，也可采用单面焊。帮条宜采用与主筋同级别或同直径的钢筋制作，如帮条级别与主筋相同时，帮条直径可以比主筋直径小一个规格；如帮条直径与主筋相同时，帮条钢筋级别可比主筋低一个级别。

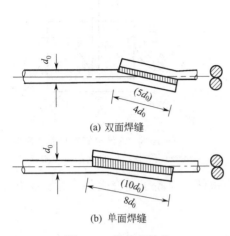 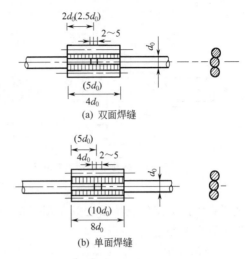

图 10-1　搭接焊接头　　　　　图 10-2　帮条焊接头

（图中括号内数值用于Ⅱ～Ⅲ级钢筋）

钢筋搭接焊接头或帮条焊接头的焊缝厚度 h 应不小于 0.3 倍主筋直径，焊缝宽度 b 不应小于 0.7 倍主筋直径，如图 10-3 所示。

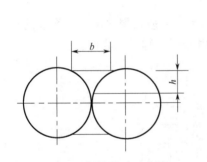 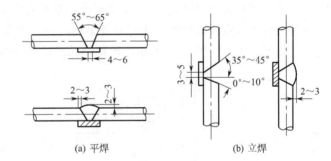

图 10-3　焊缝尺寸示意图　　　　图 10-4　坡口焊接头
b—焊缝宽度；h—焊缝厚度

坡口焊接头比上两种接头节约钢材，适用于在现场焊接装配现浇式构件接头中直径 18～40mm 的钢筋。坡口焊按焊接位置不同可分为平焊与立焊，如图 10-4 所示。

钢筋熔槽帮条焊接头（图 10-5）适用于直径等于和大于 20mm 钢筋的现场安装焊接。焊接时，应加边长为 40～60mm 的角钢作垫板模。此角钢除用作垫板模外，还起帮条作用。

钢筋窄间隙焊是将两需对接的钢筋水平置于 U 形模具中，中间留出一定间隙予以固定，随后采取电弧焊连续焊接，熔化钢筋端面，并使熔融金属填满空隙而形成接头的一种焊接方法，其原理简图如图 10-6 所示。

窄间隙焊具有焊前准备简单、焊接操作难度较小、焊接质量好、生产率高、焊接成本低、受力性能好的特点。钢筋电弧焊接头的质量应符合外观检查和拉伸试验的要求。外观检查时，接头焊缝应表面平整，不得有较大凹陷或焊瘤；接头区域不得有裂纹；坡口焊、熔槽帮条焊和窄间隙焊接头的焊缝余高不得大于 3mm；咬边深度、气孔、夹渣的数量和大小以及接头尺寸偏差应符合有关规定。做拉伸试验时，要求 3 个热轧钢筋接头试件的抗拉强度均不得低于该级别钢筋规定的抗拉强度值；余热处理Ⅲ级钢筋接头试件的抗拉强度均不得低于

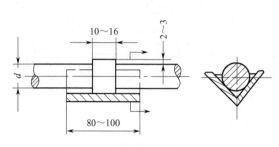
图 10-5 钢筋熔槽帮条焊接头

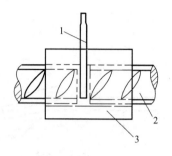
图 10-6 钢筋窄间隙焊原理简图
1—焊条；2—钢筋；3—U形钢模

热轧Ⅲ级钢筋规定的抗拉强度值 570MPa；3 个接头试件均应断于焊缝之外，并至少有 2 个试件呈延性断裂。

5. 电渣压力焊

钢筋电渣压力焊是将两钢筋安放成竖向对接形式，利用焊接电流通过两钢筋端面间隙，在焊剂层下形成电弧过程和电渣过程，产生电弧热和电阻热，熔化钢筋、加压完成连接的一种焊接方法。该方法具有操作方便、效率高、成本低、工作条件好等特点，在高层建筑施工中取得了很好的效果。适用于现浇混凝土结构中直径为 14～40mm，级别为 HPB235、HRB335 竖向或斜向（倾斜度在 4∶1 范围内）钢筋的连接。

钢筋电渣压力焊机按操作方式可分成手动式和自动式两种。一般由焊接电源、焊接机头和控制箱三部分组成。图 10-7 所示为电动凸轮式钢筋自动电渣压力焊机示意图。

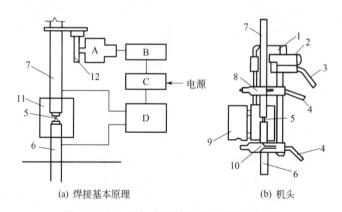

(a) 焊接基本原理　　(b) 机头

图 10-7 电动凸轮式钢筋自动电渣压力焊机
1—把子；2—电机传动部分；3—电源线；4—焊把线；5—铁丝圈；6—下钢筋；
7—上钢筋；8—上夹头；9—焊药盒；10—下夹头；11—焊剂；12—凸轮；A—电机与减速箱；B—操作箱；C—控制箱；D—焊接变压器

钢筋电渣压力焊具有电弧焊、电渣焊和压力焊的特点。其焊接过程可分四个阶段，即：引弧过程—电弧过程—电渣过程—顶压过程。电渣压力焊主要焊接参数包括焊接电流、焊接电压和焊接通电时间等。

焊接电流根据直径选择，它将直接影响渣池温度、黏度、电渣过程的稳定性和钢筋熔化时间。渣池电压影响着电渣过程的稳定。电压过低，表示两钢筋距离过小，易产生短路；电压过高，表示两钢筋间距过大，容易产生断路，一般宜控制在 40～60V。焊接通电时间和钢筋熔化量均根据钢筋直径大小确定。

施工时,钢筋焊接的端头要直,端面要平,以免影响接头的成型。焊接前需将上下钢筋端面及钢筋与电极块接触部位的铁锈、污物清除干净。焊剂使用前,需经250℃左右烘焙2h,以免发生气孔和夹渣。铁丝圈用12～14号铁丝弯成,铁丝上的锈迹应全部清除干净,有镀锌层的铁丝应先经火烧后再清除干净。上下钢筋夹好后,应保持铁丝圈的高度(即两钢筋端部的距离)为5～10mm。上下钢筋要对正夹紧,焊接过程中不许扳动钢筋,以保证钢筋自由向下正常落下。下钢筋与焊剂桶斜底板间的缝隙,必须用石棉布等填塞好,以防焊剂泄漏,破坏渣池。为了引弧和保持电渣过程稳定,要求电源电压保持在380V以上,次级空载电压达到80V左右。正式施焊前,应先做试焊,确定焊接参数后才能进行施工。钢筋种类、规格变换或焊机维修后,均需进行焊前试验。负温焊接时(气温在-5℃左右),应根据钢筋直径的不同,延长焊接通电时间1～3s,适当增大焊接电流,搭设挡风设置和延长打掉渣壳时间等,雪天不施焊。

电渣压力焊焊接接头四周应焊包均匀,凸出钢筋表面的高度至少有4mm,不得有裂纹;钢筋与电极接触处,表面无明显烧伤等缺陷;接头处钢筋轴线的偏移不得超过0.1倍钢筋直径,同时不得大于2mm,接头处的弯折角不得大于4°。

对外观检查不合格的接头,应切除重焊。

(二) 钢筋机械连接

钢筋机械连接是通过连接件的机械咬合作用或钢筋端面的承压作用,将一根钢筋中的力传递至另一根钢筋的连接方法。它具有施工简便、工艺性能良好、接头质量可靠、不受钢筋焊接性的制约、可全天候施工、节约钢材和能源等优点。

常用的机械连接接头类型有:挤压套筒接头、锥螺纹套筒接头、直螺纹套筒接头、熔融金属充填套筒接头、水泥灌浆充填套筒接头和受压钢筋端面平接头等。

1. 带肋钢筋套筒挤压连接

带肋钢筋套筒挤压连接是将需要连接的带肋钢筋,插于特制的钢套筒内,利用挤压机压缩套筒,使之产生塑性变形,靠变形后的钢套筒与带肋钢筋之间的紧密咬合来实现钢筋的连接。它适用于钢筋直径为16～40mm的HPB235、HRB335级带肋钢筋的连接。

钢筋挤压连接有钢筋径向挤压连接和钢筋轴向挤压连接。

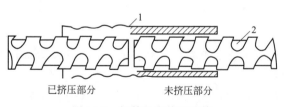

图10-8 钢筋径向挤压连接
1—钢套筒;2—带肋钢筋

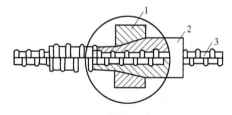

图10-9 钢筋轴向挤压连接
1—压模;2—钢套筒;3—钢筋

带肋钢筋套筒径向挤压连接,是采用挤压机沿径向(即与套筒轴线垂直)将钢套筒挤压产生塑性变形,使之紧密地咬住带肋钢筋的横肋,实现两根钢筋的连接(如图10-8所示)。当不同直径的带肋钢筋采用挤压接头连接时,若套筒两端外径和壁厚相同,被连接钢筋的直径相差不应大于5mm。挤压连接工艺流程主要是:钢筋套筒验收→钢筋断料,刻画钢筋套入长度定出标记→套筒套入钢筋,安装挤压机→开动液压泵,逐渐加压套筒至接头成型→卸下挤压机→接头外形检查。

钢筋轴向挤压连接,是采用挤压机和压模对钢套筒及插入的两根对接钢筋,沿其轴向方向进行挤压，使套筒咬合到带肋钢筋的肋间，使其结合成一体，如图10-9所示。

2. 钢筋锥螺纹接头连接

钢筋锥螺纹接头是把钢筋的连接端加工成锥形螺纹（简称丝头），通过锥螺纹连接套把两根带丝头的钢筋按规定的力矩值连接成一体的钢筋接头。适用于直径为16～40mm的Ⅱ、Ⅲ级钢筋的连接。

锥螺纹连接套的材料宜用45号优质碳素结构钢或其他经试验确认符合要求的材料。提供锥螺纹连接套应有产品合格证；两端锥孔应有密封盖；套筒表面应有规格标记。进场时，施工单位应进行复检，可用锥螺纹塞规拧入连接套，若连接套的大端边缘在锥螺纹塞规大端的缺口范围内则为合格（图10-10）。

（1）钢筋锥螺纹加工　钢筋应先调直再下料。钢筋下料可用钢筋切断机或砂轮锯，但不得用气割下料。下料时，要求切口端面与钢筋轴线垂直，端头不得翘曲或出现马蹄形。加工好的钢筋锥螺纹丝头的锥度、牙形、螺距等必须与连接套的锥度、牙形、螺距一致，并应进行质量检验。检验内容包括：①锥螺纹丝头牙形检验（图10-11）；②锥螺纹丝头锥度与小端直径检验。

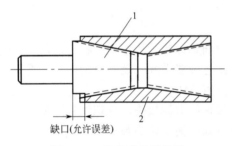
图10-10　连接套质量检验
1—锥螺纹塞规；2—连接套

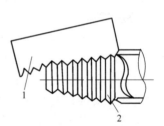
图10-11　牙形规检验牙形
1—牙形规；2—钢筋锥螺纹

（2）钢筋连接　连接钢筋之前，先回收钢筋待连接端的保护帽和连接套上的密封盖，并检查钢筋规格是否与连接套规格相同，检查锥螺纹丝头是否完好无损、清洁。连接钢筋时，应先把已拧好连接套的一端钢筋对正轴线拧到被连接的钢筋上，然后用力矩扳手按规定的力矩值把钢筋接头拧紧，不得超拧，以防止损坏接头螺纹。拧紧后的接头应随手画上油漆标记，以防有的钢筋接头漏拧。

3. 钢筋绑扎与安装

（1）钢筋绑扎　钢筋现场绑扎之前要核对钢筋的钢号、直径、形状、尺寸及数量是否与配料单相符，核查无误后方可开始现场绑扎。

钢筋绑扎采用20～22号铁丝。梁和柱的箍筋与受力钢筋垂直，箍筋弯钩叠合处应沿受力钢筋方向错开设置；板和墙的钢筋，靠近外围两行钢筋的相交点全部绑牢，中间部分的相交点可相隔交错绑牢。绑扎网和绑扎骨架外形尺寸的允许偏差应符合规范的规定（表10-4），受力钢筋的绑扎接头位置应相互错开，在任一搭接长度区段内有绑扎接头的受力钢筋截面面积占受力钢筋总截面面积的百分率，受拉区不得超过25%，受压区不得超过50%；钢筋的绑扎接头搭接长度的末端与钢筋弯曲处距离不得小于$10d$，接头不宜位于构件最大弯矩处；受拉区域内，HPB300级钢筋末端应做弯钩；直径$d \leqslant 12$mm的HPB300级钢筋末端及轴心受压构件中任意直径的受力钢筋末端，可不做弯钩，但搭接长度不应小于$35d$，钢筋搭接处应在中心和两端用铁丝扎牢，搭接长度应符合规范的规定，见表10-5。混凝土的保护层厚度要符合规范规定，见表10-6。施工中应在钢筋下部设置混凝土垫块或水泥砂浆垫块以保证保护层的厚度。

钢筋的锚固长度应符合设计要求和结构规范要求。

表 10-4 钢筋绑扎允许偏差

项目			允许偏差/mm	检验方法
绑扎钢筋网		长、宽	±10	钢尺检查
		网眼尺寸	±20	钢尺量连续三档,取最大值
绑扎钢筋骨架		长	±10	钢尺检查
		宽、高	±5	钢尺检查
受力钢筋		间距	±10	钢尺量两端、中间各一点,取最大值
		排距	±5	
	保护层厚度	基础	±10	钢尺检查
		梁、柱	±5	钢尺检查
		板、墙、壳	±3	钢尺检查
绑扎箍筋、横向钢筋间距			±20	钢尺量连续三档,取最大值
钢筋弯起点位置			±20	
预埋件		中心线位置	5	钢尺检查
		水平高差	+3,0	钢尺和塞尺检查

表 10-5 受拉钢筋绑扎接头的搭接长度

项次	钢筋类型	混凝土强度等级		
		C20	C25	≥C30
1	Ⅰ级钢筋	35d	30d	25d
2	Ⅱ级钢筋	45d	40d	35d
3	Ⅲ级钢筋	55d	50d	45d
4	低碳冷拔钢丝	300mm		

注:1. 当Ⅱ、Ⅲ级钢筋直径 $d>25$mm 时,其受拉钢筋的搭接长度应按表中数值增加 5d 采用。

2. 当螺纹钢筋直径 $d<25$mm 时,其受拉钢筋的搭接长度应按表中数值减少 5d 采用。

3. 当混凝土在凝固过程中易受扰动时(如滑模施工),受力钢筋的搭接长度宜适当增加。

4. 在任何情况下,纵向受拉钢筋的搭接长度不应小于 300mm,受压钢筋的搭接长度不应小于 200mm。

5. 轻骨料混凝土的钢筋绑扎接头搭接长度应按普通混凝土中的钢筋搭接长度增加 5d(低碳冷拔钢丝增加 50mm)。

6. 当混凝土强度等级低于 C20 时,对Ⅰ、Ⅱ级钢筋最小搭接长度应按表中 C20 的相应数值增加 10d。

7. 有抗震要求的框架梁的纵向钢筋,其搭接长度应相应增加,对Ⅰ级抗震等级相应增加 10d;对Ⅱ级抗震等级相应增加 5d。

8. 直径不同的钢筋搭接接头,以细钢筋的直径为准。

表 10-6 混凝土保护层厚度   单位:mm

环境与条件	构件名称	混凝土强度等级		
		低于 C25	C25 及 C30	高于 C30
室内正常环境	板、墙、壳、梁和柱	15		
		25		
露天或室内高温度环境	板、墙、壳、梁和柱	35	25	15
		45	35	25
有垫层 无垫层	基础	35		
		70		

(2) 钢筋配置　安装钢筋时配置的钢筋级别、直径、根数和间距均应符合设计要求。

绑扎或焊接的钢筋网和钢筋骨架，不得有变形、松脱和起焊，钢筋位置的允许偏差应符合规范的规定。绑扎钢筋网与钢筋骨架应根据结构配筋特点及起重运输能力来分段，为防止钢筋网和钢筋骨架在运输和安装过程中发生变形，应采取临时加固措施。钢筋网与钢筋骨架的吊装点根据其尺寸、质量、刚度而定。宽度大于1m的水平钢筋网宜用四点起吊，跨度小于6m的钢筋骨架采用两点起吊；跨度大、刚度差的钢筋网宜采用横吊梁四点起吊。

钢筋安装完毕后应进行检查验收，在浇筑混凝土之前进行验收并作好隐藏工程记录。

五、钢筋代换

在施工中钢筋的级别、钢号和直径应按设计要求采用。如遇钢筋级别、钢号和直径与设计要求不符而需要代换时，应征得设计单位的同意并遵守《混凝土结构工程施工及验收规范》的有关规定。代换时必须遵守代换的原则，以满足原结构设计的要求。

（1）等强度代换　当构件受强度控制时，钢筋可按强度相等原则进行代换；不同种类的钢筋代换，按抗拉强度设计值相等的原则进行代换。如不同级别钢筋，宜采用等强代换。

（2）等面积代换　当构件按最小配筋率配筋时，钢筋可按面积相等原则进行代换；对相同种类和级别相同的钢筋，应按等面积原则进行代换。如同级别钢筋代换，宜采用等面积原则进行代换。

当构件受裂缝度或抗裂性要求控制时，代换后应进行裂缝或抗裂性验算。

钢筋代换后，还应满足构造方面的要求（如钢筋间距、最小直径、最小根数、锚固长度、对称性等）及设计中提出的特殊要求（如冲击韧性、抗腐蚀性等）。如梁中的弯起钢筋与纵向受力筋，应分别进行代换，以保证弯起钢筋的截面面积不被削弱，且满足支座处的剪力要求。同一截面的受力钢筋直径，一般相差2~3个等级为宜。

第二节　模板工程

混凝土结构的模板工程，是混凝土结构构件成型的一个十分重要的组成部分。现浇混凝土结构用模板工程的造价约占钢筋混凝土工程总造价的30%，总用工量的50%。因此，采用先进的模板技术，对于提高工程质量、加快施工速度、提高劳动生产率、降低工程成本和实现文明施工，都具有十分重要的意义。

一、模板系统的组成和基本要求

模板系统由模板和支撑两部分组成。

模板是使混凝土结构或构件成型的模型。搅拌机搅拌出的混凝土是具有一定流动性的混凝土，经过凝结硬化以后，才能成为所需要的、具有规定形状和尺寸的结构构件，所以需将混凝土浇灌在与结构构件形状和尺寸相同的模板内。模板作为混凝土构件成型的工具，它本身除了应具有与结构构件相同的形状和尺寸外，还要具有足够的强度和刚度以承受新浇混凝土的荷载及施工荷载。

支撑是保证模板形状、尺寸及其空间位置的支撑体系。支撑体系既要保证模板形状、尺寸和空间位置正确，又要承受模板传来的全部荷载。模板及其支撑系统必须符合下列基本要求：保证工程结构和构件各部分形状尺寸和相互位置正确；具有足够的强度、刚度和稳定性，能可靠地承受新浇混凝土的重量和侧压力，以及施工过程中所产生的荷载；构造简单，装拆方便,并便于钢筋的绑扎与安装和混凝土的浇筑及养护等工艺要求;模板接缝不应漏浆。

二、模板分类

1. 按材料分类

模板按所用的材料不同,分为木模板、钢木模板、胶合板模板、钢竹模板、钢模板、塑料模板、玻璃钢模板、铝合金模板等。

木模板的树种可按各地区实际情况选用,一般多为松木和杉木。由于木模板木材消耗量大、重复使用率低,为节约木材,在现浇钢筋混凝土结构中应尽量少用或不用木模板。

钢木模板是以角钢为边框,以木板作面板的定型模板,其优点是可以充分利用短木料并能多次周转使用。

胶合板模板是以胶合板为面板、角钢为边框的定型模板。以胶合板为面板,克服了木材的不等方向性的缺点,受力性能好。这种模板具有强度高、自重小、不翘曲、不开裂及板幅大、接缝少的优点。

钢竹模板是以角钢为边框,以竹编胶合板为面板的定型板。这种模板刚度较大、不易变形、重量轻、操作方便。

钢模板一般均做成定型模板,用连接构件拼装成各种形状和尺寸,适用于多种结构形式,在现浇钢筋混凝土结构施工中广泛应用。钢模板一次投资大,但周转率高,在使用过程中应注意保管和维护,防止生锈以延长钢模板的使用寿命。

塑料模板、玻璃钢模板、铝合金模板具有重量轻、刚度大、拼装方便、周转率高的特点,但由于造价较高,在施工中尚未普遍使用。

2. 按结构类型分类

各种现浇钢筋混凝土结构构件,由于其形状、尺寸、构造不同,模板的构造及组装方法也不同,形成各自的特点。按结构的类型模板分为:基础模板、柱模板、梁模板、楼板模板、楼梯模板、墙模板、壳模板、烟囱模板等多种。

3. 按施工方法分类

(1) 现场装拆式模板　在施工现场按照设计要求的结构形状、尺寸及空间位置,现场组装的模板,当混凝土达到拆模强度后拆除模板。现场装拆式模板多用定型模板和工具式支撑。

(2) 固定式模板　制作预制构件用的模板。按照构件的形状、尺寸在现场或预制厂制作模板。各种胎模(土胎模、砖胎模、混凝土胎模)即属固定式模板。

(3) 移动式模板　随着混凝土的浇筑,模板可沿垂直方向或水平方向移动,称为移动式模板。如烟囱、水塔、墙柱混凝土浇筑采用的滑升模板、提升模板;筒壳浇筑混凝土采用的水平移动式模板等。

三、组合钢模板

组合钢模板是一种工具式模板,由钢模板和配件两部分组成,配件包括连接件和支承件两部分。组合钢模板的优点是通用性强、组装灵活、装拆方便、节省用工;浇筑的构件尺寸准确、棱角整齐、表面光滑;模板周转次数多;大量节约木材。缺点是一次投资大,浇筑成型的混凝土表面过于光滑,不利于表面装修等。

1. 钢模板的类型及规格

钢模板类型有平面模板、阳角模板、阴角模板及连接角模四种,见图10-12。钢模板面板厚度一般为2.3mm或2.5mm;封头模肋板中间加劲板的厚度一般为2.8mm。钢模板采用模数制设计,宽度以100mm为基础,以50mm为模数进级;长度以450mm为基础,以150mm为模数进级,肋高55mm。

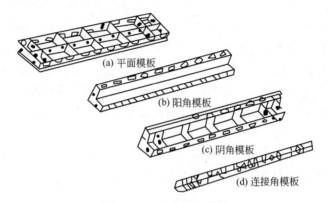

图10-12 钢模板的类型

2. 组合钢模板连接配件

组合钢模板的连接配件包括U形卡、L形插销、钩头螺栓、紧固螺栓、扣件等。U形卡用于钢模板与钢模板间的拼接,其安装间距一般不大于300mm,即每隔一孔卡插一个,安装方向一顺一倒相互错开,如图10-13所示。

L形插销用于两个钢模板端肋相互连接,将L形插销插入钢模板端部横肋的插销孔内,以增加接头处的连接刚度和保证接头处板面平整,见图10-14。

当需将钢模板拼接成大块模板时,除了用U形卡及L形插销外,在钢模板外侧要用钢楞(圆形钢管、矩形钢管、内卷边槽钢等)加固,钢楞与钢板间用钩头螺栓(图10-15)及3形扣件、蝶形扣件连接。

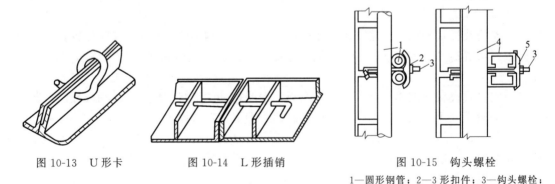

图10-13 U形卡　　　图10-14 L形插销　　　图10-15 钩头螺栓
1—圆形钢管;2—3形扣件;3—钩头螺栓;
4—内卷边槽钢;5—蝶形扣件

浇筑钢筋混凝土墙体时,墙体两侧模板间用对拉螺栓连接,见图10-16。对拉螺栓截面应保证安全承受混凝土的侧压力。

3. 组合钢模板的支承工具

组合钢模板的支承件包括柱箍、钢楞、支柱、卡具、斜撑、钢桁架等。

(1) 钢管卡具及柱箍　钢管卡具及柱箍如图10-17所示。钢管卡具适用于矩形梁,用于固定侧模板。卡具既可用于把侧模固定在底模板上,也可用于梁侧模上口的卡固定位。

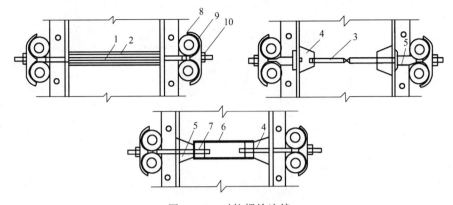

图 10-16　对拉螺栓连接

1—钢拉杆；2—塑料套管；3—内拉杆；4—顶帽；5—外拉杆；
6—2～4根钢筋；7—螺母；8—钢楞；9—扣件；10—螺母

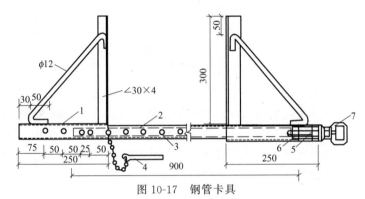

图 10-17　钢管卡具

1—ϕ32钢管；2—ϕ25钢管；3—ϕ10圆孔；4—ϕ9钢销；5—螺栓；6—螺母；7—钢筋环

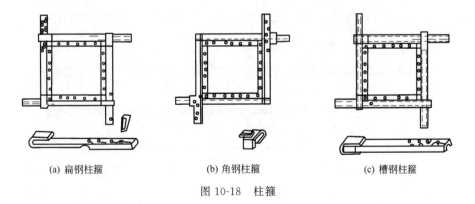

(a) 扁钢柱箍　　　　(b) 角钢柱箍　　　　(c) 槽钢柱箍

图 10-18　柱箍

柱模板四周设角钢柱箍。角钢柱箍由两根互相焊成直角的角钢组成，用 60mm×5mm 扁钢制成扁钢柱箍［如图 10-18(a)］，也可用弯角螺栓及螺母拉紧的角钢柱箍［如图 10-18(b)］或槽钢柱箍［如图 10-18(c)］。

（2）钢管支柱　钢管支柱由内外两节钢管组成，可以伸缩以调节支柱高度。在内外钢管上每隔 100mm 钻一个 ϕ14 销孔，调整好高度以后用 ϕ12 销子固定。支座底部垫木板，100mm 以内的高度调整可在垫板处加木楔调整（见图 10-19），也可在钢管支柱下端装调节螺杆用以调节高度。

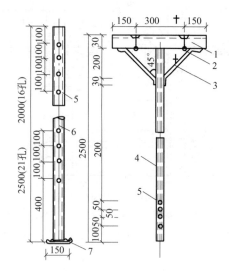

图 10-19 钢管支柱
1—垫木；2—ϕ12 螺栓；3—ϕ16 钢筋；4—内径管；
5—ϕ14 孔；6—50mm 内径钢管；7—150mm 钢板

（3）钢桁架　钢桁架作为梁模板的支撑工具可取代梁模板下的立柱。跨度小、荷载小时桁架可用钢筋焊成；跨度或荷重较大时可用角钢或钢管制成；也可制成两个半榀，再拼装成整体，见图 10-20。每根梁下边设一组（两榀）桁架。梁的跨度较大时，可以连续安装桁架，中间加支柱。桁架两端可以支承在墙上、工具式立柱上或钢管支架上。桁架支承在墙上时，可用钢筋托具，托具用 ϕ8～12mm 钢筋制成。

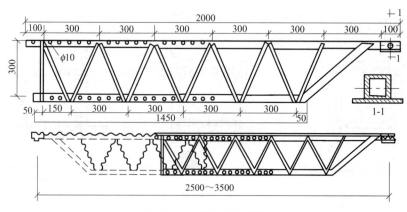

图 10-20　拼装式钢桁架

4. 模板配板设计

为了保证模板架设工程质量，做好组合钢模板施工准备工作，在施工前应进行配板设计。

模板的配板设计内容如下。

① 画出各构件的模板展开图。

② 绘制模板配板图。根据模板展开图选用最适当的各种规格的钢模板布置在模板展开图上。

在选择钢模板规格及配板时，应尽量选用大尺寸钢模板，以减少安装工作量；配板时根据构件的特点可采用横排也可采用纵排；可采用错缝拼接，也可采用齐缝拼接；配板接头部分用木板镶拼面积应最小；钢模板连接孔对齐，以便使用 U 形卡；配板图上注明预埋件、预留孔及对拉螺栓位置。图 10-21 为模块配板图示例。

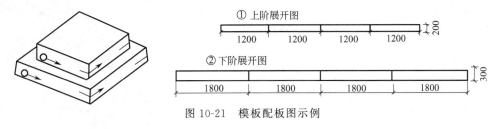

图 10-21　模板配板图示例

③ 根据配板图进行支撑工具布置。根据结构形式、空间位置、荷载及施工条件（现有的材料、设备、技术力量）等确定支模方案。根据模板配板图布置支承件（柱箍间距、对拉螺栓布置、支模桁架间距、支柱或支架的布置等）。

④ 根据配板图和支承件布置图，计算所需模板和配件的规格、数量，列出清单，进行备料。

四、大模板

1. 大模板建筑体系

（1）全现浇的大模板建筑　这种建筑的内墙、外墙全部采用大模板现浇钢筋混凝土墙体，结构的整体性好，抗震性强，但施工时外墙模板支设复杂、高空作业工序较多、工期较长。

（2）现浇与预制相结合的大模板建筑　建筑的内墙采用大模板现浇钢筋混凝土墙体，外墙采用预制装配式大型墙板，即"内浇外挂"施工工艺。这种结构的整体性好，抗震性强，简化了施工工序，减少了高空作业和外墙板的装饰工程量，缩短了工期。

（3）现浇与砌筑相结合的大模板建筑　建筑的内墙采用大模板现浇钢筋混凝土墙体，外墙采用普通黏土墙。这种结构适用于建造 6 层以下的民用建筑，较砖混结构的整体性好，内装饰工程量小、工期较短。

2. 大模板的构造

大模板由面板、加劲肋、竖楞、支撑桁架、稳定机构和操作平台、穿墙螺栓等组成，是一种现浇钢筋混凝土墙体的大型工具式模板，见图 10-22。

（1）面板　面板是直接与混凝土接触的部分，通常采用钢面板（用 3～5mm 厚的钢板制成）或胶合板面板（用 7～9 层胶合板）。面板要求板面平整、拼缝严密、具有足够的刚度。

（2）加劲肋　加劲肋的作用是固定面板，可做成水平肋或垂直肋（图 10-22 所示大模板为水平肋）。加劲肋把混凝土传给面板的侧压力传递到竖楞上去。加劲肋与金属面板焊接固定，与胶合板面板可用螺栓固定。加劲肋一般采用[65 槽钢或∟ 65 角钢制作，肋的间距根据面板的大小、厚度及墙体厚度确定。

（3）竖楞　竖楞的作用是加强大模板的整体刚度，承受模板传来的混凝土侧压力和垂直力并作为穿墙螺栓的支点。竖楞一般采用[65 槽钢或[槽钢 80 制作，间距一般为 1.0～1.2m。

（4）支撑桁架与稳定机构　支撑桁架用螺栓或焊接与竖楞连接在一起，其作用是承受风荷载等水平力，防止大模板倾覆。桁架上部可搭设操作平台。

稳定机构为在大模板两端的桁架底部伸出支腿上设置的可调整螺旋千斤顶。在模板使用阶段，用以调整模板的垂直度，并把作用力传递到地面或楼板上；在模板堆放时，用来调整模板的倾斜度，以保证模板的稳定。

（5）操作平台　操作平台是施工人员操作场所，有两种做法。

① 将脚手板直接铺在支撑桁架的水平弦杆上形成操作平台，外侧设栏杆。这种操作平台工作面较小，但投资少，装拆方便。

② 在两道横墙之间的大模板的边框上用角钢连成格栅，在其上满铺脚手板。其优点是施工安全，但耗钢量大。

（6）穿墙螺栓　穿墙螺栓的作用是控制模板间距，承受新浇混凝土的侧压力，并能加强模板刚度。为了避免穿墙螺栓与混凝土黏结，在穿墙螺栓外边套一根硬塑料管或穿孔的混凝土垫块，其长度为墙体宽度。穿墙螺栓一般设置在大模板的上、中、下三个部位，上穿墙螺栓距模板顶部 250mm 左右，下穿墙螺栓距模板底部 200mm 左右。

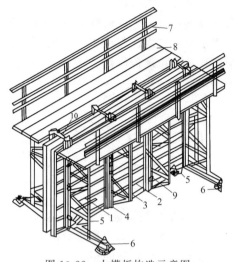

图 10-22　大模板构造示意图
1—面板；2—水平加劲肋；3—支撑桁架；4—竖楞；5—调整水平螺旋千斤顶；6—调整垂直度螺旋千斤顶；7—栏杆；8—脚手板；9—穿墙螺栓；10—固定卡具

3. 大模板平面组合方案

采用大模板浇筑混凝土墙体，模板尺寸不仅要和房间的开间、进深、层高相适应，而且模板规格要少，尽可能做到定型、统一；在施工中模板要便于组装和拆卸；保证墙面平整，减少修补工作量。大模板的平面组合方案有平模、小角模、大角模和筒形模方案等。

（1）平模方案　平模的尺寸与房间每面墙大小相适应，一个墙面采用一块模板，平模拼接构造如图 10-23。采用平模方案纵横墙混凝土一般要分开浇筑，模板接缝均在纵横墙交接的阴角处，墙面平整；模板加工量少，通用性强，周转次数多，装拆方便。但由于纵横墙分开浇筑，施工缝多，施工组织较麻烦。

（2）小角模方案　一个房间的模板由四块平模和四根∟100×∟100×∟8 角钢组成。∟100×∟100×∟8 的角钢称小角模。小角模方案在相邻的平模转角处设置角钢，见图 10-24，使每个房间墙体的内模形成封闭的支撑体系。小角模方案纵横墙混凝土可以同时浇筑，房屋整体性好，墙面平整，模板装拆方便。但浇筑的混凝土墙面接缝多，阴角不够平整。

小角模有带合页式和不带合页式两种。

带合页式小角模［图 10-24(a)］ 平模上带合页，角钢能自由转动和装拆。安装模板时，角钢由偏心压杆固定，并用花篮螺栓调整。模板上设转动铁拐可将角模压住，使角模稳定。

不带合页式小角模［图 10-24(b)］ 采用以平模压住小角模的方法，拆模时先拆平模，后拆小角模。

（3）大角模方案　大角模是由两块平模组成的 L 形大模板。在组成大角模的两块平模连接部分装置大合页，使一侧平模以另一侧平模为支点，以合页为轴可以转动，其构造见图 10-25。

第十章 钢筋混凝土结构工程施工

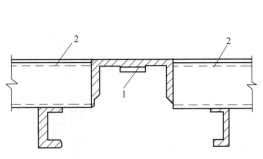

图 10-23 平模拼接构造
1—40×10 钢板焊在一边角钢上；2—平模

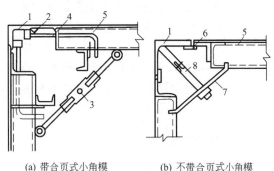

(a) 带合页式小角模　　(b) 不带合页式小角模

图 10-24 小角模构造
1—小角模；2—合页；3—花篮螺栓；4—转动铁拐；
5—平模；6—扁铁；7—压板；8—螺栓

大角模方案是在房屋四角设四个大角模，使之形成封闭体系。如房屋进深较大，四角采用大角模后，较长的墙体中间可配以小平模。采用大角模方案时，纵横墙混凝土可以同时浇筑，房屋整体性好。大角模拆装方便，且可保证自身稳定。采用大角模施工，墙体阴角方整，施工质量好，但模板接缝在墙体中部，影响墙体平整度。

大角模的装拆装置由斜撑及花篮螺栓组成。斜撑为两根叠合的∟90×∟9 的角钢，组装模板时使斜撑角钢叠合成一直线，大角模的两平模呈 90°，插上活动销子，将模板支好。拆模时，先拔掉活动销子，再收紧花篮螺栓，角模两侧的平模内收，模板与墙面脱离。

(4) 筒形模方案　筒形模是将房间内各墙面的独立的大模板通过挂轴悬挂在钢架上，墙角用小角钢拼接起来形成一个整体，见图 10-26。采用筒形模时，外墙面常采用大型预制墙板。筒形模方案模板稳定性好，可整间吊装减少模板吊装次数，有整间大操作平台，施工条件较好，但模板自重大，且不如平模灵活。

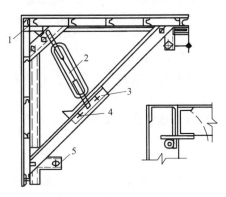

图 10-25 大角模构造
1—合页；2—花篮螺栓；3—固定销子；
4—活动销子；5—调整用螺旋千斤顶

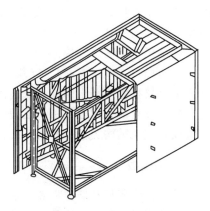

图 10-26 筒形模构造

五、滑升模板

滑升模板是随着混凝土的浇筑而沿结构或构件表面向上垂直移动的模板。施工时在建筑物或构筑物的底部，按照建筑物或构筑物平面，沿其结构周边安装高 1.2m 左右的模板和操作平台，随着向模板内不断分层浇筑混凝土，利用液压提升设备不断使模板向上滑升，使结构连续成型，逐步完成建筑物或构筑物的混凝土浇筑工作。液压滑升模板适用于各种构筑物，如烟囱、筒仓等施工，也可用于现浇框架、剪力墙、筒体等结构施工。

采用液压滑升模板可大量节约模板，提高了施工机械化程度。但液压滑升模板耗钢量大，一次投资费用较多。液压滑升模板由模板系统、操作平台系统及液压提升系统组成。

六、爬升模板

爬升模板是在混凝土墙体浇筑完毕后，利用提升装置将模板自行提升到上一个楼层，然后浇筑上一层墙体的垂直移动式模板。爬升模板采用整片式大平模，模板由面板及肋组成，而不需要支撑系统；提升设备采用电动螺杆提升机、液压千斤顶或导链。爬升模板是将大模板工艺和滑升模板工艺相结合，既保持大模板施工墙面平整的优点，又保持了滑模利用自身设备使模板向上提升的优点，墙体模板能自行爬升而不依赖塔吊。爬升模板适用于高层建筑墙体、电梯井壁、管道间混凝土施工。

爬升模板由钢模板、提升架和提升装置三部分组成。图 10-27 是利用液压千斤顶作为提升装置的外墙面爬升模板示意图。

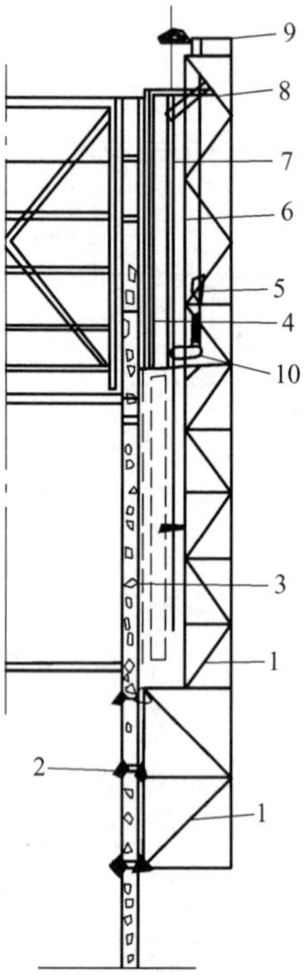

七、台模板

台模板是浇筑钢筋混凝土楼板的一种大型工具式模板。在施工中可以整体脱模和转运，利用起重机从浇筑完的楼板下吊出，转移至上一楼层，中途不再落地，所以称为"飞模"。

台模适用于各种结构的现浇混凝土小开间、小进深的现浇楼板，单座台模面板的面积从 $2 \sim 6 m^2$ 到 $60 m^2$ 以上。台模整体性好，混凝土表面容易平整、施工进度快。

台模由台面、支架（支柱）、支腿、调节装置、行走轮等组成。

台面是直接接触混凝土的部件，表面应平整光滑，具有较高的强度和刚度。目前常用的面板有钢板、胶合板、铝合金板、工程塑料板及木板等。

台模按其支架结构类型分为立柱式台模、桁架式台模、悬架式台模等。

八、隧道模板

隧道模板是将楼板和墙体一次支模的一种工具式模板，相当于将台模和大模板组合起来。隧道模板有断面呈Ⅱ字形的整体式隧道模板和断面呈G形的双拼式隧道模板两种。整体式隧道模板自重大、移动困难，目前已很少应用；双拼式隧道模板应用较广泛，特别在内浇外挂和内浇外砌的高、多层建筑中应用较多。

双拼式隧道模板由两个半隧道模板和一道独立的插入模板组成，如图 10-28 所示。在两个半隧道模板之间加一道独立的模板，用其宽度的变化，使隧道模板适应于不同的开间；在不拆除中间模板的情况下，半隧道模板可提早拆除，增加周转次数。半隧道模板的竖向墙模板和水平楼板模板间用斜撑连接。在半隧道模板下部设行走装置，在模板长方向，沿墙模板设两个行走轮，再设置两个千斤顶，模板就位后，这两个千斤顶将模板顶起，使行走轮离开

图 10-27 外墙面爬升模板
1—爬架；2—螺栓；3—预留爬架孔；4—爬模；
5—爬架千斤顶；6—爬模千斤顶；7—爬杆；
8—模板挑横梁；
9—爬架挑横梁；
10—脱模千斤顶

楼板，施工荷载全部由千斤顶承担。脱模时，松动两个千斤顶，半隧道模板在自重作用下，下降脱模，行走轮落到楼板上。

半隧道模板脱模后，用专用吊架吊出，吊升至上一楼层。将吊架从半隧道模板的一端插入墙模板与斜撑之间，吊钩慢慢起钩，将半隧道模板托起，托挂在吊架上，吊到上一楼层。

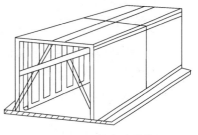

图 10-28 双拼式隧道模板

九、模板的拆除

1. 拆除模板时混凝土的强度

现浇整体式结构的模板拆除期限应按设计规定，如设计无规定时，应满足下列要求：不承重的模板，其混凝土强度应在其表面及棱角不致因拆模而受损坏时，方可拆除；承重模板应在混凝土强度达到表 10-7 中所规定的强度时，方能拆除。

表 10-7 底模拆除时的混凝土强度要求

构件类型	构件跨度/m	达到设计的混凝土立方体抗压强度标准值的百分率/%
板	≤2	≥50
	2<x≤8	≥75
	>8	≥100
梁、拱、壳	≤8	≥75
	>8	≥100
悬臂构件		≥100

当混凝土强度达到拆模强度后，应对已拆除侧模板的结构及其支承结构进行检查，确定结构有足够的承载能力后，方可拆除承重模板和支架。

2. 模板的拆除顺序和方法

模板的拆除顺序一般是先非承重模板，后承重模板；先侧板，后底板。大型结构的模板，拆除时必须事前制订详细方案。

第三节 混凝土工程

混凝土工程在混凝土结构工程中占有重要地位，混凝土工程质量的好坏直接影响到混凝土结构的承载力、耐久性与整体性。混凝土工程包括混凝土配料、搅拌、浇筑捣实和养护等施工过程（图 10-29），各个施工过程相互联系和影响，任一施工过程处理不当都会影响混凝土工程的最终质量。近年来随着混凝土外加剂技术的发展和应用的日益深化，特别是随着商品混凝土如雨后春笋般地蓬勃发展，这在很大程度上影响了混凝土的性能和施工工艺；此外，自动化、机械化的发展和新的施工机械和施工工艺的应用，也大大改变了混凝工程的施工面貌。

一、施工配料

施工配料是保证混凝土质量的重要环节之一，必须严格控制。施工配料是影响混凝土质量的主要因素，一是称量不准，二是未按砂、石骨料实际含水率的变化进行施工配合比的换算，这样必然会改变原理论配合比的水灰比、砂石比（含砂率）。当水灰比增大时，混凝土黏聚性、保水性差，而且硬化后多余的水分残留在混凝土中形成水泡，或水分蒸发留下气孔，使混凝土密实性差，强度低。若水灰比减少时，则混凝土流动性差，甚至影响成型后的密实，造成了混凝土结构内部松散，表面产生蜂窝、麻面现象。同样，含砂率减少时，则砂浆量不足，不仅会降低混凝土流动性，更严重的是影响其黏聚性及保水性，产生粗骨料离析、水泥浆流失、甚至溃散等不良现象。所以，为了确保混凝土的质量，在施工中必须及时进行施工配合比的换算并严格进行称量。

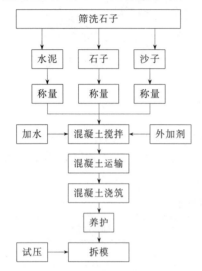

图 10-29 混凝土工程施工过程示意图

1. 施工配合比的确定

设计的配合比称为实验室配合比（或理论配合比），它是以干燥的原材料为基础进行设计计算，而实际工程中使用的砂石材料都含有一定的水分，故实验室配合比还不能在工地施工时直接使用。现场各材料的实际用量应按工地砂石的实际含水量进行修正，修正后的配合比叫作施工配合比。工地存放砂石的含水量常有变化，应按变化情况随时测定加以修正。施工配合比计算方法如下。

实验室提供的每 $1m^3$ 混凝土材料用量：水为 $W(kg)$，水泥为 $C(kg)$，砂为 $S(kg)$，石子为 $G(kg)$。工地测得砂子含水率为 $a\%$，石子含水率为 $b\%$。则换算为施工配合比，其各材料用量如下。

水泥：$C'=C$；

砂子：$S'=S(1+a\%)$；

石子：$G'=G(1+b\%)$；

水：$W'=W-S\times a\%-G\times b\%$；

施工配合比：$(W'/C):1:(S'/C):(G'/C)$。

2. 施工配料

求出每立方米混凝土材料用量后，还必须根据工地现有搅拌机出料容量确定每次需要的水泥用量（视其整袋水泥或散装水泥），然后按水泥用量来计算砂石的每次拌用量。

为严格控制混凝土的配合比，原材料的数量应采用质量计算，必须准确。其质量偏差不得超过以下规定：水泥、混合材料±2%；粗、细骨料±3%；水、外加剂溶液±2%。各种衡器应定期校验，始终保持准确。骨料含水量应经常测定，雨天施工时，应增加测定次数。

3. 掺合外加剂和混合料

在混凝土施工过程中，经常掺入一定量的外加剂或混合料，以改善混凝土某些方面的性能。目前，由于建筑业的不断发展，出现了许多新技术、新工艺，如滑模、大模板、压入成型和真空吸水混凝土、泵送混凝土及喷射混凝土等先进技术。在混凝土的供应上出现了商品混凝土、集中搅拌等新方法。在结构上出现了高层、超高层、大跨度薄壳、框架轻板体系等构件形式。在高温炎热或严寒低温气候条件下的施工等,都对混凝土的技术性能提出了更高的要求。

混凝土外加剂有:改善新拌混凝土流动性能的外加剂,包括减水剂和引气剂;调节混凝土凝结硬化性能的外加剂,包括早强剂、缓凝剂和促凝剂等;改善混凝土耐久性的外加剂,包括引气剂、防水剂和阻锈剂等;为混凝土提供其他特殊性能的外加剂,包括加气剂、减水剂、发泡剂、膨胀剂、胶黏剂、消泡剂、抗冻剂和着色剂等。

混凝土混合料常用的有粉煤灰、炉渣等。

由于外加剂或混合料的形态不同,使用方法也不相同,因此,在混凝土配料中要采用合理的掺合方法,保证掺合均匀,掺量准确,才能达到预期的效果。混凝土中掺用外加剂,应符合下列规定:外加剂的品种及掺量,必须根据对混凝土性能的要求、施工及气候条件、混凝土所采用的原材料及配合比等因素经试验确定;蒸汽养护的混凝土和预应力混凝土中,不宜掺用引气剂或引气减水剂;掺用含氯盐的外加剂时,对素混凝土,氯盐掺量不得大于水泥用量的3%;在钢筋混凝土中作防冻剂时,氯盐掺量按无水状态计算,不得超过水泥用量的1%,且应用范围应按规范规定。

在硅酸盐水泥或普通硅酸盐水泥拌制的混凝土中,可掺用混合料,混合料的质量应符合国家现行标准的规定,其掺量应通过试验确定。

二、混凝土搅拌

混凝土搅拌,就是将水、水泥和粗细骨料进行均匀拌和及混合的过程,同时,通过一定时间使材料起到塑化、强化的作用。

1. 搅拌方法

混凝土有人工拌和和机械搅拌和两种。人工拌和质量差,水泥耗量多,只有在工程量小时采用。人工拌和一般用"三干三湿"法,即先将水泥加入砂中干拌两遍,再加入石子翻动,边缓慢地加水,边反复湿拌至少三遍。

2. 搅拌机械

混凝土搅拌机械按其搅拌原理分为自落式搅拌机和强制式搅拌机两类。

① 自落式扩散机理。它是将物料提升到一定高度后,利用重力的作用,自由落下。由于各物料颗粒下落的高度、时间、速度、落点和滚动距离不同,从而使物料颗粒相互穿插、渗透、扩散,最后达到分散均匀的目的。由于物料的分散过程主要是利用重力作用,故又称重力扩散机理。自落式混凝土搅拌机就是根据这种机理设计的。

② 强制式扩散机理。它是利用运动着的叶片强迫物料颗粒分别从各个方向(环向、径向和竖向)产生运动,使各物料颗粒运动的方向、速度不同,相互之间产生剪切滑移以致相互穿插、扩散,从而使各物料均匀混合。由于物料的扩散过程主要是利用物料颗粒相互间的剪切滑移作用,故又称剪切扩散机理。强制式混凝土搅拌机就是根据这种机理设计而成的。

3. 混凝土搅拌机类型

普通混凝土搅拌机一般由搅拌筒、上料装置、卸料装置、传动装置和供水系统等主要组成部分所组成。普通混凝土搅拌机根据其设计时使用的搅拌机理,可分为自落式搅拌机和强制式搅拌机两大类。其主要区别是:自落式搅拌机为搅拌叶片和搅拌筒之间没有相对运动,强制式搅拌机为有相对运动。

(1) 自落式搅拌机 自落式搅拌机按搅拌筒的形状和卸料方式的不同,可分为鼓筒式、锥形反转出料式和锥形倾翻出料式三种类型,见表10-8。

表 10-8　自落式搅拌机的分类

鼓筒式	锥形反转出料式	锥形倾翻出料式

（2）强制式搅拌机　强制式搅拌机是利用旋转的叶片迫使物料产生剪切、推压、翻滚和抛出等多种动作，从而达到拌和均匀的目的。与自落式搅拌机相比，其搅拌作用强烈，拌和时间短，拌和效率高，特别适合拌和干硬性混凝土、高强混凝土和轻骨料混凝土。强制式搅拌机按其构造特征可分为立轴式和卧轴式两种类型，见表10-9。

表 10-9　强制式搅拌机的分类

立轴式			卧轴式	
窝桨式	行星式		单卧轴式	双卧轴式
	定盘式	转盘式		

4. 混凝土搅拌要求

为拌制出均匀优质的混凝土，除合理地选择搅拌机的类型外，还必须正确地确定搅拌制度，其内容包括进料容量、搅拌时间与投料顺序等。

（1）进料容量　搅拌机的容量有三种表示方式，即出料容量、进料容量和几何容量。出料容量是搅拌机每次从搅拌筒内可卸出的最大混凝土体积，几何容量则是指搅拌筒内的几何容积，而进料容量是指搅拌前搅拌筒可容纳的各种原材料的累计体积。出料容量与进料容量间的比值称为出料系数，其值一般为 0.60~0.70，通常取 0.67。进料容量与几何容量的比值称为搅拌筒的利用系数，其值一般为 0.22~0.40。我国规定以搅拌机的出料容量来标定其规格。不同类型的搅拌机都有一定的进料容量，当装料的松散体积超过额定进料容量的一定值（10%以上）后，就会使搅拌筒内无充分的空间进行拌和，影响混凝土搅拌的均匀性。但数量也不宜过少，否则会降低搅拌机的生产率，故一次投料量应控制在搅拌机的额定进料容量以内。

（2）搅拌时间　从原材料全部投入搅拌筒时起到开始卸料时止，所经历的时间称为搅拌时间。为获得混合均匀、强度和工作性都能满足要求的混凝土所需的最低限度的搅拌时间称为最短搅拌时间。这个时间随搅拌机的类型与容量、骨料的品种、粒径及对混凝土的工作性要求等因素的不同而异。一般情况下，混凝土的匀质性随着搅拌时间的延长而提高，但搅拌时间超过某一限度后，混凝土的匀质性便无明显改善了。搅拌时间过长，不但会影响搅拌机的生产率，而且对混凝土的强度提高也无益处，甚至由于水分的蒸发和较软骨料颗粒被长时间研磨而破碎变细，还会引起混凝土工作性的降低，影响混凝土的质量。不同类型的搅拌机对不同混凝土的最短搅拌时间见表10-10。

表 10-10　不同类型的搅拌机对不同混凝土的最短搅拌时间　　　　　　　单位：s

混凝土坍落度/mm	搅拌机类型	搅拌机的出料容量/L		
		小于 250	250～500	大于 500
小于及等于 30	自落式	90	120	150
	强制式	60	90	120
大于 30	自落式	90	90	120
	强制式	60	60	90

注：1. 当掺有外加剂时搅拌时间应适当延长。
　　2. 全轻混凝土宜采用强制式搅拌机，砂轻混凝土可采用自落式搅拌机，搅拌时间均应延长 60～90s。
　　3. 高强混凝土应采用强制式搅拌机搅拌，搅拌时间应适当延长。

（3）投料顺序　确定原材料投入搅拌筒内的先后顺序应综合考虑到能否保证混凝土的搅拌质量、提高混凝土的强度、减少机械的磨损与混凝土的黏罐现象、减少水泥飞扬、降低电耗以及提高生产率等多种因素。按原材料加入搅拌筒内的投料顺序的不同，普通混凝土的搅拌方法可分为一次投料法、二次投料法和水泥裹砂法等。

一次投料法是目前最普遍采用的方法。它是将砂、石、水泥和水一起同时加入搅拌筒中进行搅拌。为了减少水泥的飞扬和水泥的黏罐现象，向搅拌机上料斗中投料。投料顺序宜先倒砂子（或石子），再倒水泥，然后倒入石子（或砂子），将水泥加在砂、石之间，最后由上料斗将干物料送入搅拌筒内，加水搅拌。

二次投料法又分为预拌水泥砂浆法和预拌水泥净浆法。预拌水泥砂浆法是先将水泥、砂和水加入搅拌筒内进行充分搅拌，成为均匀的水泥砂浆后，再加入石子搅拌成均匀的混凝土。国内一般是用强制式搅拌机拌制水泥砂浆 1～1.5min，然后再加入石子搅拌 1～1.5min。国外对这种工艺还设计了一种双层搅拌机，其上层搅拌机搅拌水泥砂浆，搅拌均匀后，再送入下层搅拌机与石子一起搅拌成混凝土。

预拌水泥净浆法是先将水泥和水充分搅拌成均匀的水泥净浆后，再加入砂和石搅拌成混凝土。国外曾设计一种搅拌水泥净浆的高速搅拌机，它不仅能将水泥净浆搅拌均匀，而且对水泥还有活化作用。国内外的试验表明，二次投料法搅拌的混凝土与一次投料法相比较，混凝土的强度可提高 15%，在强度相同的情况下，可节约水泥 15%～20%。

水泥裹砂法又称 SEC 法，采用这种方法拌制的混凝土称为 SEC 混凝土或造壳混凝土。该法的搅拌程序是先加一定量的水使砂表面的含水量调到某一规定的数值后（一般为 15%～25%），再加入石子并与湿砂拌匀，然后将全部水泥投入与砂石共同拌和，使水泥在砂石表面形成一层低水灰比的水泥浆壳，最后将剩余的水和外加剂加入搅拌成混凝土。采用 SEC 法制备的混凝土与一次投料法相比较，强度可提高 20%～30%，混凝土不易产生离析和泌水现象，工作性好。

三、混凝土的运输

混凝土从搅拌地点运往浇筑地点有多种运输办法，选用时应根据建筑物的结构特点、混凝土的总运输量与每日所需的运输量、水平及垂直运输的距离、现有设备情况以及气候、地形、道路条件等因素综合考虑。不论采用何种运输方法，在运输混凝土的工作中，都应满足下列要求：混凝土应保持原有的均匀性，不发生离析现象；混凝土运至浇筑地点，其坍落度应符合浇筑时所要求的坍落度值；混凝土从搅拌机中卸出后，应及早运至浇筑地点，不得因运输时间过长而影响混凝土在初凝前浇筑完毕。混凝土从搅拌机中卸出到浇筑完毕的延续时间不宜超过表 10-11 的规定。

表 10-11　混凝土从搅拌机中卸出到浇筑完毕的延续时间　　　　单位：min

混凝土强度等级	气温	
	不高于 25℃	高于 25℃
不高于 C30	120	90
高于 C30	90	60

注：1. 对掺用外加剂或采用快硬水泥拌制的混凝土，其延续时间应按试验确定。
    2. 对轻骨料混凝土其延续时间不宜超过 45min。

为了避免混凝土在运输过程中发生离析，混凝土的运输路线应尽量缩短，道路应平坦，车辆应行驶平稳。当混凝土从高处倾落时，其自由倾落高度不应超过 2m。否则，应使其沿串筒、溜槽或振动溜槽等下落，并应保持混凝土出口时的下落方向垂直。混凝土经运输后，如有离析现象，必须在浇筑前进行二次搅拌。

为了避免混凝土在运输过程中坍落度损失太大，应尽可能减少转运次数，盛混凝土的容器应严密、不漏浆、不吸水。容器在使用前应先用水湿润，炎热及大风天气时，盛混凝土的容器应遮盖，以防水分蒸发太快，严寒季节应采取保温措施，以免混凝土冻结。

混凝土的运输应分为地面运输、垂直运输和楼面运输三种情况。混凝土如采用商品混凝土且运输距离较远时，混凝土地面运输多用混凝土搅拌运输车，如来自工地搅拌站，则多用载重 1t 的小型机动翻斗车，近距离也用双轮手推车，有时还用皮带运输机和窄轨翻斗车。混凝土垂直运输，我国多采用塔式起重机、混凝土泵、快速提升斗和井架。用塔式起重机时，混凝土多放在吊斗中，这样可直接进行浇筑。混凝土楼面运输，我国以双轮推车为主，如用机动灵活的小型机动翻斗车，如用混凝土泵则用布料机布料。

四、混凝土的浇筑成型

混凝土浇筑成型就是将混凝土拌和料浇筑在符合设计尺寸要求的模板内，加以捣实，使其具有良好的密实性，达到设计强度的要求。混凝土成型过程包括浇筑与捣实，是混凝土工程施工的关键，将直接影响构件的质量和结构的整体性。因此，混凝土经浇筑捣实后应内实外光，尺寸准确，表面平整，钢筋及预埋件位置符合设计要求，新旧混凝土结合良好。

（一）浇筑前的准备工作

① 对模板及其支架进行检查，应确保标高、位置尺寸正确；强度、刚度、稳定性及严密性满足要求；模板中的垃圾、泥土和钢筋上的油污应加以清除；木模板应浇水润湿，但不允许留有积水。

② 对钢筋及预埋件应请工程监理人员共同检查钢筋的级别、直径、排放位置及保护层厚度是否符合设计和规范要求，并认真作好隐蔽工程记录。

③ 准备和检查材料、机具等，注意天气预报，不宜在雨雪天气浇筑混凝土。

④ 做好施工组织工作和技术、安全交底工作。

（二）浇筑工作的一般要求

① 混凝土应在初凝前浇筑，如混凝土在浇筑前有离析现象，需重新拌和后才能浇筑。

② 浇筑时，混凝土的自由倾落高度。对于素混凝土或少筋混凝土，由料斗进行浇筑时，不应超过 2m；对竖向结构（如柱、墙）浇筑混凝土的高度不超过 3m；对于配筋较密或不便捣实的结构，不宜超过 60cm，否则应采用串筒、溜槽和振动串筒下料，以防产生离析。

③ 浇筑竖向结构混凝土前，底部应先浇入 50～100mm 厚与混凝土成分相同的水泥砂

浆，以避免产生蜂窝麻面现象。

④ 混凝土浇筑时的坍落度应符合设计要求。

⑤ 为了使混凝土振捣密实，混凝土必须分层浇筑。

⑥ 为保证混凝土的整体性，浇筑工作应连续进行。当由于技术上或施工组织上的原因必须间歇时，其间歇时间应尽可能缩短，并应在前层混凝土凝结之前，将次层混凝土浇筑完毕。间歇的最长时间应按所用水泥品种及混凝土条件确定。

⑦ 正确留置施工缝。施工缝位置应在混凝土浇筑之前确定，并宜留置在结构受剪力较小且便于施工的部位。柱应留水平缝，梁、板、墙应留垂直缝，具体位置如图 10-30、图 10-31 所示。

柱子施工缝宜留在基础的顶面、梁或吊车梁牛腿的下面、吊车梁的上面、无梁楼板柱帽的下面，如图 10-30 所示。与板连成整体的大截面梁，施工缝留置在板底面以下 20～30mm 处。当板下有梁托时，留在梁托下部。有主次梁的楼板宜顺着次梁方向浇筑，施工缝应留置在次梁跨度的中间 1/3 范围内，如图 10-31 所示。

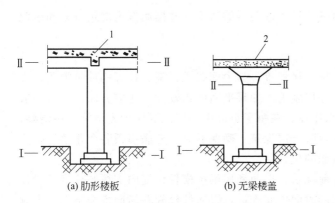

图 10-30 浇筑柱的施工缝位置图
（Ⅰ—Ⅰ、Ⅱ—Ⅱ 为施工缝位置）

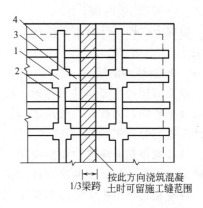

图 10-31 浇筑有主次梁楼板的施工缝位置图
1—柱；2—主梁；3—次梁；4—楼板

墙体的施工缝留置在门洞口过梁跨中 1/3 范围内，也可留置在纵横墙的交接处。

双向受力楼板、厚大结构、拱、穹拱、薄壳、蓄水池、斗仓多层钢架及其他结构复杂的工程，施工缝的位置应按设计要求留置。

承受动力作用的设备基础，不应留置施工缝；当必须留置时，应征得设计单位同意。

在设备基础的地脚螺栓范围内，水平施工缝必须留在低于地脚螺栓底端处，其距离应大于 150mm；当地脚螺栓直径小于 30mm 时，水平施工缝可以留在不小于地脚螺栓埋入混凝土部分总长度的 3/4 处。垂直施工缝应留在距地脚螺栓中心线大于 250mm 处，并不小于 5 倍螺栓直径。

在施工缝处开始继续浇筑混凝土的时间不能过早，以免使已凝固的混凝土受到振动而破坏，必须待已浇筑混凝土的抗压强度不小于 $1.2N/mm^2$ 时才可进行。混凝土达到 $1.2N/mm^2$ 强度所需的时间，因水泥品种、外加剂的种类、混凝土配合比及外界的温度而不同，可通过试块试验确定。在施工缝处继续浇筑前，为解决新旧混凝土的结合问题，应对已硬化的施工缝表面进行处理。即清除表层的水泥薄膜和松动石子及软弱混凝土层，必要时还要加以凿毛，钢筋上的油污、水泥砂浆及浮锈等杂物也应加以清除；然后用水冲洗干净，并保持充分湿润，且不得积水；在浇筑前，宜先在施工缝处铺一层水泥浆或与混凝土成分相同的水泥砂浆；施工缝处的混凝土应细致捣实，使新旧混凝土紧密结合。

⑧ 在混凝土浇筑过程中，应随时注意模板及其支架、钢筋、预埋件及预留孔洞的情况，当出现不正常的变形、位移时，应及时采取措施进行处理，以保证混凝土的施工质量。

⑨ 在混凝土浇筑过程中应及时认真填写施工记录。

（三）整体结构浇筑

为保证结构的整体性和混凝土浇筑工作的连续性，应在下一层混凝土初凝之前将上层混凝土浇筑完毕，因此，在编制浇筑施工方案时，首先应计算每小时需要浇筑的混凝土的数量Q，即

$$Q=\frac{V}{t_1-t_2} \tag{10-2}$$

式中　V——每个浇筑层中混凝土的体积，m^3；

t_1——混凝土初凝时间，h；

t_2——运输时间，h。

根据上式即可计算所需搅拌机、运输工具和振动器的数量，并据此拟定浇筑方案和组织施工。

1. 框架结构浇筑

框架结构的主要构件有基础、柱、梁、楼板等。其中框架梁、板、柱等构件是沿垂直方向重复出现的，因此，一般按结构层来分层施工。如果平面面积较大，还应分段进行（一般以伸缩缝划分施工段），以便各工序流水作业，在每层每段中，浇筑顺序为先浇柱，后浇梁、板。柱基础浇筑时应先边角后中间，按台阶分层浇筑，确保混凝土充满模板各个角落，防止一侧倾倒混凝土挤压钢筋造成柱连接钢筋的位移。

柱宜在梁板模板安装后钢筋未绑扎前浇筑，以便利用梁板模板作横向支撑和柱浇筑操作平台用；一排柱子的浇筑顺序应从两端同时向中间推进，以防柱模板在横向推力下向一方倾斜；当柱子断面小于400mm×400mm，并有交叉箍筋时，可在柱模侧面每段不超过2m的高度开口，插入斜溜槽分段浇筑；开始浇筑柱时，底部应先填50～100mm厚与混凝土成分相同的水泥砂浆，以免底部产生蜂窝现象；随着柱子浇筑高度的上升，混凝土表面将积聚大量浆水，因此混凝土的水灰比和坍落度，亦应随浇筑高度上升予以递减。

在浇筑与柱连成整体的梁或板时，应在柱浇筑完毕后停歇1～1.5h，使其获得初步沉实，排除泌水，而后再继续浇筑梁或板。肋形楼板的梁板应同时浇筑，其顺序是先根据梁高分层浇筑成阶梯形，当达到板底位置时即与板的混凝土一起浇筑；而且倾倒混凝土的方向应与浇筑方向相反；当梁的高度大于1m时，可先单独浇梁，并在板底以下20～30mm处留设水平施工缝。浇筑无梁楼盖时，在柱帽下50mm处暂停，然后分层浇筑柱帽，下料应对准柱帽中心，待混凝土接近楼板底面时，再连同楼板一起浇筑。

此外，与墙体同时整浇的柱子，两侧浇筑高差不能太大，以防柱子中心移动。楼梯宜自下而上一次浇筑完成，当必须留置施工缝时，其位置应在楼梯长度中间1/3范围内。对于钢筋较密集处，可改用细石混凝土，并加强振捣以保证混凝土密实。应采取有效措施保证钢筋保护层厚度及钢筋位置和结构尺寸的准确，注意施工中不要踩倒负弯矩部分的钢筋。

2. 剪力墙浇筑

剪力墙浇筑除按一般规定进行外，还应注意门窗洞口，应使两侧同时下料，浇筑高差不

能太大，以免门窗洞口发生位移或变形。同时应先浇筑窗台下部，后浇筑窗间墙，以防窗台下部出现蜂窝孔洞。

3. 大体积混凝土浇筑

大体积混凝土是指厚度大于或等于1.5m，长、宽较大，施工时水化热引起混凝土内的最高温度与外界温度之差不低于25℃的混凝土结构。一般多为建筑物、构筑物的基础，如高层建筑中常用的整体钢筋混凝土箱形基础、高炉转炉设备基础等。

大体积混凝土结构整体性要求较高，通常不允许留施工缝。因此，必须保证混凝土搅拌、运输、浇筑、振捣各工序协调配合，并在此基础上，根据结构大小、钢筋疏密等具体情况，选用如下浇筑方案。

(1) 全面分层［图10-32(a)］ 在整个结构内全面分层浇筑混凝土，要做到第一层全部浇筑完毕，在初凝前再回来浇筑第二层，如此逐层进行，直到浇筑完成。采用此方案，结构平面尺寸不宜过大，施工时从短边开始，沿长边进行。必要时亦可从中间向两端或从两端向中间同时进行。

(2) 分段分层［图10-32(b)］ 混凝土从底层开始浇筑，进行一定距离后回来浇筑第二层，如此依次向前浇筑以上各层。每段的长度可根据混凝土浇筑到末端后，下层末端的混凝土还未初凝来确定。分段分层浇筑方案适用于厚度不太大而面积或长度较大的结构。

(3) 斜面分层［图10-32(c)］ 当结构的长度大大超过厚度而混凝土的流动性又较大时，采用分层分段方案混凝土往往不能形成稳定的分层踏步，这时可采用斜面分层浇筑方案。施工时将同批次混凝土浇筑到顶，让混凝土自然地流淌，形成一定的斜面。这时混凝土的振捣工作应从浇筑层下端开始，逐渐上移，以保证混凝土施工质量。这种方案很适应混凝土泵送工艺，可免除混凝土输送管的反复拆装。

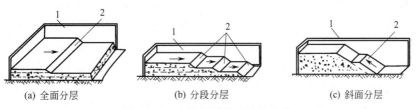

(a) 全面分层　　(b) 分段分层　　(c) 斜面分层

图10-32 大体积混凝土浇筑方案
1—模板；2—新浇筑的混凝土

大体积混凝土结构截面积大，水泥水化热总量大，而混凝土是热的不良导体，造成混凝土内部温度较高，由此使混凝土内外产生较大的温度差。当形成的温度应力大于混凝土抗拉强度时，在受到基岩或硬化混凝土垫层约束的情况下，就易使混凝土产生裂缝。因此，在浇筑大体积混凝土时，必须采取适当措施。具体如下：宜选用水化热较低的水泥，如矿渣水泥、火山灰或粉煤灰水泥；掺缓凝剂或缓凝型减水剂，也可掺入适量粉煤灰、磨细矿渣粉等掺合料；采用中粗砂和大粒径、级配良好的石子；尽量减少水泥用量和每立方米混凝土的用水量；降低混凝土入模温度，可在砂、石堆场、运输设备上搭设简易遮阳装置或覆盖草包等隔热材料，采用低温水或冰水拌制混凝土；扩大浇筑面和散热面，减少浇筑层厚度和浇筑速度，必要时在混凝土内部埋设冷却水管，用循环水来降低混凝土温度；在浇筑完毕后，应及时排除泌水，必要时进行二次振捣；加强混凝土保温、保湿养护，严格控制大体积混凝土的内外温差，当设计无具体要求时，温差不宜超过25℃，故可采用草包、炉渣、砂、锯末、油布等不易透风的保温材料或蓄水养护，以减少混凝土表面的热扩散和延缓混凝土内部水化热的降温速率；在设计允许的情况下可适当采用补偿收缩混凝土。

此外，为了控制大体积混凝土裂缝的开展，在特殊情况下，可在施工期间设置作为临时伸缩缝的"后浇带"，将结构分成若干段，以有效削减温度收缩应力；待所浇筑的混凝土经一段时间的养护干缩后，再在后浇带中浇筑补偿收缩混凝土，使分块的混凝土连成一个整体。在正常的施工条件下，后浇带的间距一般为20～30m，带宽1.0m左右，混凝土浇筑30～40d后用比原结构强度高5～10N/mm^{2}的混凝土填筑，并保持不少于15d的潮湿养护。为减少边界约束作用还可适当设置滑动层等。

4. 水下混凝土浇筑

在灌注桩、地下连续墙等基础以及水工结构工程中，常要直接在水下浇筑混凝土。其方法是利用导管输送混凝土并使之与环境水隔离，依靠管中混凝土的自重，压管口周围的混凝土在已浇筑的混凝土内部流动、扩散，以完成混凝土的浇筑工作（图10-33）。

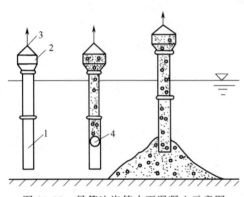

图10-33 导管法浇筑水下混凝土示意图
1—导管；2—承料漏斗；3—提升机具；4—球塞

导管由每段长度为1.5～2.5m（最下一节管为2～3m）、管径200～300mm、厚3～6mm的钢管用法兰盘加止水胶垫用螺栓连接而成。承料漏斗位于导管顶端，漏斗上方装有振动设备以防混凝土在导管中阻塞。提升机具用来控制导管的提升与下降，常用的提升机具有卷扬机、电动葫芦、起重机等。球塞可用软木、橡胶、泡沫塑料等制成，其直径比导管内径小15～20mm。

在施工时，先将导管放入水中（其下部距离底面约100mm），用麻绳或铅丝将球塞悬吊在导管内水位以上0.2m（塞顶铺2～3层稍大于导管内径的水泥纸袋，再散铺一些干水泥，以防混凝土中骨料卡住球塞），然后浇入混凝土，当球塞以上导管和承料漏斗装满混凝土后，剪断球塞吊绳，混凝土靠自重推动球塞下落，冲向基底，并向四周扩散。球塞冲出导管，浮至水面，可重复使用。冲入基底的混凝土将管口包住，形成混凝土堆。同时不断地将混凝土浇入导管中，管外混凝土面不断被管内的混凝土挤压上升。随着管外混凝土面的上升，导管也逐渐提高（到一定高度，可将导管顶段拆下）。但不能提升过快，必须保证导管下端始终埋入混凝土内，其最大埋置深度不宜超过5m。混凝土浇筑的最终高程应高于设计标高约100mm，以便清除强度低的表层混凝土（清除应在混凝土强度达到2～2.5N/mm^{2}后方可进行）。水下浇筑的混凝土必须具有较大的流动性和黏聚性以及良好的流动性保持能力，能依靠其自重和自身的流动能力来实现摊平和密实，有足够的抵抗泌水和离析的能力，以保证混凝土在堆内扩散过程中不离析，且在一定时间内其原有的流动性不降低。因此要求水下浇筑混凝土时水泥用量及砂率宜适当增加，泌水率控制在2%～3%以内；粗骨料粒径不得大于导管的1/5或钢筋间距的1/4，并不宜超过40mm；坍落度为150～180mm。施工开始时采用低坍落度，正常施工则用较大的坍落度，且维持坍落度的时间不得少于1h，以便混凝土能在一较长时间内靠其自身的流动能力实现其密实成型。

每根导管的作用半径一般不大于3m，所浇混凝土覆盖面积不宜大于30m^2，当面积过大时，可用多根导管同时浇筑。混凝土浇筑应从最深处开始，相邻导管下口的标高差不应超过导管间距的1/20～1/15，并保证混凝土表面均匀上升。

导管法浇筑水下混凝土的关键：一是保证混凝土的供应量应大于导管内混凝土必须保持

的高度和开始浇筑时导管埋入混凝土堆内必需的埋置深度所要求的混凝土量;二是严格控制导管提升高度,且只能上下升降,不能左右移动,以避免造成管内返水事故。

5. 免振捣混凝土

免振捣混凝土又称自密实混凝土,是 20 世纪 70 年代初由德国人发明并首先用于工程的流态混凝土。到 90 年代中期,日本已生产了自密实免振捣混凝土 80 万立方米,我国也已经有自密实免振捣混凝土的工程实际应用。目前人们对高流动免振捣混凝土的认识可以归结为:通过外加剂(包括高性能减水剂、超塑化剂、稳定剂等)、超细矿物粉体等材料和粗细骨料的选择与搭配和配合比的精心设计,使混凝土拌和物屈服剪应力减小到适宜范围,同时又具有足够的塑性黏度,使骨料悬浮于水泥浆中,不出现离析和泌水等问题,在基本不用振捣的条件下通过自重实现自由流淌,充分填充模板内及钢筋之间的空间,形成密实且均匀的结构。混凝土的屈服应力既是混凝土开始流动的前提,又是混凝土不离析的重要条件。若粗骨料因重力作用产生的剪应力超过了混凝土的屈服应力,便会从水泥浆中分离出来,或者由于粗骨料与砂浆的流变特性不同,在流动过程中,流动性差的骨料与相对流动性好的砂浆间产生的剪应力超过了混凝土的屈服应力,同样会造成粗骨料的分离。每立方米混凝土拌和物中胶结材料的数量和砂率值,对混凝土拌和物的工作性能有很大影响。浆体量多,流动性好,但浆体量过大对硬化后混凝土体积稳定性不利;砂率适当偏大些,拌和物通过间隙能力好,但砂率过大对混凝土的长期性能不利。

对于免振捣自密实混凝土,拌和物的工作性能是研究的重点,应着重解决好混凝土的高工作性与硬化混凝土力学性能及耐久性的矛盾。一般认为,免振捣自密实混凝土的工作性能应达到:坍落度 250~270mm,扩展度 550~700mm,流过高差≤15mm。有研究表明不经振捣的自密实混凝土可以在硬化后形成十分致密、渗透性很低的结构,且干缩率较同强度等级的普通混凝土较小。

(四)混凝土的捣实

混凝土浇筑入模后,内部还存在着很多空隙。为了使硬化后的混凝土具有所要求的外形和足够的强度与耐久性,必须使新入模的混凝土填满模板的每一角落(成型过程),并使混凝土内部空隙降低到一定程度以下(密实过程),具有足够的密实性。混凝土的捣实就是使浇入模内的混凝土完成成型与密实过程,保证混凝土构件外形正确,表面平整,混凝土的强度和其他性能符合设计要求。

混凝土的捣实方法有人工捣实和机械捣实两种。人工捣实是利用捣棍、插钎等用人力对混凝土进行夯插使混凝土成型密实的一种方法。它不但劳动强度大,且混凝土的密实性较差,只能用于缺少机械和工程量不大的情况。人工捣实时,必须特别注意做到分层浇筑,每层厚度一般宜控制在 15cm 左右。捣实时要注意插匀、插全,机械捣实的方法有多种,在建筑工地主要采用振动法和真空脱水法。

1. 振动法

振动法是通过振动机械将一定频率、振幅和激振力的振动能量传给混凝土,强迫混凝土组分中的颗粒产生振动,从而提高混凝土的流动性,使混凝土达到良好的密实成型的目的。这种方法设备简单,效率高,能保证混凝土达到较高的密实性,在不同工作地点和结构上都能应用,使用的适应性强,是目前应用最广泛的一种方法。

(1) 振动捣实机械 振动捣实机械的类型,按其工作方法的不同可分为:插入式振动器、附着式振动器、平板式振动器和振动台。在建筑工地,主要是应用插入式振动器和平板式振动器。

插入式振动器,又称内部振动器,由电动机、软轴和振动棒三部分组成(图10-34)。振动棒是工作部分,它是一个棒状空心圆柱体,内部安装着偏心振子,在动力源驱动下,由于偏心振子的振动,使整个棒体产生高频微幅的机械振动。工作时,将它插入混凝土中,通过棒体将振动能量直接传给混凝土,因此,振动密实的效率高,适用于基础、柱、梁、墙等深度或厚度较大的结构构件的混凝土捣实。

按振动棒激振原理的不同,插入式振动器可分为偏心轴式和行星滚锥式(简称行星式)两种。偏心轴式的激振原理是利用安装在振动棒中心具有偏心质量的转轴,在做高速旋转时所产生的离心力通过轴承传递给振动棒壳体,从而使振动棒产生圆振动。

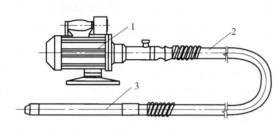

图10-34 插入式振动器
1—电动机;2—软轴;3—振动棒

为提高振动效率,振动器的振动频率一般须达10000次/min以上。由于偏心轴式振动器的振动频率达到6000次/min时机械磨损已较大,如果进一步提高频率,则软轴和轴承的寿命将显著降低,因此,它已逐渐被振动频率较高的行星滚锥式所取代。后者是利用振动棒中一端空悬的转轴,在它旋转时,除自转外,还使其下垂(前)端的圆锥部分(即滚锥)沿棒壳内的圆锥面(即滚道)做公转滚动,从而形成滚锥体的行星运动,以驱动棒体产生圆振动。由于转轴滚锥沿滚道每公转一周,振动棒壳体即可产生一次振动,故转轴只要以较低的电动机转速带动滚锥转动,就能使振动棒产生较高的振动频率。

行星式振动器的最大特点,是在不提高软轴的转速情况下,利用振子的行星运动,即可使振动棒获得较高的振动频率,与偏心式振动器比较,具有振动效果好、机械磨损少等优点,因而得到普遍的应用。

使用插入式振动器时,要使振动棒自然地垂直沉入混凝土中,为使上下层混凝土结合成整体,振动棒应插入下一层混凝土中50mm。振动棒不能插入太深,最好应使棒的尾部留露1/4~1/3,软轴部分不要插入混凝土中。振捣时,应将棒上下振动,以保证上下部分的混凝土振捣均匀。振动棒应避免碰撞钢筋、模板、芯管、吊环和预埋件等。

振动棒各插点的间距应均匀,不要忽远忽近。插点间距一般不要超过振动棒有效作用半径R的1.5倍,振动棒与模板的距离不应大于其有效作用半径R的0.5倍。各插点的布置方式有行列式与交错式两种(图10-35),其中交错式重叠、搭接较多,能更好地防止漏振,保证混凝土的密实性。振动棒在各插点的振动时间,以见到混凝土表面基本平坦、泛出水泥浆、混凝土不再显著下沉、无气泡排出为止。

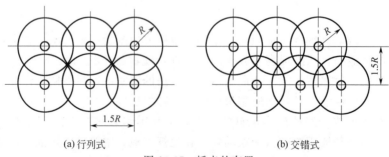

(a) 行列式　　　　　　　　　　(b) 交错式

图10-35 插点的布置

附着式振动器又称外部振动器,使用时是利用螺栓或夹钳等将它固定在模板上,通过模板来将振动能量传递给混凝土,达到使混凝土密实的目的。适用于振捣截面较小而钢筋较密的柱、梁及墙等构件。

附着式振动器在电动机两侧伸出的悬臂轴上安装有偏心块,故当电动机回转时,偏心块便产生振动力,并通过轴承基座传给模板。由于模板要传递振动,故模板应有足够的刚度。附着式振动器的振动效果与模板的重量、刚度、面积以及混凝土构件的厚度有关,故所选用的振动器的性能参数必须与这些因素相适应,否则,将达不到捣实的效果,影响混凝土构件的质量。在一个构件上如需安装几台附着式振动器时,它们的振动频率必须一致。若安装在构件两侧,其相对应的位置必须错开,使振捣均匀。

将附着式振动器固定在一块底板上则成为平板式振动器,它又称为表面振动器。适用于捣实楼板、地坪、路面等平面面积大而厚度较小的混凝土结构构件。

平板式振动器的振动力是通过底板传递给混凝土的,故使用时振动器的底部应与混凝面保持接触。在一个位置振动捣实到混凝土不再下沉、表面出浆时,即可移至下一位置继续进行振动捣实。每次移动的间距应保证底板能覆盖已被振捣完毕区段边缘 50mm 左右,以保证衔接处混凝土的密实性。

(2) 振动捣实混凝土的原理　新拌制成的混凝土是具有弹、黏、塑性性质的一种多相分散体系,具有一定的触变性(在剪应力作用下,物质的黏度会减小,而当剪应力撤除后,其黏度又会逐渐复原的现象称为触变性)。因此,浇入模板内的混凝土,在振动机械的振动作用下,混凝土中的固体颗粒都处于强迫振动状态,颗粒之间的内摩擦力和黏着力大大降低,混凝土的黏度急剧下降,流动性大大增加,混凝土呈现液化而具有重质液体的性质,因而能流向模板内的各个角落将模板填满。与此同时,混凝土中的粗骨料颗粒在重力作用下逐步下落沉实,颗粒间的空隙则被水泥砂浆所填满,空气则以气泡状态浮升至表面排出,从而使原来处于松散堆积状态的混凝土得到密实。

2. 真空脱水法

在混凝土浇筑施工中,有时为了使混凝土易于成型,采用加大水灰比、提高混凝土流动性的方式,但随之降低了混凝土的密实性和强度。真空脱水法就是利用真空吸水设备,将已浇筑完毕的混凝土中的游离水和气泡吸出,以达到降低水灰比、提高混凝土强度、改善混凝土的物理力学性能、加快施工进度的目的。经过真空脱水的混凝土,密实度大,抗压强度可提高 25%~40%,与钢筋的握裹力可提高 20%~25%,可减少收缩,增强弹性模量。混凝土真空脱水技术主要用于预制构件和现浇混凝土楼地面、道路及机场跑道等工程施工。

真空脱水设备主要由真空泵机组、真空吸盘、连接软管等组成,如图 10-36 所示。

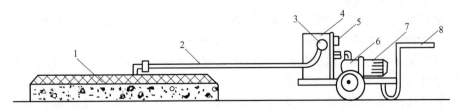

图 10-36　真空脱水设备示意图
1—真空吸盘;2—连接软管;3—吸水进口;4—集水箱;5—真空表;6—真空泵;7—电动机;8—手推小车

采用混凝土真空脱水技术,一般初始水灰比以不超过 0.6 为宜,最大不超过 0.7,坍落度可取 50~90mm。由于真空脱水后混凝土体积会相应缩小,因此振平后的混凝土表面应比设计略高2～4mm。

在放置真空吸盘前应先铺设过滤网，过滤网必须平整紧贴在混凝土上；真空吸盘放置应注意其周边的密封是否严密，防止漏气，并保证两次抽吸区域中有30mm的搭接。开机吸水的延续时间取决于真空度、混凝土厚度、水泥品种和用量、混凝土浇筑前的坍落度和温度等因素。真空度越高抽吸量越大，混凝土越密实，一般真空度为66661～69993Pa；在真空度一定时，混凝土层越厚，需开机的时间越长；但混凝土太厚时，应分层吸水或真空由小到大慢慢增加，以免造成上密下疏现象。也可根据经验，看混凝土表面的水分明显抽干，用手指压无指痕、用脚踩只留下轻微的痕迹即可认为真空抽吸完成。

在真空抽吸过程中，为避免混凝土脱水出现阻滞现象，使混凝土内部多余的水均排出，可在开机一定时间后，暂时停机，立即进行2～20s的短暂振动，然后再开机，如此重复数次可加强吸水的效果。真空吸水后要进一步对混凝土表面研压抹光，保证表面的平整。

五、混凝土的养护

混凝土的凝结与硬化是水泥水化反应的结果。为使已浇筑的混凝土能获得所要求的物理力学性能，在混凝土浇筑后的初期，采取一定的工艺措施，建立适当的水化反应条件的工作，称为混凝土的养护。由于温度和湿度是影响水泥水化反应速率和水化程度的两个主要因素，因此，混凝土的养护就是对在凝结硬化过程中的混凝土进行温度和湿度的控制。

根据混凝土在养护过程中所处温度和湿度条件的不同，混凝土的养护一般可分为标准养护、自然养护和热养护。混凝土在温度为（20±3）℃和相对湿度为90%以上的潮湿环境或水中的条件下进行的养护称为标准养护。在自然气候条件下，对混凝土采取相应的保湿、保温等措施所进行的养护称为自然养护。为了加速混凝土的硬化过程，对混凝土进行加热处理，将其置于较高温度条件下进行硬化的养护称为热养护。本节着重叙述在常温条件下施工现场广泛应用的自然养护。

混凝土在自然气候条件下凝结、硬化时，如果不采取任何工艺措施，混凝土将会由于水分蒸发过快而早期大量失水，以致影响水泥水化反应的进行，造成混凝土表面出现脱皮、起砂或产生干缩裂缝等现象，混凝土的强度和耐久性将随之降低。因此，防止混凝土早期失水和干缩裂缝的产生，在混凝土浇筑后应及时进行养护。在施工现场，对混凝土进行自然养护时，根据所采取的保湿措施的不同，可分为覆盖浇水养护和塑料薄膜保湿养护两类。

1. 覆盖浇水养护

覆盖浇水养护是在混凝土表面覆盖吸湿材料，采取人工浇水或蓄水措施，使混凝土表面保持潮湿状态的一种养护方法。所用的覆盖材料应具有较强的吸水保湿能力，常用的有麻袋、帆布、草帘、锯末等。

开始覆盖和浇水的时间一般在混凝土浇筑完毕后3～12h内（根据外界气候条件的具体情况而定）进行。浇水养护日期的长短要取决于水泥的品种和用量。在正常水泥用量情况下，采用硅酸盐水泥、普通硅酸盐水泥和矿渣硅酸盐水泥拌制的混凝土，不得少于7昼夜；掺用缓凝型外加剂或有抗渗性要求的混凝土，不得少于14昼夜。每日浇水次数视具体情况而定，以能保持混凝土经常处于足够的湿润状态即可。但当日平均气温低于5℃时，不得浇水。

对于表面面积大的构件（如地坪、楼板、屋面、路面等），也可沿构件周边用砖砌成高约120mm的砖埂或用黏土筑成土埂围成一蓄水池，在其中蓄水进行养护。

2. 塑料薄膜保湿养护

塑料薄膜保湿养护是用防蒸发材料将混凝土表面予以密封，阻止混凝土中的水分蒸发，使混凝土保持或接近饱水状态，保证水泥水化反应正常进行的一种养护方法。它与湿养护法相比，可改善施工条件，节省人工，节约用水，保证混凝土的养护质量。根据所用密封材料的不同，保湿养护又可分为塑料布养护和薄膜养护剂养护。

(1) 塑料布养护　它是采用塑料布覆盖在混凝土表面对混凝土进行养护。塑料布颜色有透明、白色和黑色等。透明与黑色塑料布具有吸热性，可加速混凝土的硬化。白色塑料布能反射阳光，适于炎热干燥地区养护之用。养护时，应掌握好铺放塑料布的时间，一般以不会与混凝土表面黏着时为准。塑料布必须把混凝土全部敞露的表面覆盖严密，周边应压严，防止水分蒸发，并应保持塑料布内有凝结水。塑料布的缺点是容易撕裂，且易使混凝土表面产生斑纹，影响外观，故只适宜用于表面外观要求不高的工程。

(2) 薄膜养护剂养护　它是在新浇筑的混凝土表面喷涂一层液态薄膜养护剂（又称薄膜养生液）后，养护剂在混凝土表面能很快形成一层不透水的密封膜层，阻止混凝土中的水分蒸发，使混凝土中的水泥获得充分水化条件的一种养护方法。此法不受施工场地、构件形状和部位的限制，施工方便，既能保证工程质量，又可节省劳动力，节约用水，改善施工条件，并可为后续施工工作及早提供工作面从而加快工程进度，具有较好的技术经济效果。

薄膜养护剂的品种很多，大多数是采用乳化植物油类、合成树脂等来制作。按形态分可分为溶剂型和乳液型两大类；按透明度分，薄膜养护剂可分为透明的、半透明的和不透明的三种。为便于用肉眼检查养护剂喷涂的均匀性，透明的和半透明的养护剂中可掺入易褪色的短效染料，这种染料在养护剂喷涂一天后就褪色了，七天后便几乎看不见。掺有白色或浅灰色颜料的养护剂具有反射太阳光的作用，能降低混凝土对太阳热能的吸收，适用于干热气候条件下混凝土的养护，黑色养护剂则具有吸收太阳热能的作用，有利于冬期施工时对混凝土的养护。

对薄膜养护剂性能的要求是：应无毒，不与混凝土发生有害反应；应具有适当的黏度，以便于喷涂；能适时干燥，其干燥时间（即成膜时间）夏季不宜超过 2h；成膜膜层与混凝土表面应有一定的黏结力，并具有一定的韧性，喷涂后至少 7d 薄膜能保持完整无损，而在达到养护目的之后，又易于破膜清除，不影响混凝土表面与新浇筑混凝土或其他装饰层的黏结。保水性是薄膜养护剂的一个重要性能指标，要求按规定方法制作的砂浆试件，在规定养护条件 [温度 (37.8 ± 1.1)℃，相对湿度 $32\%\pm2\%$] 下养护 72h 的水分损失不得超过 $0.55kg/m^3$，也可用保水率来评价其保水性能。

薄膜养护剂应在 5℃ 以上的气温下使用。喷涂的时间要很好掌握，喷涂过迟会影响混凝土的质量，甚至导致出现干缩裂缝。喷涂憎水（疏水）性薄膜养护剂过早，则会大大降低膜层与混凝土表面的黏结力。一般亲水性的养护剂可在混凝土表面抹平之后立即喷涂，憎水性的养护剂应在混凝土表面收水（即水分消失并出现无光色泽）后进行喷涂，时间约在混凝土浇筑后 15min 至 4h 之间，视气温和空气湿度而定。在建筑工程中常用的喷涂设备为农用农药喷雾器或普通的油漆喷枪。薄膜养护剂的用量应根据产品说明书确定，如未有规定，可采用不少于 $200cm^3/m^2$ 控制。在干燥炎热气候条件下，应按规定用量喷涂两次，第二层养护剂应在第一层完全干透后才可喷涂。喷涂第二层时，喷枪移动方向应与第一次垂直。喷涂时应注意喷涂均匀，不得出现漏喷之处。由于养护剂黏度较低，易于在混凝土表面低凹处聚积，故混凝土表面应尽量抹压平整，不可出现局部凹凸不平现象。

第四节 钢筋混凝土施工质量保证

一、钢筋位移

1. 现象

主筋未均匀对称分布，楼板阳台负弯筋下移，箍筋间距不均匀，梁柱节点处不加密、节点处缺少箍筋、地震设防区的箍筋未做135°弯钩。

2. 原因分析

缺乏必要知识，不了解梁、板、柱的工作状态和各种钢筋的作用。对施工及验收规范不熟悉，没按规定施工。施工中没有设置防止位移的支架、垫块，或工人浇筑混凝土时踩踏造成位移。

3. 预防措施

预制钢筋笼就位后要检查、调整，放好垫块。现场钢筋绑扎时，先在模板或钢筋上用粉笔画好位置；绑扎完毕后，放好垫块或卡具；双排配筋时，可在两层筋中间加 $\phi25mm$ 的短钢筋，绑扎固定。负弯筋要用支架垫好，浇筑混凝土时随时检查，防止因踩踏等造成下移。

二、混凝土梁、柱位移，胀模或节点错位

1. 现象

构件几何尺寸不准，弯曲膨胀，前后梁不同轴。

2. 原因分析

模板安装位置不准，模板安装没有按轴线校直校正。模板支撑不牢，没有支撑在坚硬的地面上，混凝土浇筑过程中，由于荷载增加，支撑随地面下沉变形。模板刚度不足，支撑间距过大，柱箍间距过大，不牢固。

3. 预防措施

对高大构件要对模板进行设计计算。梁下的地基要夯实，支撑下要铺垫板。模板要加工平整、拼缝严密，对中弹线，居中找平安装。支撑数量要足够，安装牢固，防止楔子和螺栓松脱，根据柱断面大小及高度，模板外每隔800～1200mm加设柱箍，固定牢靠。浇筑混凝土前，要对模板和支撑系统进行检查。

三、混凝土裂缝

1. 塑性收缩裂缝

（1）现象　裂缝多在新浇筑并暴露于空气中的结构、构件表面出现，形状很规则，且长短不一，互不连贯，裂缝较浅。大多在混凝土初凝后，在外界气温高、风速大、气候很干燥的情况下出现。

（2）原因分析　混凝土浇筑后，表面没有及时覆盖，受风吹日晒，表面游离水分蒸发过快，产生急剧的体积收缩，而此时混凝土早期强度低，不能抵抗这种变形应力而导致开裂。

使用收缩率较大的水泥，水泥用量过多，或混凝土水灰比过大，模板、垫层过于干燥，吸水大。

(3) 预防措施　配制混凝土时，应严格控制水灰比和水泥用量。混凝土浇筑前，将基层和模板浇水湿透，避免吸收混凝土中的水分。混凝土浇筑后，应及时喷水养护，对裸露表面应及时用潮湿材料覆盖。在炎热季节，要加强表面的抹压和养护工作。

2. 沉降收缩裂缝

(1) 现象　裂缝多沿结构上表面钢筋通长方向或箍筋上断续出现，裂缝宽度 1～4mm，深度不大，一般到钢筋表面为止。多在混凝土浇筑后发生，混凝土硬化后即停止。

(2) 原因分析　混凝土浇筑振捣后粗骨料沉落，挤出水分、空气，表面呈现泌水，形成竖向体积缩小沉落，这种沉落受到钢筋、预埋件、模板、大的粗骨料以及先期凝固混凝土的局部阻碍或约束，或因混凝土本身各部沉降量相差过大而造成裂缝。这种裂缝多发生在坍落度较大的混凝土中。

(3) 预防措施　加强混凝土配制和施工操作控制，不使水灰比、含砂率、坍落度过大，振捣要充分，但避免过度。

对于截面相差较大的混凝土构筑物，可先浇筑较深部位，放置一段时间，待沉降稳定后，再与其他部位同时浇筑，以避免沉降过大导致裂缝。

对坍落度较大的混凝土，水泥终凝前要对其表面进行第二次抹压，消除裂缝。

3. 温度裂缝

(1) 现象　表面温度裂缝走向无一定规律性，梁板类或长度较大的结构构件，裂缝多平行于短边，大面积结构裂缝常纵横交错。深进的和贯穿的温度裂缝一般与短边方向平行或接近于平行，裂缝沿全长分段出现，中间较密。裂缝宽度大小不一，一般在 0.5mm 以下，沿全长没有多大变化。表面温度裂缝多发生在施工期间，深进的和贯穿的温度裂缝多发生在浇筑 2～3 个月或更长时间。

(2) 原因分析　表面温度裂缝多是由于温差较大造成的。混凝土结构构件，特别是大体积混凝土浇筑后，水泥水化会放出大量水化热，使内部温度不断升高，而外部则散热较快，造成混凝土内外温差较大。这种温差造成内部和外部热胀冷缩的程度不同，就在混凝土表面产生膨胀应力，而混凝土早期抗拉强度很低，因而出现裂缝。但这种温差仅在表面处较大，因此，只在表面较浅的范围内出现。

深进的和贯穿的温度裂缝多由于结构降温较大引起。对大体积混凝土基础，墙体浇筑时因其处于流动状态，或只有很低的强度，水化热造成的热胀受到的约束很小，硬化后发生的收缩将受到地基的强大约束，会在混凝土内部产生很大的拉应力，产生降温收缩裂缝。这类裂缝较深，有时是贯穿性的，将破坏结构的整体性。

采用蒸汽养护的预制构件，混凝土降温控制不严，速度过快会导致构件表面或肋部出现裂缝。

(3) 预防措施　合理选择原材料和配合比，选用低热或中热水泥，采用级配良好的石子，严格控制砂、石含泥量，降低水灰比，也可掺入适量的粉煤灰，降低水化热。大体积混凝土在设计允许的情况下，可掺入不大于混凝土体积 25% 的块石，以吸收热量，节省混凝土。

浇筑大体积混凝土时应避开炎热天气，如必须在炎热天气浇筑时，应采用冰水，对骨料设遮阳装置，以降低混凝土搅拌和浇筑温度。

大体积混凝土应分层浇筑，每层厚度不大于 300mm，以加快热量的散发，同时便于振捣密实，提高弹性模量。

大体积混凝土内部适当预留一些孔道，在内部循环冷水降温。

混凝土与垫层之间应设隔离层，使之能够产生相对滑动，以减少约束作用。

加强早期养护，提高抗拉强度。混凝土浇筑后表面及时用草垫、草袋或锯屑覆盖，并洒水养护，也可在表面灌水养护。在寒冷季节，混凝土表面应采取保温措施。混凝土本身内外温差应控制在20℃以内，养护过程中应加强测温工作，发现温差过大要及时覆盖保温，使混凝土缓慢降温。

蒸汽养护时控制升温速率不大于15℃/h，降温速率不大于10℃/h，并缓慢揭盖，避免急冷急热引起过大的温度应力。

4. 不均匀沉降引起的裂缝

（1）现象　裂缝多属进深或贯穿性裂缝，其走向与沉陷情况有关，有的在上部，有的在下部，一般与地面垂直或呈30°~45°方向发展。裂缝宽度受温度变化影响小，因荷载大小而变化，且与不均匀沉降值成正比。

（2）原因分析　结构、构件下面的地基软硬不均，或局部存在松软土，混凝土浇筑后，地基局部产生不均匀沉降而引起裂缝。或结构各部荷载悬殊，未做必要的处理，混凝土浇筑后因地基受力不均，产生不均匀下沉，导致出现裂缝。或模板刚度不足、支撑不牢、支撑间距过大或支撑在松软土上以及过早拆模，也常导致不均匀沉降裂缝出现。

（3）预防措施　对软土地基、填土地基应进行必要的夯实和加固。避免直接在较深的松软土或填土上平卧生产较薄的预制构件，或经夯实加固处理后作预制场地。模板应支撑牢固，保证整个支撑系统有足够的强度和刚度，并使地基受力均匀，拆模时间不能过早，应按规定执行。结构各部荷载悬殊的结构，适当增设构造钢筋，以免不均匀下沉，造成应力集中而出现裂缝。模板支架一般不应支承在冻胀性土层上，如确实不可避免，应加垫板，做好排水，覆盖好保温材料。

四、混凝土质量缺陷及其处理

1. 混凝土质量缺陷产生的原因

（1）麻面　麻面是结构构件表面上呈现无数的小凹点，而无钢筋暴露现象。这类缺陷一般是由于模板润湿不够、不严密，捣固时发生漏浆或振捣不足，气泡未排出，以及捣固后没有很好养护而产生的。

（2）露筋　露筋是钢筋暴露在混凝土外面。产生的原因主要是浇筑时垫块位移，钢筋紧贴模板，以致混凝土保护层厚度不够所造成。有时也因保护层的混凝土振捣不密实或模板湿润不够、吸水过多造成掉角而露筋。

（3）蜂窝　蜂窝是结构构件中形成有蜂窝状的窟窿，骨料间有空隙存在。这种现象主要是由于材料配合比不准确（浆少、石子多）或搅拌不均，造成砂浆与石子分离，或浇筑方法不当，或捣固不足以及模板严重漏浆等原因造成。

（4）孔洞　孔洞是指混凝土结构内存在着空隙，局部或全部没有混凝土。这种现象主要是由于混凝土捣空、砂浆严重分离、石子成堆、砂子和水泥分离而产生的。另外，钢筋密集、混凝土受冻、泥块杂物掺入等，也会形成孔洞事故。

（5）混凝土强度不足　产生混凝土强度不足的原因是多方面的，主要是由于混凝土配合比设计、搅拌、现场浇捣和养护四个方面造成的。

2. 混凝土质量缺陷的处理

（1）表面抹浆修补　对于数量不多的小蜂窝、麻面、露筋、露石的混凝土表面，主要是保护钢筋和混凝土不受侵蚀，可用（1:2）~（1:2.5）水泥砂浆抹面修整。在抹砂浆前，须用钢丝刷刷净或用加压力的水冲洗润湿需修补处,抹浆初凝后要加强养护工作。

对结构构件承载能力无影响的细小裂缝,可将裂缝加以冲洗,用水泥浆抹补。如果裂缝较大较深时,应将裂缝附近的混凝土表面凿毛,或沿裂缝方向凿成深为15～20mm,宽100～200mm的V形凹槽,扫净洒水湿润,先刷水泥浆一道,然后用(1∶2)～(1∶2.5)水泥砂浆分2～3层涂抹,总厚度控制在10～20mm左右,并压实抹光。

(2) 细石混凝土填补 当蜂窝比较严重或露筋较深时,应除掉附近不密实的混凝土和突出的骨料颗粒,用清水洗刷干净并充分润湿后,再用比原强度等级高一级的细石混凝土填补并仔细捣实。

对孔洞事故的补强,可在旧混凝土表面采用处理施工缝的方法处理。将孔洞处疏松的混凝土和突出的石子剔凿掉,孔洞顶部要凿成斜面,避免形成死角,然后用水刷洗干净,保持湿润72h后,用比原混凝土强度等级高一级的细石混凝土捣实。混凝土的水灰比宜控制在0.5以内,并掺水泥用量万分之一的铝料,分层捣实,以免新旧混凝土接触面上出现裂缝。

(3) 水泥灌浆与化学灌浆 对于影响结构承载力或防水、防渗性能的裂缝,为恢复结构的整体性和抗渗性,应根据裂缝的宽度、性质和施工条件等,采用水泥灌浆或化学灌浆的方法予以修补。一般对宽度大于0.5mm的裂缝,可采用水泥灌浆;宽度小于0.5mm的裂缝,宜采用化学灌浆。化学灌浆所用的灌浆材料,应根据裂缝性质、缝宽和干燥情况选用。作为补强用的灌浆材料,常用的有环氧树脂浆液(能修补缝宽0.2mm以上的干燥裂缝)和甲凝(能修补0.05mm以上的干燥细微裂缝)等。作为防渗堵漏用的灌浆材料,常用的有丙凝(能灌入0.01mm以上的裂缝)和聚氨酯(能灌入0.015mm以上的裂缝)等。

第五节 水池施工

贮水池是污水治理工程中通用性的构筑物,它的作用不仅是提供污水处理工艺流程中所必需的贮水池空间,而且还具有调节水质的作用。根据工艺要求,这类构筑物大多要贮存水体埋于地下或半地下,一般要求承受较大的水压和土压,因此除了在构造上满足强度外,同时要求它还应有良好的抗渗性和耐久性,以保证构筑物长期正常使用。通常贮水池或水处理构筑物宜采用钢筋混凝土结构,当容量较小时,也可采用砖石结构。

一、水池类型

污水处理厂中各类贮水池按不同工艺处理过程来分类,有调节池、沉淀池、初沉池、二沉池、污泥浓缩池、气浮池、滤池、曝气池、集水井等;按池体的外形分类,有矩形池、圆柱锥底形池、多边形池、单室池、多室池、有盖板的池及敞口池等;按池体所采用的材料不同,可分为钢筋混凝土池、砖砌体池(当容量较小时)、钢板池(多建在地面以上)、塑料板池等;按池体与地面相对位置不同,可分为地下式贮水池、半地下室式贮水池及地面贮水池等;按池体结构构造的不同,可分为现浇钢筋混凝土矩形贮水池与圆形贮水池、装配式钢筋混凝土矩形池、装配式预应力钢筋混凝土圆形水池、无黏结预应力钢筋混凝土水池等。但无论何种材料、何种结构、何种外形,所有贮水池一般均由垫层、池底板、池壁、池顶板组成,如图10-37所示。

二、水池构造

1. 现浇钢筋混凝土贮水池

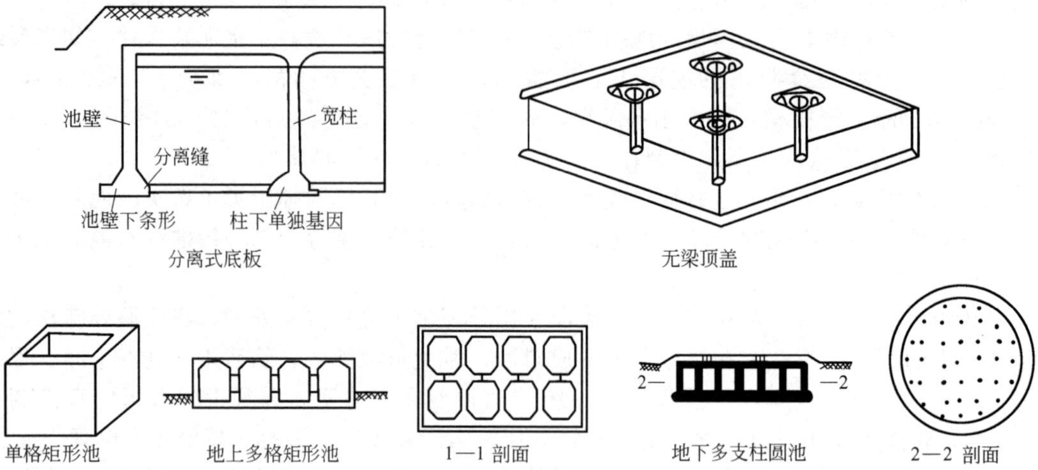

图 10-37 贮水池类型

对于现浇钢筋混凝土贮水池,当宽度大于 10m 时,其内部设支柱、池壁加设壁柱,或在内部设纵横隔墙,将池子分为多室(如图 10-38 所示为某工厂污水处理调节池),池子顶盖多为肋形盖板或无梁顶板,池壁厚为 300~500mm,池高一般为 3.0~6.0m。为保证池壁与池顶板的刚性连接,通常在池体角部设立支托加强,并设加强筋,如图 10-39 所示。对于无顶盖池子,一般在上部设大头或挑台板,以阻止裂缝开展,敞口水池子的上部顶端宜配置水平向加强钢筋或设置圈梁。水平向加强钢筋的直径不应小于池壁的竖向受力钢筋,且不应小于 $\phi 12mm$。在池底板混凝土垫层以上及池外壁还需作防护层,以防地下水的侵蚀和渗漏,因为池体多半位于地下或半地下。其防护层构造通常采用外抹水泥砂浆,涂刷冷底子油和 2 度沥青玛蹄脂,或喷涂 40mm 厚 1:2 水泥砂浆(或掺水泥用量 5% 的防水剂)后涂刷乳化沥青或石油沥青;池顶板面上铺钢丝网,浇注 35~40mm 厚的 C20 细石混凝土做刚性防水层或仅用于做找平层,再加铺二毡三油防水层。池体内壁抹 1:2 水泥防水砂浆(当液体对混凝土无侵蚀性时)或做防腐防渗处理(当液体对混凝土有侵蚀性时)。

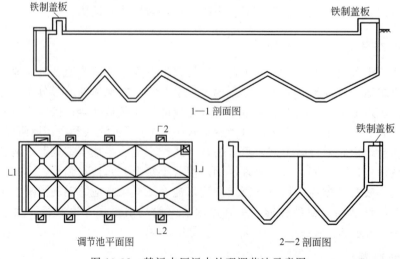

图 10-38 某污水厂污水处理调节池示意图

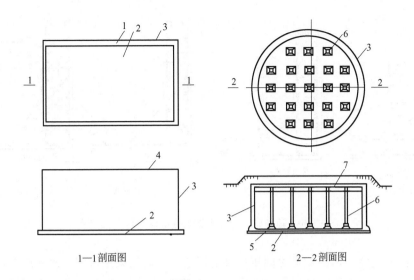

图 10-39 现浇钢筋混凝土贮水池
1—垫层；2—底板；3—池壁；4—顶板；5—垫层；6—柱；7—肋形顶板

2. 现浇钢筋混凝土贮水池施工

现浇钢筋混凝土贮水池施工与其他现浇钢筋混凝土构筑物施工相似，其施工程序是：场地平整—测量定位放线—基坑开挖及地基处理—混凝土垫层—池底板绑扎钢筋—浇筑底板—池壁钢筋绑扎—支设池壁模板—浇筑池壁—池顶板支模绑扎浇筑—试水—池外壁抹砂浆做防渗处理—池内壁与池底板抹防水砂浆—安装池子进出水管道—土方回填—交工验收。具体施工操作方法如下。

（1）土方开挖及地基处理　①土方开挖工程。通常根据池体大小、土质情况、施工条件及工期要求来选择开挖手段。人工挖土系用镐、锹进行，用手推车或机动翻斗车运土；机械挖土多用铲运机或挖土机进行。②地基处理。池底板基底土质应符合设计要求。当遇到基底部分有软弱土层或出现局部超挖和挠动土层现象时，先挖走松软土层与挠动土层后用砂或砂砾石分层回填至设计标高处并夯实。如遇基底为湿陷性黄土，应采取强夯消除湿陷性或加做30～60cm 厚 3∶7 灰土垫层，随即浇筑混凝土垫层。当地下水位较高时，会影响基坑土方开挖，应在基坑周边采取降低地下水位措施以消除地下水的影响。开挖工序完后，必须经地质勘探部门对地基土质情况检查，验收合格后，方可进行下一道工序池底板施工。

（2）池底板施工　首先做池底混凝土垫层，通常采用100mm 厚 C10～C15 混凝土，之后在垫层上涂刷沥青冷底子油及沥青玛蹄脂或铺二毡三油防水隔离层。绑扎钢筋应先定出池底部中心点，按施工放线布筋绑扎，先布中心区域的钢筋，再布放射筋，最后布环向筋绑扎成整体，分别用保护层砂浆块垫起，池底部上层钢筋网的绑扎采用垫层内插入钢筋头，上端与底板上部平齐，先布中心区域的筋再布环向筋，最后布放射筋，绑扎成整体。池底板混凝土浇筑一次性连续浇筑完成，不留施工缝。通常底板中心向池周边或由池内端向池中心（当池底面积较小时）顺次进行，浇筑顺序从排水沟、集水坑等较低部位开始，依次向上浇筑，避免出现冷缝。池底板混凝土浇筑完后，进入下一道工序。

（3）池壁施工　池壁施工时，模板的拼装不能妨碍钢筋的绑扎、混凝土的浇筑和养护。模板支设按贮水池施工缝的留设而分段进行。池底板与池壁的施工缝设在离池底板上表面350～500mm 处，施工缝形式及构造如图 10-40、图 10-41 所示。池壁钢筋在内模（或外模）

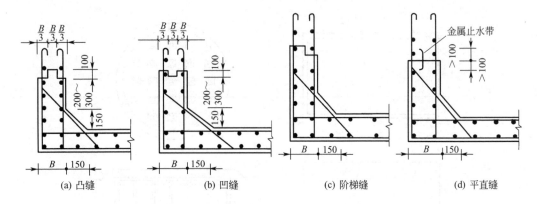

图 10-40　池外壁与池顶板施工缝留设的形式及构造

支好后一次性绑扎完,内外钢筋之间用连接筋固定,竖向筋采用对焊,水平筋采用搭接,搭接长度不小于 35d(当池壁是环形时 40d),接头应错开 1/4。模板、钢筋工序之后浇筑混凝土。为避免出现施工缝并使模板受力均匀,浇筑混凝土时从中心部位向两侧对称进行,浇筑高度每层 20~30cm,振捣棒插入间距不大于 45cm,振动时间在 20~30s;浇筑环形池壁混凝土,也是对称分层均匀浇筑。

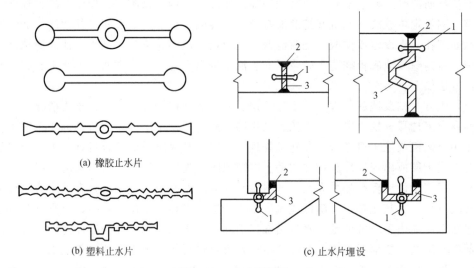

图 10-41　止水带装置
1—止水带;2—封缝料;3—填料

(4) 池顶板施工　池顶盖模板是在池底板混凝土工序完成后支设的。池壁、池顶板浇筑有一次浇筑和二次浇筑两种方法。一次浇筑是将池壁、池柱、池顶盖模板一次支好,绑扎钢筋,浇筑混凝土。而二次浇筑是先支池壁、池柱模板至顶盖下 3~5cm,绑扎壁柱钢筋,浇筑混凝土,之后再支池顶盖板的模板,绑扎顶盖板钢筋,最后浇筑盖板混凝土。池顶盖板混凝土浇筑顺序与池底相似,由中间向两端进行或由一端向另一端进行。浇筑拱形池顶盖板时,采用干硬性混凝土由下部四周向顶部进行,以防滑落、倾泻。

无论是池底部混凝土还是池壁、池顶盖板混凝土,振捣时应均匀分层用插入式振动器或平板式振动器振捣密实,每一部分混凝土浇完终凝后应加强保温养护,用草袋类材料覆盖其上，并洒水养护不少于14d，防止混凝土因表面失水、过快收缩而产生干缩裂缝。

由于混凝土在硬化初期的收缩及地基可能产生的不均匀沉降以及混凝土在后期的温度收缩影响，会使池体混凝土出现裂缝而引起渗漏。为减少或避免裂缝的发生，可采取对池体分块浇筑的方法，这里说的分块浇筑并非前述的池底、池壁、池顶盖板三个单元体，分块浇筑方法是根据贮水池长度大小、池底地基约束情况以及施工流水作业分段要求，将整个池体分为若干单体（块），各单体间留设0.6~1.0m宽的后浇混凝土缝带，贮水池钢筋仍按施工图纸一次绑扎好，且在缝带处不切断钢筋，每块支模、绑钢筋、浇筑混凝土后养护28d，待块体基本水化收缩完成后，再用比贮水池高一个强度等级的普通防水混凝土或补偿收缩混凝土灌注连成整体。施工时应把后浇混凝土缝带设置在结构受力薄弱部位或分段施工缝部位，要支模浇筑，浇筑前应将混凝土表面凿毛，用压力水洗净、湿润，缝面刷水泥浆一度，再浇筑混凝土。后浇缝带一次全部浇筑完毕，间隔30min，再重复振捣一次，以消除混凝土中部与两侧沉陷不一致的现象。

三、池体防渗检验与处理

贮水池主体工程完工，池体达到设计强度后还应做防渗检验。首先通过混凝土试块的抗渗试验，检验其是否满足抗渗标号；其次对池体构筑物进行试水，测定其漏水量，通过试水可直接查出构筑物有无渗漏情况、结构的安全度，并可预压地基。试水前，应先封闭池子进出水管或管道阀门，由池顶孔放水入池，一般分为3~6次进水。根据贮水高度和供水情况确定每次进水高度，充水速度不宜过快，以40~60t/h较合适。从四周上下进行外观检查，每次观测1d，做好记录，如无异常情况，可继续灌水到设计贮水标高，同时做好沉降观测。灌水到设计标高后停1d进行外观检查，并做好水面高度标记，连续观测7d，看池体外表面有无渗漏现象，昼夜失水量是否在2‰以内，有无明显沉降渗水，进行沉降观测试水量，并设专人连续观测。对开口板块式水池，在池壁外侧设置千分表等，注水时应灌水至工作水位，经3d后，观测1d内水位的渗漏量。如1d内水池每平方米渗漏量（除去蒸发量）不超过3L，伸缩缝处无漏水现象，即认为合格。如局部出现渗漏可在渗漏部位凿毛洗净，在表面加做5层水泥砂浆抹灰防水层，池体渗漏处理完毕检验合格后，进入下一工序——池体抹灰施工。

四、池体抹灰施工

为提高贮水池的抗渗防水性，在贮水池的底板内壁常设有一道抹灰层，作为结构防水以外的又一道重要抗渗漏防线。贮水池常用的抹灰防水层有以下两种。

（1）防水砂浆抹灰防水层　抹灰前，将底板、池壁表面凿毛、铲平，并用水冲洗干净，抹灰时先在墙面刷一道薄水泥净浆，以增加黏结力。抹灰方法可采用机械喷涂或人工涂抹。采用机械喷涂防水砂浆一般厚20mm，先喷两遍，每遍厚6mm，第二遍喷涂后间歇12h，使其基本干硬后再喷涂下一层，最后8mm厚的抹灰用人工找平压光，在转角处抹成圆角，防止渗漏。本法防水层密实，黏结强度好，工效高，但需具备1套喷涂机械设备。人工抹灰先打底灰，厚5~10mm，第二层将底板、墙面找平，厚5~12mm，第三层面层进行压光，厚2~3mm。本法较费工时，精心操作也可保证质量。

（2）多层水泥砂浆抹灰防水层　利用不同配合比的水泥砂浆和水泥浆，相互交替抹压均匀密实，构成1个多层的整体防水层。一般迎水面采用"五层抹面法"，背水面采用"四层抹面法"。

抹面顺序为先顶板（顶板不抹灰，无此工序），再池壁，最后底板。

遇穿墙管、螺栓等部位，应在周围嵌水泥浆再做防水层；施工养护温度不应低于5℃，及时洒水养护不少于14d。如需提高防水性，加速凝固，可再在水泥浆及水泥砂浆中掺入水泥质量1‰的防水剂。

五、砖石砌筑的贮水池

砖石贮水池由现浇钢筋混凝土底板、砖砌体池壁及现浇或预制混凝土盖板组成。砖砌体采用不低于MU7.5强度的普通黏土机制砖，石料标号不低于200号，砂浆要求采用水泥砂浆。由砖石砌体建成的贮水构筑物，只适用于容量较小的贮水池，如集水井、化粪池等。

复习思考题

1. 试述模板的作用与要求。
2. 试述基础、柱、梁、楼板和楼梯模板的安装和要求。
3. 跨度在4m及4m以上的梁模板为什么需要起拱？起拱多少？
4. 定型组合模板由哪几部分组成？各部分起什么作用？
5. 如何确定模板拆除的时间？模板拆除时应注意哪些问题？
6. 钢筋冷拉后为什么能节约钢材？
7. 试述钢筋的冷拉控制方法和冷拉的设备。
8. 冷拉和冷拔有何区别？试述冷拔的工艺过程。
9. 试述钢筋闪光对焊的常用工艺和适用范围。
10. 什么是钢筋长度？如何计算钢筋的下料长度？如何编制钢筋配料单？
11. 如何进行钢筋的代换？钢筋代换应注意哪些问题？
12. 如何进行钢筋的绑扎和安装？
13. 如何进行混凝土的配料？如何根据砂、石的含水量换算施工配合比？
14. 使用混凝土搅拌机有哪些注意事项？
15. 搅拌时间对混凝土质量有何影响？
16. 搅拌混凝土时的投料顺序有几种？它们对混凝土质量有何影响？

第十一章 防腐及防水工程

防腐工程是整个建筑施工，特别是环境治理工程的重要施工项目，防腐的作用是保护建筑物的结构部分免受各种侵蚀，延长建筑物（构筑物）的寿命。

为消除腐蚀根源而采取的防治措施对于处在严重腐蚀环境下的管道是切实可靠的，对于埋设较浅的各种管道来说，外部防腐蚀是保证质量的关键，但在特殊条件下，也应重视内部防腐蚀。在低洼多水处埋设管道，应采取内外双涂防腐蚀措施，以防止泄漏和减少维修次数。对有酸碱介质的容器和管道，内部防腐蚀的质量更为重要。与此同时，管道连接可采用柔性卡箍代替焊接，这样单根管道内涂比较容易进行。容器和管道的腐蚀是难以避免的，但应认真探索，把腐蚀降到最低限度。实践证明，在强腐蚀性环境中的管线，单一的防腐措施有时因种种原因而失效，而两种防腐方法结合效果较好。为确保防护措施的可靠性，有两点必须注意：一是防止泄漏电流的影响，二是要对防腐系统进行充分的保护，定期检查管道，经常监视腐蚀情况及保护系统效果。

第一节 金属腐蚀的保护

一、腐蚀机理

金属材料受管内输送介质和管外环境（大气和土壤）的化学作用、电化学作用以及细菌作用，表面产生破坏，称为金属腐蚀。

管道工程中大量的腐蚀是碳钢的腐蚀，不论是敷设在地上还是地下，都要受到管内输送介质、外接水、空气或其他腐蚀因素的影响，如二氧化碳、二氧化硫、硫化氢等气体的腐蚀，地下杂散电流的腐蚀。化学腐蚀是金属在干燥的气体、蒸汽或非电解质溶液中的腐蚀，是化学反应的结果；电化学腐蚀是由于金属和电解质溶液间的电位差，使金属转入溶液中或产生相反电流的过程而产生的腐蚀，在腐蚀过程中有电子移动，是电化学反应的结果；物理腐蚀是金属表面产生物理溶解现象的结果。

根据管材的不同和腐蚀机理的不同，有不同的腐蚀外观：

① 均匀腐蚀：整个表面腐蚀深度基本一致；
② 局部腐蚀：表面腐蚀深度不一致，呈斑点状；
③ 点腐蚀：腐蚀集中在较小范围内，而且腐蚀深度较大；
④ 选择性腐蚀：合金材料中某一成分首先遭到破坏而腐蚀；
⑤ 晶格间腐蚀：在金属表面沿各晶体表面产生的腐蚀。

在腐蚀机理中最常见的腐蚀是电化学腐蚀。金属置于电解质溶液中，由于水分子的极性作用，使某些金属正离子脱离金属进入溶液层，从而使金属带负电，而紧靠金属表面的溶液层带正电，形成"双电层"。金属-溶液界面上双电层的建立，使金属与溶液间产生电位差，这种电位差称为该金属在该溶液中的电极电位。金属电极电位的排列顺序称作电动序,在金属的电动序中,氢的标准电极电位为零,比氢的标准电极电位低的金属称为负电性金属,否则为正电性金属。图 11-1 为双电层示意图。

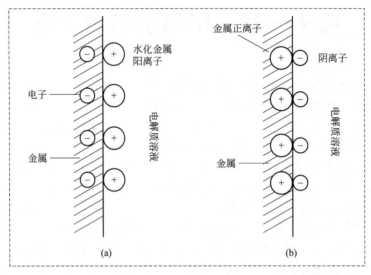

图 11-1 双电层示意图

负电性越强的金属,越易腐蚀;正电性越强的金属,越耐腐蚀。

1. 腐蚀因素

影响腐蚀的因素如下:

① 管道的材质:有色金属较黑色金属耐蚀,不锈钢较有色金属耐蚀,非金属较金属耐蚀。

② 空气湿度:空气中存在水蒸气是金属表面形成电解质溶液的主要条件,干燥的空气不易腐蚀金属。

③ 环境腐蚀介质的含量:腐蚀介质含量越高,金属越易腐蚀。

④ 土壤的腐蚀性:土壤的腐蚀性越大,金属越易腐蚀。

⑤ 杂散电流的强弱:埋地管道的杂散电流越强,管道的腐蚀性越强。

暖气管线一般几个月就会出现泄漏,埋地水管线一般 1~3 年出现泄漏,而输油管线可以安全运行 20 年以上。生产中出现突发泄漏时,现场处理往往较困难,造成的损失也比较严重。

2. 防腐途径

根据输送介质腐蚀性的大小,正确地选用管材。

腐蚀性大时,宜选用耐腐蚀的管材,如不锈钢管、塑料管、陶瓷管等。既承受压力,输送介质的腐蚀性又很大时,宜选用内衬耐腐蚀衬里的复合钢管,例如衬胶复合管、衬铝复合管、衬塑料复合管。主要是防护管子外壁腐蚀时,应涂刷保护层,地下管道采用各种防腐绝缘层或涂料层,地上管道采用各种耐腐蚀的涂料。

对于输送介质的腐蚀性较大的管道,采取管道内壁做防腐涂料的方法。

防护土壤和杂散电流对埋设管道的腐蚀,特别是对长输管道的腐蚀,常常采用阴极保护法。

二、防腐材料

目前各种埋地管道的防腐层主要有：石油沥青、环氧煤沥青、聚乙烯粘带、环氧塑料粉末（简称黄、绿夹克）、聚氨酯泡沫塑料等。石油沥青防腐层结构如表 11-1 所示。

表 11-1 石油沥青防腐层结构

防腐等级		普通级	加强级	特加强级
防腐层总厚度/mm		≥6	≥8	≥10
防腐结构		三油三布	四油四布	五油五布
防腐层数	1	底漆一层	底漆一层	底漆一层
	2	沥青2mm	沥青2mm	沥青2mm
	3	玻璃布一层	玻璃布一层	玻璃布一层
	4	沥青2mm	沥青2mm	沥青2mm
	5	玻璃布一层	玻璃布一层	玻璃布一层
	6	沥青2mm	沥青2mm	沥青2mm
	7	聚氯乙烯薄膜一层	玻璃布一层	玻璃布一层
	8		沥青2mm	沥青2mm
	9		聚氯乙烯薄膜一层	玻璃布一层
	10			沥青2mm
	11			聚氯乙烯薄膜一层

常用的涂料品种有：环氧树脂漆、热固性酚醛树脂漆、过氯乙烯漆、聚氨酯漆等，例如：输水管道内壁可采用 H52-30 灰环氧防腐漆防腐，氨水管道内壁可采用 G52-32 黑过氯乙烯耐氨漆防腐；在输送酸性介质管道内壁可采用（离心浇铸）衬水玻璃耐酸胶泥涂料（由水玻璃、铸石粉和氟硅酸钠等配制而成）防腐。目前具有发展前途的管道内壁防腐涂料有 MS-1 和 MS-2 环氧粉末防腐蚀涂料和工程塑料防腐蚀涂料等。环氧粉末涂料的涂膜具有附着力强、机械强度高、耐化学腐蚀性能好的特征，可防止管道对输送介质的污染，适用于油、气管道内壁的防腐，使用温度为 $-30\sim 110℃$；也可用于工业用水和废水管道内壁的防腐，使用温度为 60℃ 以下。

国外一般倾向于采用煤焦沥青管道防腐蚀涂料和增塑煤焦沥青防腐蚀涂料，并有技术标准实施。煤焦沥青防腐蚀涂料在抗地下水侵蚀、抗土壤微生物及电化学腐蚀的性能上，大大优于石油沥青。目前国内生产的埋地钢管的涂料以 H06-13 环氧沥青底漆和 H04-1 环氧沥青面漆为主，在实际应用中为各涂刷 2 道。该类产品施工较容易，黏结性、耐久性能可满足地下水侵蚀和微生物腐蚀的要求。

防腐层应满足下述要求：与金属有良好的黏结性，并能保持连续完整；电绝缘性好，有足够的耐击穿电压和电阻率；具有良好的防水性和化学稳定性。

三、防腐施工的基本要求

对管道进行严格的表面处理，清除铁锈、焊渣、毛刺、油、水等污物，必要时还要进行酸洗、磷化等表面处理。

防腐涂料的涂刷工作宜在适宜的环境下进行：室内涂刷的温度为 $20\sim 25℃$，相对湿度在 65% 以下；室外涂刷应无风沙和降水，涂刷温度为 $5\sim 40℃$，相对湿度在 85% 以下，施工现场应采取防火、防雨、防冻等措施。

冷底子油不得有空白、凝块和滴落等缺陷，沥青胶结材料各层间不得有气孔、裂纹、凸瘤和落入杂物等缺陷，加强包扎层应全部与沥青胶结材料紧密结合，不得形成空泡和皱褶。

控制各涂料的涂刷间隔时间，掌握涂层之间的重涂适应性，必须达到要求的涂层厚度，一般以 150～200μm 为宜。

涂层质量应符合以下要求：涂层均匀，颜色一致；涂层附着牢固，无剥落、皱纹、气泡、针孔等缺陷；涂层完整，无损坏、无漏涂现象。

维修后的管道及设备，涂刷前必须将旧涂层清除干净，重新除锈或表面清理后，必须在3h 内涂第一层底漆，才能重涂各类涂料。旧涂层的清除方法有喷砂、喷灯烤烧和化学脱漆等方法。常用的脱漆剂：清除油基漆、调和漆和清漆，可采用碱性脱漆剂；清除合成树脂漆，可采用溶剂配制的脱漆剂。

操作区域应通风良好，必要时安装通风或除尘设备，以防止中毒事故发生。

根据涂料的物理性质，按规定的安全技术规程进行施工，并应定期检查，及时修补。用电火花检验器检查防腐层的绝缘性能，检查时的电压：正常防腐层为12kV，加强防腐层为24kV，特加强防腐层为36kV。防腐层黏结力至少每隔500m检查一处，检查时，在防腐层上切一夹角为45°～60°的叉口，并从角尖撕开，以防腐层不成层剥落为合格。防腐层所有缺陷和在检查中破坏的部位，应在回填前彻底修补好。

第二节 埋地管道腐蚀的原因及防腐途径

一、埋地管道腐蚀原因

由于土壤中的有害物质、地下水侵蚀、防护绝缘层破坏都会在外壁上形成充气电池，并有一直流电从管道漏泄到土壤中，这种直流漏泄电造成了管道的电化学腐蚀，这是金属管道最基本的腐蚀原理。管道的内部腐蚀，主要是输送的油、气、水中存在的大量腐蚀介质（如二氧化碳、硫化氢、氧、水及酸、碱等）造成的。此外，还有土壤中的细菌作用而引起的细菌腐蚀。一般情况下，埋在地下或淹没在水中的各种钢质管道，会因内部或外部的原因受到不同程度的腐蚀破坏。管道腐蚀的主要原因是外部腐蚀。

土壤对钢管的腐蚀程度可用土壤电阻率、含盐量、含水量、极化电流密度的大小来衡量。土壤腐蚀性等级及防腐蚀等级参见表 11-2。

表 11-2 土壤腐蚀性等级及防腐蚀等级

项目	土壤腐蚀性等级				
	特高	高	较高	中	低
土壤电阻率/Ω·m	<5	5～10	10～20	20～100	>100
含盐量/%	≥0.75	0.1～0.75	0.05～0.1	0.01～0.05	<0.01
含水量/%	12～25	10～12	5～10	5	<5
在 $\Delta V=500mV$ 时极化电流密度/(mA/cm²)	0.3	0.08～0.3	0.025～0.08	0.001～0.025	<0.001
防腐等级	特加强	加强	加强	普通	普通

二、埋地管道的腐蚀与防护

污水工程中管件防腐蚀的简单分类：

① 直接埋入各类混凝土内的管铁件与混凝土接触部分，仅作简单除锈处理，无须涂任何涂料，因混凝土能有效地保护其表面。

② 埋入地下土壤中的各种管铁件外壁，必须做认真的除锈和多层防腐蚀施工。防腐蚀材质要求具有耐地下水侵蚀、抗微生物和电化学腐蚀的能力，使管件在使用期内不被腐蚀穿孔。

三、采取的防腐蚀措施

① 直埋混凝土中的铁件外壁不需做防腐蚀处理，但对大口径钢管内壁多采用水泥砂浆内衬。因污水处理厂内管线较短、配件接头多，做衬里的较少。管径大于600mm的管线多数直埋地下，如有条件和当对耐蚀要求高时，内壁应按长期浸泡在污水中的管件防护，这样可保证大管线的使用寿命。

② 到目前为止，很多地区对埋地管件一直沿用热涂沥青作外壁的方法进行防腐施工。国家对石油沥青防腐蚀等级没有统一规定，一般做法是将铁件外壁除锈见本色，用冷底子油打底作为结合层，然后用熬制的掺滑石粉填料的热沥青（140～160℃）涂刷均匀，再缠玻璃纤维布。层数多少按设计要求进行，一般为三油二布，加强级为四油三布，特强级防腐蚀采用五油四布施工，外包一层塑料薄膜防护。

③ 土质含盐碱量大于0.5%时，应根据国家标准《工业设备及管道绝热工程施工规范》（GB 50126—2008）的要求，按盐渍土进行各种管线的设计和施工，以保证其使用寿命和生产安全。

第三节 管路系统的防腐

一、水下管道的防腐

自然界几乎不存在纯水，水中特别是海水中除含有多种盐类是电解质外，另外还含有生物、溶解的气体以及有机物等，腐蚀性强。海洋上空大气温度高并含有盐雾，其腐蚀程度要比内陆高。

为保护水下管道特别是海水下管道，应选用耐腐蚀、价格又适当的管材，例如涂塑钢管、铝及铝合金管、钛及钛合金管等。如采用钢制管道，外表面应涂环氧粉末防腐层，该涂料适应于在高盐、高碱土壤和高盐分的海水等严酷环境中使用。

海水是强力电解质溶液，根据阴极保护的原理，钢制管道同样可以采用阴极保护方法控制管道的腐蚀。

二、架空管道的防腐

根据不同使用环境、条件等因素来选择涂料及管道涂层可采用的涂料品种。

室内及通行地沟内的架设管道，一般先涂刷两道红丹油性防锈漆或红丹酚醛防锈漆，外面再涂刷两道各色油性调和漆或各色磁漆。

室外架空管道、半通行或不通行地沟内管道，以及室内的冷水管道，应选用具有防潮、耐水性能的涂料，其底漆可用红丹油性防锈漆，面漆可用各色酚醛磁漆、各色醇酸磁漆或沥青漆；输油管道应选用耐油性较好的各色醇酸磁漆。

室内和地沟内的管道绝热保护层所用色漆，可根据涂层的类别，分别选用各色油性调和漆、各色酚醛磁漆、各色醇酸磁漆，以及各色耐酸漆、防腐漆等；半通行和不通行地沟内管道的绝热层外表,应涂刷具有一定防潮耐水性能的沥青冷底子油或各色酚醛磁漆、各色醇酸磁漆等。

室外管道绝热保护层防腐,应选用耐候性好并具有一定防水性能的涂料。绝热保护层采用非金属材料时,应涂刷两道各色酚醛磁漆或各色醇酸磁漆;也可先涂刷一道沥青冷底子油,再刷两道沥青漆并采用软化点较高的 3 号专用石油沥青作基本涂料。当采用黑铁皮作热绝缘保护层时,在黑铁皮外表应先刷两道红丹防锈漆,再涂两道色漆。

三、蒸汽及供暖管道的防腐

这种腐蚀主要是由水中溶解氧、氯离子及溶解盐类引起的腐蚀。其防腐措施是采用离子交换法或加缓蚀剂和脱氧剂等进行除氧、除垢。常用的缓蚀剂有聚磷酸钠、硅酸盐和钼酸盐等,脱氧剂主要是亚硫酸钠。对长期停用管道,可用浓度为 200mg/L 的亚硝酸钠溶液充满管道,即可防止管道内壁的氧腐蚀。

第四节 输送酸、碱、盐类流体的管道防腐

一、管道内壁衬里防腐

对于输送腐蚀性严重的酸、碱、盐类的管道,通常在管道内壁衬铅、橡胶、搪瓷、聚四氟乙烯等衬里,这是常采用的管道内壁防腐方法之一。

二、管道内壁涂料防腐

室外管道长期输水后,水管内壁产生锈蚀和细菌腐蚀,不仅污染水质,而且增加粗糙度,影响输水量,宜采取防腐措施。通常宜在室外给水钢管内壁均匀地涂抹一层水泥砂浆(或聚合物水泥砂浆涂料)进行防腐,大口径管子用离心法涂衬,小口径管子用挤压法涂衬。

涂装方法视具体情况可采用灌涂、喷涂及硫化床等涂装方法。对于直径较大的管道,可采用喷涂方法;直径较小的管道,可采用灌涂方法,即将漆液灌入管道内,将两端堵死,多次滚动管道后倒出余漆,待干燥后再进行下次涂装,至达到要求厚度为止。

三、常见管路系统中的防腐问题

(1) 酸性介质的防腐 在管道和锅炉的酸洗除垢中,常在酸溶液中加入吸附型缓蚀剂。缓蚀剂可吸附在金属表面,改变金属表面的性质,从而达到防止酸性介质腐蚀的目的。

(2) 中性介质的防腐 在循环水和锅炉给水等中性介质中,腐蚀基本是由水中溶解氧和游离二氧化碳引起的,特别是在循环冷却水系统中,由于水的多次循环使用使水中无机盐类逐渐浓缩,造成管道内壁腐蚀、结垢等。常在系统中加入氧化型或沉淀型缓蚀剂,使管道内壁形成致密的氧化膜(钝化剂),或具有防腐功能的沉淀膜,以达到防腐目的。常用的缓蚀剂有铬酸盐、聚磷酸盐、硅酸盐和钼酸盐等。

增加均质池,使污水在池中停留时间延长,管线进出排水时间减少;一些污水需自流进池,均采取地下增大坡度的措施,使管内污水流速加快;大直径管线下增设支墩,减少自重的影响;加大防腐层的设计厚度,由原一般防腐改为特强级防腐,从二油二布增加到四油三布;所有管线入池壁处均埋设套管,用柔性接口防止拉坏管头,减少沉降不均等不利影响。

第五节　钢筋混凝土的防腐

近年来一些给排水科研、设计及涂料生产单位根据污水处理工艺和腐蚀特点，研制生产的涂料在品种质量、应用范围方面，基本上解决了污水处理中钢结构的防腐蚀问题。人们对某些工矿装置的废气、废液、废渣和某些工业产品对混凝土的侵蚀有比较清楚的认识，并采取了防腐措施，而对于气候环境、土壤及地下水等对混凝土工程，尤其是对地下同地表面交界处混凝土基础工程的腐蚀破坏往往没有引起足够的重视。如某地炼油厂修建的循环塔钢筋混凝土框架在使用较短年限内平台及梁柱混凝土脱落露筋，地面上500mm高范围内框架柱严重腐蚀，钢筋外露危及上部结构；大量混凝土电杆地面以上500mm范围内腐蚀严重，而一些惯用的防腐方法并不适用于污水中或水下混凝土的防腐蚀。

一、腐蚀原因

最主要的腐蚀介质是酸、碱、盐类，其侵蚀原理和方式各有不同。酸介质首先破坏混凝土保护层进而破坏钢筋钝化膜使钢筋腐蚀；在干湿交替环境中含有盐类介质的水浸入混凝土内部产生结晶而体积膨胀，在内部产生应力，使混凝土逐渐剥落、钢筋外露，造成腐蚀。各种有害介质对钢筋混凝土的腐蚀，主要表现在对结构混凝土和钢筋的腐蚀破坏上。混凝土虽然自身有较强的碱性，对钢筋有一定的保护作用，但外部较多的碱介质逐渐侵入后，尤其在潮湿环境中，由于交替作用，混凝土易遭破坏。北方寒冷地区还要设防以抵抗多次冻融循环的破坏，冻胀的破坏较其他介质还要严重和危险。酸、碱、盐介质的腐蚀过程不尽相同，但其破坏的最终结果是相似的，都是通过构件表面的微小细孔和裂缝向内渗透并发生作用而生成结晶盐，或使混凝土产生内应力进而让钢筋生锈、膨胀、疏松、开裂，降低强度，使其结构和承载力遭受破坏。国家现行的《工业建筑防腐蚀设计标准》（GB/T 50046—2018）规定了对钢筋混凝土结构设计应采取的防腐蚀措施。

实际上腐蚀介质对具体结构的腐蚀是十分复杂的，很难完全针对构件受侵蚀状况提供准确的限制措施。钢筋混凝土结构耐久性的关键是如何预防腐蚀。首先应针对结构的腐蚀特征进行预防，然后就结构自身形式采取具体处理措施。钢筋混凝土框架、塔基、容器、柱高出地面以上部分，均受气相、液相和冻融循环介质的作用，外露混凝土极易被侵蚀而松散脱落；梁、顶板及顶棚主要受气相介质的侵蚀，在介质、外界温度及湿度等因素影响下，介质附着物通过裂缝和微孔浸入至钢筋表面，降低构件承载力；各类水池及平台主要受液相腐蚀介质作用，在介质与环境潮湿条件下多次因冻胀松脱而受到损坏。

二、腐蚀防治措施

1. 提高混凝土自身耐腐蚀性能

① 适当增加钢筋保护层的厚度。施工中，尤其在基础潮湿部分一定要保证混凝土保护层厚度。如规定混凝土水池底板保护层厚度为35mm，在干湿交替环境中保护层厚度应增加5～10mm；对处于特殊介质环境中的结构，宜将厚度增加15～25mm，并应在表面涂刷保护层以阻止介质的直接侵蚀，减缓腐蚀速率。

② 增加混凝土的密实度。最主要的是控制水灰比（小于0.5），以减少水分蒸发后的通道及空隙。每立方米混凝土的水泥用量大于350kg，其碱性随水泥用量的增加而提高，对钢

筋起到有效的保护作用。骨料采用二级配,砂率含量大于38%,混凝土的强度高,空隙小,则混凝土中性化速率缓慢。防腐混凝土强度等级一般不应低于C30。

③ 适当加入复合外加剂,互相发挥作用,减少锈蚀。针对氯离子破坏钢筋,可掺入适量的阻锈剂,如亚硝酸盐或重铬酸盐等。如美国开发的石蜡混凝土,在拌和物中加入3%石蜡,硬化养生后采用加热方法使其中的蜡熔化充满空隙;用聚丙烯加强的水泥混凝土,其内部空隙小于0.01mm,对冻融和磨耗的抵抗性成倍增长。

④ 限制裂缝宽度。混凝土结构的各种裂缝是难以避免的,但采取措施限制表面裂缝宽度对防止侵蚀的作用重大。许多研究资料表明,主要构件裂缝宽度以不大于0.2mm为宜。

处于水位变化,多次干湿交替或冻融环境中的结构物,宜采用抗硫酸盐水泥、矿渣水泥或矾土水泥,或采用铝酸三钙含量小于6%的425#硅酸盐或普通硅酸盐水泥,以提高结构设计强度等级。根据建筑类型和地下、地上腐蚀类型,选用耐酸或耐碱的骨料。其中二氧化硅含量越高则耐酸性能越好,如常用的花岗岩、玄武岩和石英岩等为耐酸性较好石料;氧化钙、氧化镁含量高则耐碱性能好,如白云石、石灰石和大理石等;设计施工中应提高结构自身的防腐蚀能力。

在恶劣条件下采用电化学保护是有效的方法。对沿海、盐碱严重的地段及海水中的钢筋混凝土结构,采用同介质相接近的阴极保护,其电位范围在$-185 \sim -1500$mV,外加电流方法一般用不溶阳极,不溶阳极多用镁阳极。

除此之外,还要加强清除骨料中的有害杂质,特别是骨料中的可溶盐类结晶体等。在施工方法和养护方法上也要加强管理,保证其耐腐蚀质量。防止早期受冻,不得用蒸汽养护。

2. 结构外部采取涂刷包裹防腐

① 涂层防腐。在混凝土结构表面涂刷各种耐腐蚀涂料。常用的如氯碳化聚乙烯防酸盐碱涂料、沥青漆、环氧涂层煤焦油等防腐涂刷材料。

② 板块材贴面防腐。在混凝土结构的防腐蚀部位用耐腐蚀胶泥贴一层耐腐板块材。常用板块材有耐酸陶瓷板、花岗岩板、铸石板、耐酸缸砖等;常用粘贴材料有沥青胶泥、沥青砂浆、硫黄胶泥、砂浆及水玻璃胶泥等。

③ 卷材贴面防腐。一般基础采用一毡二油或两毡三油防腐,重要工程的外露部位贴2~3层玻璃钢,利用卷材把结构同外部腐蚀土壤或地下水隔离。

④ 表面防腐。在普通混凝土结构表面抹一层耐腐蚀胶泥或砂浆,常用的材料是环氧煤焦油胶泥、树脂胶泥或砂浆等。

第六节 金属结构的锈蚀及防护

金属结构广泛应用于环境中,防护措施应根据环境条件与结构所处位置进行。如均化池和隔油池钢制集油槽、进污水管端、斜管支架、沉淀池内刮泥机械及曝气机浸入污水中的部件都会在短期内发生锈蚀,有效地防护可使结构寿命延长,其经济和社会效益是可观的。因此,防止钢结构锈蚀对延长构件的使用年限、保证结构的安全都有极为重要的意义。

① 对于长期浸泡在池中的铁管件,如均质池、气浮池、浮选池和曝气池内的各类管阀等附件的外壁除要求耐各种腐蚀介质的侵蚀外,必须选用一种黏结性好,耐腐蚀、耐水、耐

久性好的涂料，延长使用寿命。

② 对于不浸泡在水中的铁管件外壁，常规做法是涂红丹底漆 2 道、灰色调合漆或防锈漆 2 道。此两种漆为低档油性涂料，主要适用于要求不高的钢结构表面，如地面上部的架空管架等。

③ 不长期浸泡在水中的管铁件外壁，如泵房内进出水的管线系统、露天容器和连接管线、地面及池顶各种阀门等一般采用防腐蚀涂料，要求此涂料附着力及耐候性、耐水性能好，容易施工且无毒。尤其是加氯间内的容器及各种管线，应在耐酸碱方面有更高的要求和适用性。加药间及池内的管铁件，由于处在较强的氯气腐蚀介质中，宜采用氯化橡胶漆。

④ 钢筋在混凝土中被握裹得很紧，但钢筋表面不一定十分平整和光滑，各处的小坑及粗糙处容易形成电锈蚀。由于金属表面不均相的化学状态和电化作用，尤其是电化作用使金属表面结构遭到破坏，造成钢筋及金属表面锈蚀，这种锈蚀和干电池外壳的腐蚀状况是一样的。钢厂将钢筋拉直时，温度很高，与空气中的氧气生成三氧化二铁，它的化学反应很稳定，形成很薄的保护膜。这种保护膜不致密，有很小的空隙，极容易被破坏。在潮湿的环境中，水、二氧化硫、二氧化碳和氧气，最容易将铁离子分离出来，表面薄膜的小孔遇水，形成氢氧化铁，即铁锈。钢筋的间接锈蚀是混凝土中加入的氯盐所引起的。氯离子破坏氧化铁的保护膜，生成氯化铁，溶于水中，引起钢筋的锈蚀，因此，混凝土中加入氯盐时要十分慎重。

对于结构的阻锈可以采用以下方法：

① 钢结构表面防腐蚀措施和选用的钢材有关，与混凝土的握裹力有关。在结构中采用的钢材品种不同，其耐腐蚀速率也不同。一般情况下在相对湿度大于 60% 的有腐蚀介质作用的环境中，钢材腐蚀速率为大气中的几十倍。在主要承重构件中采用锰钢耐腐蚀性能较 Q235 钢材要好。

② 提高混凝土中的 pH 值。实验证明，当 $pH \geqslant 12$ 时，钢材不会锈蚀；当 $pH \leqslant 11.5$ 时，钢材开始锈蚀。

③ 腐蚀是通过混凝土自身的透气性而发生的，因而防腐蚀的核心是设法把钢材与腐蚀介质隔绝或使其难以侵入，镀锌是常用的预防措施。钢材表面的镀锌层既能将腐蚀介质与钢材分开，又能在钢材腐蚀时起牺牲阳极的作用。在中性化后的混凝土中，镀锌对减缓钢材的腐蚀速率是十分有效的，但必须认真处理好接头部位，因为此处无锌层保护；也可用环氧树脂涂外表，其方法有涂刷和喷涂两种。

钢结构外部可采取涂刷包裹防腐等措施。

第七节　砖砌体防腐

地处土壤盐碱、干旱和地下水位较高的农场和城镇，砖砌体或砖水池，无论是清水还是浑水墙体，腐蚀和粉化的情况都比较严重。粉化脱落的部位多发生在墙基以上的勒脚部位，最高范围在 600mm 以内。被粉化的砖墙呈层层松散状态，而抹面墙皮即胀挠起壳，内存很厚的粉末，稍有振动触及粉末即大量脱落。腐蚀较轻的建筑交付使用几年，墙体被粉化得斑驳不平，有的交工后几个月就掉皮脱落，外观感觉很差；严重的则危及建筑物的使用寿命和安全。

砖墙腐蚀的主要原因是砖内水泥及水中含有较多的可溶性碱、盐类，水分的蒸发将这些碱、盐类溶解并析出，如果是干燥的墙面不会腐蚀粉化。污水、地下水、雨水、地表水及雨雪融化的水，长期不断沿砖墙内毛细孔渗透到墙身内，就会将墙体腐蚀。

一、墙身防潮的方法

① 防水砂浆作防潮层。用（1∶2.5）～（1∶3）水泥砂浆另加水泥重量5%的防水粉拌制成防水砂浆，在基础顶面抹30mm厚面层，形成一道与地下水的隔断层。防水粉是一种颗粒微小而又不易溶于水的材料，可以堵塞水泥砂浆中的孔隙。

② 用防水砂浆砌防潮层。在基础找平层上用防水砂浆砌筑砖墙，高度应在室内地坪以上60mm，但以3～5皮为宜，采用砌体同标号砂浆加5%防水粉拌制。砌筑必须砂浆饱满，并在室内侧砖表面抹防水砂浆厚不小于20mm，施工操作简单，效果明显。

其他防腐方法同钢筋混凝土结构的防腐。

二、防腐、防水层做法

砖砌体防水可采用柔性或刚性防水层，也可采用刚柔结合的防水措施。其他防腐、防水方法详见本书防水、防腐工程及钢筋混凝土结构有关章节。

随着科研成果的不断涌现，防腐蚀工艺也将随之改进。只要按质量标准施工，采取严格的防腐措施，大胆采用防腐蚀新工艺、新材料、新技术，就能将危害建（构）筑物、管线和设备的腐蚀破坏程度降到最低。

第八节 防水工程

防水技术是保证工程结构不受水侵蚀的一项专门技术，在环境工程施工中占有重要地位。防水工程质量好坏，直接影响到构筑物的寿命，影响到生产活动和人民生活能否正常进行。因此，防水工程的施工必须严格遵守有关规程，切实保证工程质量。

防水工程按其部位分为屋面防水、卫生间防水、外墙板防水和地下防水等。防水工程按其构造做法可分为结构自防水和防水层防水两大类。结构自防水主要是依靠建筑物构件材料自身的密实性及某些构造措施（坡度、埋设止水带等），使结构构件起到防水作用。防水层防水是在建筑物构件的迎水面或背水面以及接缝处，附加防水材料做成防水层，以起到防水作用，如卷材防水、涂膜防水、刚性防水等。防水工程又可分为柔性防水（如卷材防水）和刚性防水（如细石防水混凝土等）。

防水工程应遵循"防排结合、刚柔并用、多道设防、综合治理"的原则。防水工程施工工艺要求严格细致，在施工工期安排上应避开雨季或冬季施工。除了屋面漏雨外，水池、厕所卫生间漏水，装配式大墙板建筑板缝漏水以及地下室、水池渗漏已成为目前工程防水中常见的"四漏"质量通病。防水工程应根据建筑物的性质、重要程度、使用功能要求、建筑结构特点以及防水耐用年限等确定设防标准。屋面防水等级和设防要求见表11-3。

一、防水工程处理对象

地下水池属地下防水工程，常年受到承压水、地表水、潜水、上层滞水、毛细管水等的作用，所以，防水的处理比屋面防水工程要求更高，防水技术难度更大。

表 11-3　屋面防水等级和设防要求

项目	屋面防水等级			
	Ⅰ	Ⅱ	Ⅲ	Ⅳ
建筑物类别	特别重要的民用建筑和对防水有特殊要求的工业建筑	重要的工业与民用建筑、高层建筑	一般的工业与民用建筑	非永久性的建筑
防水耐用年限	25 年以上	15 年以上	10 年以上	5 年以上
选用材料	宜选用合成高分子防水卷材、高聚物改性沥青防水卷材、合成高分子防水涂料、细石防水混凝土等材料	宜选用高聚物改性沥青防水卷材、合成高分子防水卷材、高聚物改性沥青防水涂料、细石防水混凝土等材料	宜选用三毡四油沥青水卷材、高聚物改性沥青防水卷材、合成高分子防水涂料、高聚物改性沥青防水涂料、刚性防水层、平瓦、油毡瓦等材料	可选用二毡三油沥青防水卷材、高聚物改性沥青防水涂料、沥青基防水涂料、波形瓦等材料
设防要求	三道或三道以上防水设施，其中必须有一道合成高分子防水卷材，且只能有一道 2mm 以上厚的合成高分子涂膜	二道防水设防，其中必须有一道卷材，也可采用压型钢板进行一道设防	一道防水设防或两种防水材料复合使用	一道防水设防

地下工程的防水方案，应根据使用要求，全面考虑地形、地貌、水文地质、工程地质、地震烈度、冻结深度、环境条件、结构形式、施工工艺及材料来源等因素合理确定。

对于没有自流排水条件而处于饱和土层或岩层中的工程，可采用防水混凝土自防水结构，并设置附加防水层措施，对有自流排水条件的工程，可采用防水混凝土结构、普通混凝土结构、砌体结构，并设置附加防水层措施；对处于侵蚀性介质中的工程，应采用耐侵蚀性的防水砂浆、混凝土、卷材或涂料等防水方案；对受振动作用的工程，应采用柔性防水卷材或涂料等防水方案。具有自流排水条件的工程，应设置自流排水系统，如盲沟排水、渗排水等方法。

二、防水材料

目前建筑物采用的防水材料主要有：高分子片材、沥青油毡卷材、防水涂料、密封材料（表 11-4）。沥青是一种有机胶凝材料，具有良好的黏结性、塑性、憎水性、不透水性和不导电性，并能抵抗一般酸、碱、盐类的侵蚀作用，针入度、延度和软化点三项指标是划分牌号的主要依据。

表 11-4　主要防水卷材分类表

类　　别		防水卷材名称
沥青基防水卷材		纸胎沥青卷材、玻璃布沥青卷材、玻璃胎沥青卷材、黄麻沥青卷材、铝箔沥青卷材等
改性沥青防水卷材		SRS 改性沥青卷材、APP 改性沥青卷材、SBS-APP 改性沥青卷材、丁苯橡胶改性沥青卷材、胶粉改性沥青卷材、再生胶卷材、PVC 改性煤焦油沥青卷材（沙面卷材）等
高分子防水卷材	硫化型橡胶或橡塑共混卷材	三元乙丙卷材、氯磺化聚乙烯卷材、氯化聚乙烯-橡胶共混卷材等
	非硫化型橡胶或橡塑共混卷材	丁基橡胶卷材、氯丁橡胶卷材、氯化聚乙烯-橡胶共混卷材等
	合成树脂系防水卷材	氯化聚乙烯卷材、PVC 卷材等
特种卷材		热熔卷材、冷自贴卷材、带孔卷材、热反射卷材、沥青瓦等

沥青油毡卷材是传统的防水材料，高聚物改性沥青，如聚氯乙烯、氯磺化聚乙烯橡胶共混的合成高分子防水卷材，具有优良的抗拉强度、耐热度、柔软性和不透水性，适用于温差较大地区，施工方便，可用于高等级屋面，并可做地下防水等。改性PVC胶泥涂料，是在原熔性塑料油膏与PVC胶泥的基础上改进的新型防水涂料，改性后的涂料可作为冷施工的厚质涂膜，其防水、耐高温、延伸、弹性和耐候性好，适宜北方等温差较大的地区防水工程选用。耐低温油膏，其性能在80℃时不流淌，低温-40～-30℃时涂膜不开裂，是北方寒冷地区较适用的耐候性防水涂料。

三、卷材防水层施工

1. 施工方法

将卷材铺贴在混凝土或钢筋混凝土结构上或整体水泥砂浆找平层上。

卷材铺贴要求：冷底子油涂刷于基层表面，要求满涂而不留空隙，涂得薄而均匀，对表面较粗糙的基层可涂两道冷底子油，大面积可采用喷涂方法。

卷材铺贴时要按规定进行搭接，在墙面上卷材应垂直方向铺贴，在底面上宜平行于长边铺贴。相邻卷材搭接宽度应不小于100mm，上下层卷材的接缝应相互错开1/3卷材宽度以上，上下层卷材不得相互垂直铺贴。铺贴的卷材如需接长时，长边搭接不应小于100mm，短边搭接不应小于150mm，应用错槎形接缝连接，上层卷材盖过下层卷材（图11-2）。

在墙面铺贴卷材应自下而上进行，先将卷材下端用沥青胶粘贴牢固，向卷材和墙面交接处浇油，压紧卷材推油向上，用刮板将卷材压实压平，封严接口，刮掉多余的沥青胶。沥青胶应均匀涂布，厚度为1.5～2.5mm，一层全部铺贴完后，再铺贴上一层。

防水卷材在立面或大坡面铺贴时，应采用满粘法，并宜减少短边搭接，排气道可采用条贴法、点贴法、空铺法。

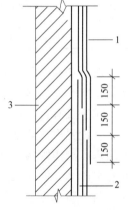

图11-2 阶梯形接缝
1—卷材防水层；2—找平层；
3—墙体结构

（1）冷粘法施工　冷粘法施工是利用毛刷将胶黏剂涂刷在基层或卷材上，然后直接铺贴卷材，使卷材与基层、卷材与卷材粘接，不需要加热施工。冷粘法施工要求：胶黏剂涂刷应均匀、不漏底、不堆积；排气屋面采用空铺法、条粘法、点粘法，应按规定位置与面积涂刷；铺贴卷材时，应排出卷材下的空气，并辊压粘贴牢固；根据胶黏剂的性能，应控制胶黏剂与卷材铺贴的间隔时间；铺贴卷材时应平整顺直，搭接尺寸准确，不得扭曲、皱折；搭接部位接缝胶黏剂应满涂、辊压粘接牢固，溢出的胶黏剂随即刮平封口，也可采用热熔法接缝，接缝口应用密封材料封严，宽度不小于10mm。

（2）热熔法施工　热熔法施工是利用火焰加热器熔化热熔型防水卷材底层的热熔胶进行粘贴的方法。火焰加热器可采用汽油喷灯或煤油焊枪。热熔法铺贴卷材时要求：火焰加热器的喷嘴距卷材面的距离应适中（一般0.5m左右），幅宽内加热应均匀，以卷材表面熔融至光亮黑色为度，不得过分加热或烧穿卷材；卷材表面热熔后应立即滚铺卷材，滚铺时应排出卷材下面的空气使之展平，不得皱折，并应辊压粘接牢固；搭接缝部位以溢出热熔的改性沥青为度并随即刮封接口；铺贴卷材时应平整顺直，搭接尺寸准确，不得扭曲。采用条粘法时，每幅卷材的每边粘贴宽度不应小于150mm。

（3）自粘法施工　自粘法施工是采用带有自粘胶的防水卷材，不用热施工，也不需涂胶结材料而进行粘接的方法。自粘法铺贴高聚物改性沥青防水卷材时要求：铺贴卷材前，基层表面应均匀涂刷基层处理剂，干燥后应及时铺贴卷材；铺贴卷材时，必须将自粘胶底面隔离纸完全撕净；铺贴卷材时，应排出卷材下面空气，并辊压粘接牢固；铺贴的卷材应平整顺直，搭接尺寸应准确，不得扭曲、皱折；搭接部位宜采用热风焊枪加热，加热后随即粘贴牢固，溢出的自粘胶随即刮平封口；接缝口应用密封材料封严，宽度不小于10mm；铺贴立面、大坡面卷材时，应加热后粘贴牢固。

（4）热风焊接法　热风焊接法是利用热空气焊枪进行防水卷材搭接黏合的方法。焊接前卷材铺放应平整顺直，搭接尺寸准确；焊接缝的结合面应清扫干净；应先焊长边搭接缝，后焊短边搭接缝。

2. 卷材防水屋面

卷材防水屋面属于柔性防水工程。这种屋面卷材本身有一定的韧性，可以适应一定程度的胀缩和变形，不易开裂。此种屋面从下往上的组成层次是：结构层，起承重作用，一般为钢筋混凝土整体式屋面板或装配式屋面板；隔气层，能阻止室内水蒸气进入保温层，以免影响保温效果，一般涂沥青冷底子油一道和沥青胶两道；保温层，起隔热保温作用；找平层，按排水坡度的要求找平结构层或保温层的作用，便于铺设卷材；防水层，防止雨水向屋面渗透；保护层，保护防水层免受外界因素影响而遭到破坏。卷材防水屋面构造层次如图11-3所示。

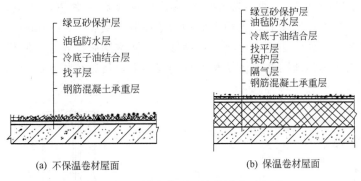

图11-3　卷材防水屋面构造层次示意图

卷材防水屋面工程的施工主要包括下列方面：防水屋面对基层（结构层）的要求十分严格，当基层整体刚度不足产生沉降、变形或处理不妥时，将导致整个屋面防水失败。找平层应用水泥砂浆抹平压光，可用2m直尺配合塞尺检查，找平层与直尺间的最大空隙不应超过5mm，如果是预制板接头部位高低不齐或有凹坑时，可以用掺水泥质量的15％107胶的（1∶2.5）～（1∶3）的水泥砂浆找平。

基层与女儿墙、变形缝、天窗、管道、烟囱等突出屋面的结构相连接的阴角，应抹成均匀光滑的圆角，基层与排水口、檐口、天沟、屋脊等相连接的转角处应抹成半径为100～200mm光滑的圆弧形。女儿墙与排水口中心相距在200mm以上。

基层必须干燥，含水率在9％以下，要求干净，对阴阳角、管道根部、排水口等部位更应认真清理，如有污垢则应用砂纸、钢丝刷或溶剂清除。

平屋顶基层的坡度应符合设计要求。

工艺流程：清理基层—涂布基层处理剂—增强层处理—涂布黏结剂—铺设卷材—卷材接缝黏结—卷材密封处理—淋（蓄）水试验—保护层施工。

3. 地下防水工程施工

地下防水工程的油毡防水层应铺贴在整体的混凝土结构或钢筋混凝土结构的基层上、整体的水泥砂浆找平层的基层上、整体的沥青砂浆或沥青混凝土找平层的基层上。油毡地下防水层防水性能好，能抵抗酸、碱、盐的侵蚀，韧性好，但其耐久性差，机械强度低，出现渗漏现象修补困难。地下工程防水等级见表11-5。

表 11-5　地下工程防水等级

防水等级	标　准
一级	不允许渗水，围护结构无湿渍
二级	不允许漏水，围护结构有少量、偶见的湿渍
三级	有少量漏水点，不得有线流和漏泥沙，每昼夜漏水量<0.5L/m²
四级	有漏水点，不得有线流和漏泥沙，每昼夜漏水量<2L/m²

地下防水工程施工时选用的沥青，其软化点应较基层及防水层周围介质可能达到的最高温度高20～25℃，且不得低于40℃。宜采用耐腐蚀的油毡。

油毡防水层铺贴时沥青胶结材料厚度控制在1.5～2.5mm，搭接长度短边不小于150mm，长边不小于100mm。上下层和相邻两幅油毡的接缝应错开，上下层油毡不得相互垂直铺贴。在立面与平面转角处，油毡的接缝应留在平面内与立面距离要求大于600mm，所有的转角处应铺贴附加层。油毡铺贴时要求层间必须粘接紧密，搭接缝必须用沥青玛瑞脂封严，最后一层油毡铺贴后，表面上应均匀地涂刷一层厚1～1.5mm的热沥青玛瑞脂。

(1) 外贴法施工　外贴法施工是垫层上铺好底面防水层后，先进行底板和墙体结构的施工，再把底面防水层延伸铺贴在墙体结构的外侧表面上，最后在防水层外侧砌筑保护墙。外贴法施工见图11-4。

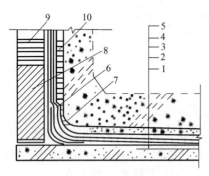 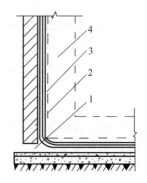

图 11-4　外贴法施工示意图
1—混凝土垫层；2—水泥砂浆找平层；3—油毡防水层；
4—细石混凝土保护层；5—建筑结构；6—油毡附加层；
7—隔离油毡；8—永久性保护墙；9—临时性保护墙；
10—单砖保护墙

图 11-5　内贴法施工示意图
1—平铺油毡层；2—砖保护墙；
3—卷材防水层；4—待施工的围护结构

外贴法施工程序：首先在垫层四周砌筑永久性保护墙，高度300～500mm，其下部应干铺油毡条一层，其上部砌筑临时性保护墙。然后铺设混凝土底板垫层上的油毡防水层，并留出墙身油毡防水层的接头。继而进行混凝土底板和墙身的施工，拆除临时保护墙，铺贴墙体的油毡防水层，最后砌永久保护墙。为使油毡防水层与基层表面紧密贴合，充分发挥防水效能，永久性保护墙按5m分段，并且与防水层之间空隙用水泥砂浆填实。外贴法施工应先铺贴平面，然后立面，平、立面交接处应交叉搭接，临时性保护墙宜采用石灰砂浆砌筑以便于拆除。

（2）内贴法施工　内贴法施工是垫层边沿上先砌筑保护墙，油毡防水层一次铺贴在垫层和保护墙上，最后进行底板和墙体结构的施工。内贴法施工见图 11-5。

内贴法施工程序如下。

首先在垫层四周砌筑永久性保护墙，然后在垫层上和永久性保护墙上铺贴油毡防水层，防水层上面铺 15～30mm 厚的水泥砂浆保护层，最后进行混凝土底板和墙体结构的施工。

内贴法施工应先铺立面，然后铺平面；铺贴立面时，应先铺转角，再铺大面。卷材地下防水工程施工一般采用外贴法施工，只有在施工条件受到限制、外贴法施工不能进行时，方采用内贴法施工。

四、特殊部位施工

管道埋设件处、檐口、女儿墙、变形缝、天沟、天窗壁、雨水口、转角、管道及板缝等部位是防水层的薄弱部位，应加强防水处理。有关节点及特殊部位的构造和防水施工处理可参照下文。

在地下建筑的泵房、操作室和大型水池工程中穿墙套管处防水处理如图 11-6 所示。混凝土檐口防水层做法如图 11-7 所示。

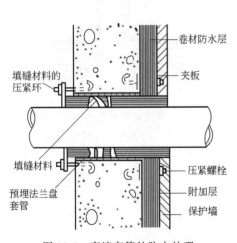

图 11-6　穿墙套管处防水处理

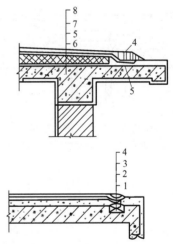

图 11-7　混凝土檐口防水层做法

1—防腐木砖；2—防腐木条；3—20mm×0.5mm 薄铁条；
4—胶泥或油膏嵌缝；5—细石混凝土或砂浆层；
6—钢筋混凝土基层；7—保温层；8—卷材防水层

转角部位的加固：平面的交角处，包括阳角、阴角及三面角，是防水层的薄弱部位，应加强防水处理，转角部位找平层应做成圆弧形。在立面与底面的转角处，卷材的接缝应留在底面上，距墙根不小于 600mm。转角处卷材的铺贴方法如图 11-8 所示。

雨水管防水层做法施工、管道出屋顶预埋处防水层、立管口构造、地漏口构造如图 11-9～图 11-12 所示。

管道埋设件处防水处理：管道埋设件与卷材防水层连接处施工如图 11-9～图 11-12 所示。为了避免因结构沉降造成管道折断，应在管道穿过结构部位埋设套管，套管上附有法兰盘，应于浇筑结构时按设计位置预埋准确。卷材防水层应粘贴在套管的法兰盘上，粘贴宽度至少为100mm，并用夹板将卷材压紧。夹紧卷材的夹板下面，应用软金属片、石棉纸板、无胎油毡或沥青玻璃布油毡衬垫。

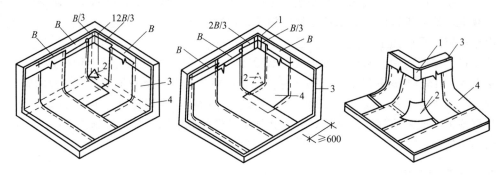

(a) 阴角的第一层卷材铺贴法　　(b) 阴角的第二层卷材铺贴法　　(c) 阳角的第一层卷材铺贴法

图 11-8　转角处卷材铺贴法（B 为卷材幅宽）

1—转折处卷材附加层；2—角部附加层；3—找平层；4—卷材

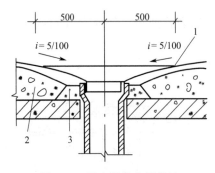 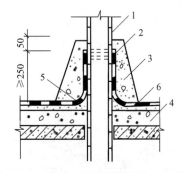

图 11-9　雨水管防水层做法　　　　　图 11-10　管道出屋顶预埋处防水层做法

1—油毡防水层；2—找坡层；3—豆石混凝土；　　1—管道；2—麻绳；3—豆石混凝土；

　　　　　　　　　　　　　　　　　　　　　4—找坡和保温层；5—圆角 $R \geqslant 150$；6—油毡

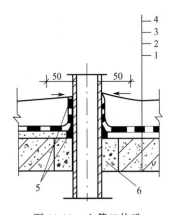 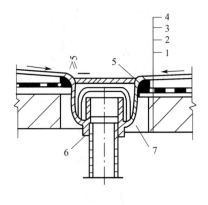

图 11-11　立管口构造　　　　　　　　图 11-12　地漏口构造

1—基层（结构层）；2—20mm 厚 1:3 水泥砂浆找平层；　　1—基层（结构层）；2—20mm 厚 1:3 水泥砂浆找平层；

3—防水层卷上包严；4—面层；5—嵌缝油膏封堵；　　3—防水层卷上地漏口包严；4—面层；5—嵌缝油膏封堵；

6—与楼板同强度等级的细石混凝土　　　　6—螺纹连接或承插口；7—与楼板同强度等级的细石混凝土

屋面变形缝做法如图 11-13 所示，天沟做法如图 11-14 所示。变形缝的防水处理：地下混凝土结构的变形缝防水处理方法，与地下结构是否承受地下水压有关。地下建筑物或构筑物的变形缝处，在不受水压作用时，应用防腐填料如用沥青浸过的毛毡、麻丝或纤维板填塞严密，并用防水性能优良的油膏封缝。在受水压作用时，变形缝除填塞防水材料外，还应装入止水带，以保证结构变形时保持良好的变形能力，止水带有紫铜板止水带、不锈钢板金属止水带和橡胶止水带、塑料制成的止水带等。金属止水带如要接长，应用电焊或气焊，焊缝应严密平整，橡胶塑料止水带如要接长，按专门方法焊接。金属止水带转角处应做成圆弧形，采用螺栓安装；橡胶、塑料止水带采用埋入式安装，止水带中央圆圈对准变形缝的中心，参见图 11-15(a) 及图 11-15(b)。

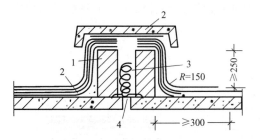

图 11-13 屋面变形缝做法
1—砖砌体；2—卷材附加层；
3—沥青麻丝；4—伸缩片

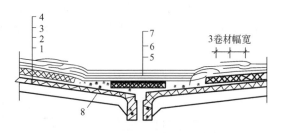

图 11-14 天沟做法
1—屋面板；2—保温层；3—找平层；4—卷材防水层；
5—预制薄板；6—天沟卷材附加层；7—天沟卷材防水层；
8—天沟部分轻质混凝土

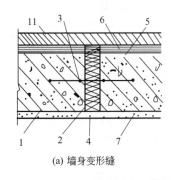

(a) 墙身变形缝

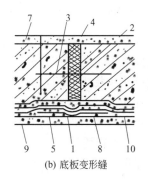

(b) 底板变形缝

图 11-15 橡胶、塑料止水带的埋设
1—墙身或底板；2—浸过沥青的木丝板；3—止水带；4—填缝油膏；5—油毡附加层；6—油毡防水层；
7—砂浆面层；8—混凝土垫层；9—砂浆找平层；10—砂浆结合层；11—保护墙

五、刚性防水层施工

凡是应用刚性材料构成的防水层，称为刚性防水层。如利用钢筋混凝土结构的自防水、在基层上浇筑配有钢筋的整体细石混凝土屋面、在基层上抹防水砂浆等。

这些刚性防水层具有就地取材、冷作业、操作简单、维修方便、造价较低等优点。但由于混凝土及防水砂浆均为刚性材料，延伸率极低，当室外气温变化、基层变形时，防水层易开裂，不能保持整体不透水性膜层，渗水现象难以避免。

1. 刚性防水屋面

（1）构造要求 刚性防水屋面的结构层宜为整体现浇的钢筋混凝土。当屋面结构层采用装配式钢筋混凝土板时，应用强度等级不小于 C20 的细石混凝土灌缝，灌缝的细石混凝土宜掺膨胀剂。当屋面板板缝宽度大于40mm或上窄下宽时，板缝内必须设置构造钢筋，板端缝应进行密封处理。刚性防水层与山墙、女儿墙以及突出屋面结构的交接处均应做柔性密封处理。细石混凝土防水层与基层间宜设置隔离层。刚性防水屋面的坡度宜为2%～3%，并应采用结构找坡。天沟、檐沟应用水泥砂浆找坡，找坡厚度大于20mm时，宜采用细石混凝土找坡。

细石混凝土防水层的厚度不应小于40mm，并配置$\phi 6$mm 间距为100～200mm的双向钢筋网片，钢筋网片在分格缝处应断开，其保护层厚度不应小于10mm，如图11-16所示。

刚性防水层应设置分格缝，防水层分格缝应设在屋面板的支承端、屋面转折处、防水层与突出屋面结构的交接处，并应与板缝对齐。普通细石混凝土和补偿混凝土防水层的分格缝纵横间距不宜大于6m，分格缝内必须嵌填密封材料。

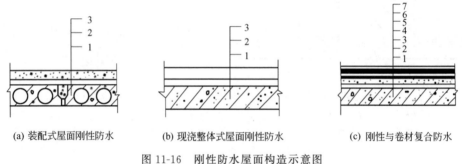

图 11-16 刚性防水屋面构造示意图

1—结构层；2—隔离层；3—刚性防水层；4—基层处理剂；5—黏结层；6—卷材防水层；7—保护层

（2）刚性防水层施工 细石混凝土防水层中的钢筋网片，施工时应设置在混凝土内的上部，分格缝截面宜做成上宽下窄，分格条安装位置应准确，拆条时不得损坏分格缝处的混凝土。普通细石混凝土中掺入减水剂或防水剂时，应准确计量，投料顺序得当，搅拌均匀。每个分格板块的混凝土必须一次浇筑完成，严禁留施工缝。抹压时严禁在表面洒水、加水泥浆或撒干水泥。混凝土收水后应进行二次压光。混凝土浇筑12～24h后即应进行养护，养护时间不应少于14d，养护初期屋面不得上人。细石混凝土防水层施工气温宜在5～35℃，应避免在高温或烈日暴晒下施工。

2. 地下室防水工程

（1）防水混凝土自防水结构施工 结构自防水技术是把承重结构和防水结构合为一体的技术。目前，主要是指外加剂防水混凝土和补偿收缩混凝土。防水混凝土自防水结构是以调整混凝土配合比或掺外加剂等方法来提高混凝土本身的密实性和抗渗性，使其具有一定防水能力（能满足抗渗等级要求）的整体式混凝土结构，同时它还能承重。

外加剂防水混凝土是以普通水泥为基材，掺入三氯化铁、铝粉、氯化铝、三乙醇胺、有机硅等防水剂，通过这些防水剂形成某种胶体络合物，堵塞混凝土中的毛细孔缝，提高其抗渗能力；或者掺入引气剂，形成微小不连通的气泡，割断毛细孔缝的通道；或者掺入减水剂以减少孔隙率。虽然外加剂防水混凝土能提高混凝土的抗渗能力，但不能解决因混凝土收缩而产生的裂缝，有裂缝便有渗漏，因此外加剂防水混凝土不能满意地解决渗漏问题。

近年来，我国以微膨胀水泥为基材，做成补偿收缩混凝土，由于它在硬化过程中能适度膨胀，从而较好地解决了刚性材料收缩开裂问题，使刚性防水技术向前跨进了一步。但由于国内微膨胀水泥产量有限，出现了在水泥中掺膨胀剂替代微膨胀水泥的新趋向，原因是膨胀剂使用方便灵活，价格较低，还可用明矾石膨胀水泥来制备补偿收缩混凝土。此外，钢纤维混凝土、预应力混凝土、块体刚性防水等经多年使用实践证明，也有较好的效果。

（2）地下防水工程施工　防水混凝土结构工程质量的优劣，除取决于设计的质量、材料的性质及配合成分以外，还取决于施工质量的好坏。因此，对施工过程中的各主要环节，如混凝土搅拌、运输、浇筑、振捣、养护等，均应严格遵循施工及验收规范和操作规程的规定，精心施工，严格把好施工中每一个环节的质量关，使大面积防水混凝土以及每一细部节点均不渗不漏。

进行原材料的检验，各种原材料必须符合规定标准，并按品种、规格分别堆放，妥善保管，注意防止骨料中掺泥土等污物。做好基坑排水和降水的工作，要防止地面水流入基坑，要保持地下水位在施工底面最低标高以下不少于500mm，以避免在带水或带泥的情况下施工防水混凝土结构。

3. 涂膜防水层施工

涂膜防水层是在混凝土结构或砂浆基层上涂布防水涂料，形成的涂膜防水。

（1）涂膜防水层的材料要求　根据防水涂料成膜物质的主要成分，涂料可分为沥青基防水涂料、高聚物改性沥青防水涂料和合成高分子防水涂料三类。根据防水涂料形成液态的方式，可分为溶剂型、反应型和乳液型三类，主要防水涂料分类见表11-6。

表11-6　主要防水涂料分类

类　别		涂　料　名　称
沥青基防水涂料		乳化沥青、水性石棉沥青涂料、膨润土沥青涂料、石灰乳化沥青涂料等
改性沥青防水涂料	溶剂型	再生橡胶沥青涂料、氯丁橡胶沥青涂料等
	乳液型	再生橡胶沥青涂料、丁苯胶乳沥青涂料、氯丁胶乳沥青涂料、PVC焦油防水涂料等
高分子防水涂料	乳液型	硅橡胶涂料、丙烯酸酯涂料、AAS隔热涂料等
	反应型	聚氨酯涂料、环氧树脂防水涂料等

（2）地下工程涂膜防水施工　建筑防水涂料应具有良好的黏结、延伸、抗渗、耐热、耐寒等性能，同时它具有冷作业、无毒、不燃、操作简便、安全、工效高、造价低等优点。加衬合成纤维可提高防水层的抗裂性，适用于一般环境工程与民用建筑的水池、地下室防水、防潮工程。

地下工程涂膜防水层，在潮湿基面上应选用湿固性涂料、含有吸水能力组分的涂料、水性涂料；抗震结构应选用延伸性好的涂料；处于侵蚀性介质中的结构应选用耐侵蚀涂料。常用的有聚氨酯防水涂料、硅橡胶防水涂料等。

涂膜防水层的基面必须清洁、无浮浆、无水珠、不渗水，使用油溶性或非湿固性等涂料，基面应保持干燥。

涂膜防水层施工，可用涂刷法和喷涂法，不得少于两遍，涂喷后一层的涂料必须待前一层涂料结膜后方可进行，涂刷和喷涂必须均匀。第二层的涂刷方向应与第一层垂直，凡遇到平面与立面连接的阴阳角均需铺设一层合成纤维附加层，大面积防水层可增强防水效果，也可加铺两层附加层。当平面部位最后一层涂膜完全固化，经检查验收合格后，可虚铺一层石油沥青纸胎油毡作保护隔离层。铺设时可用少许胶结剂点粘固定，以防在浇筑细石混凝土时发生位移。平面部位防水层尚应在隔离层上做40~50mm厚细石混凝土保护层，立面部位在围护结构上涂布最后一道防水层后，可随即直接粘贴5~6mm厚的聚乙烯泡沫塑料片材作软保护层，也可根据实际情况做水泥砂浆或细石混凝土保护层。

六、密封接缝防水施工

密封材料在建筑物和构筑物中已使用多年，不仅与防水涂料一起用于油膏嵌缝涂料屋面以及卷材防水屋面,而且随着高层建筑和新结构体系建筑的发展,在建筑的墙板缝、密封门、铝合金门、窗、玻璃幕墙部位,在卷材的接缝、板缝、分格缝及各种需要进行防水的接缝处进行密封处理,得到了普遍的应用。密封材料已成为现代建筑防水和密封节能技术中不可缺少的材料。密封材料种类甚多,有密封膏、密封带、密封垫、止水带等,其中密封膏占主要地位。

1. 密封膏的分类、性能要求

密封材料应具有弹塑性、黏结性、施工性、耐候性、水密性、气密性和拉伸-压缩循环性能。密封膏品种很多,常按照接缝允许形变位移值划分为三大类,每一类中又有各种品种,见表11-7。

表11-7 主要密封膏的分类

类 别	材 料 名 称
改性沥青密封材料	沥青鱼油油膏、马牌建筑油膏、聚氯乙烯油膏(胶泥)、桐油沥青防水油膏、沥青再生橡胶油膏等
高分子密封材料	聚氨酯密封膏、有机硅橡胶密封膏、聚硫密封膏、水乳型丙烯酸密封膏、氯磺化聚乙烯密封膏等

第一类:适用于5%接缝形变位移的干性油、沥青基,使用期5年以上,属低档。

第二类:适用于5%～12%接缝形变位移的弹塑性丙烯酸酯、聚氯乙烯等密封膏,使用期10年以上,属中档。

第三类:适用于25%接缝变形位移的高弹性聚硫、聚氨酯、有机硅、氯磺化聚乙烯等密封膏,使用期20年以上,属高档。

2. 接缝基层处理

接缝部位基层必须牢固,表面平整、密实,不得有蜂窝、麻面、起皮、起砂现象。屋面密封防水的接缝宽度不应大于40mm,且不应小于20mm,接缝深度可取接缝宽度的0.5～0.7倍。连接部位的基层应涂刷基层处理剂,基层处理剂应选用与密封材料化学结构及极性相近的材料。接缝处的密封材料底部宜设置背衬材料,为控制密封材料的嵌填深度,防止密封材料和接缝底部黏结,在接缝底部与密封材料之间设置可变形的材料,背衬材料应选择与密封材料不黏结或黏结力弱的材料。

3. 接缝密封防水施工

接缝密封防水施工前应进行接缝尺寸检查,符合设计要求后,方可进行下道工序施工。嵌填密封材料前,基层应干净、干燥。基层处理剂必须搅拌均匀。采用多组分基层处理剂时,应根据有效时间确定使用量,涂刷宜在铺放背衬材料后进行,应涂刷均匀,不得漏刷。待基层处理剂表干后,应立即嵌填密封材料。

(1) 热灌法 密封材料先加热熬制,并按不同的材料要求严格控制熬制和浇灌温度。板缝灌完后,宜做卷材、玻璃丝布或水泥砂浆保护层,宽度不应小于100mm,以保护密封材料。

(2) 冷嵌法 嵌缝操作可采用特制的气压式密封材料挤压枪,枪嘴要伸入缝内,使挤压出的密封材料紧密挤满全缝,后用腻子刀进行修整。嵌填时,密封材料与缝壁不得留有空隙,并防止裹入空气。嵌缝后做保护层封闭。

合成高分子密封材料一般采用冷嵌法施工。单组分密封材料可直接使用,多组分密封材料必须根据规定的比例准确计量,拌和均匀。每次拌和量、拌和时间、拌和温度应按所用密封材料的规定进行。嵌缝的密封材料表干后方可进行保护层施工。

密封材料在雨天、雪天严禁施工;在五级风以上不得施工;改性沥青密封材料和溶剂型合成高分子密封材料施工环境温度宜为0～35℃,水乳型合成高分子密封材料施工环境温度宜为5～35℃。

七、堵漏技术

1. 渗漏水产生的部位及检查方法

渗漏水通常产生在施工缝、裂缝、蜂窝、麻面及变形缝、穿墙管孔、预埋件等部位,如卫生间渗漏表现在楼面漏水、墙面渗水、上下水立管、暖气立管处向下淌水以及大便器和排水管向下滴水等。

防水工程渗漏水情况归纳起来有孔洞漏水和裂缝漏水两种。从渗水现象来分,一般可分为慢渗、快渗、急渗和高压急渗四种。出现渗漏后,影响正常的使用和建筑物的寿命,应找出主要原因,关键是找出漏水点的准确位置,分析渗漏根源后再确定方案,及时有效地进行修补。除较严重的漏水部位可直接查出外,一般慢渗漏水部位的检查方法有:在基层表面均匀地撒上干水泥粉,若发现湿点或湿线,即为漏水孔、缝;如果发现湿一片现象,用上法不易发现漏水的位置时,可用水泥浆在基层表面均匀涂一薄层,再撒干水泥粉一层,干水泥粉的湿点或湿线处即为漏水孔、缝。确定其位置,弄清水压大小,根据不同情况采取不同措施。堵漏的原则是先把大漏变小漏、缝漏变点漏、片漏变孔漏,然后堵住漏水。堵漏的方法和材料较多,如水泥胶浆、环氧树脂丙凝、甲凝、氰凝等。

2. 孔洞漏水

(1) 直接堵塞法　一般在水压不大、孔洞较小的情况下,根据渗漏水量大小,以漏点为圆心剔成凹槽(直径×深度为 1cm×2cm),凹槽壁尽量与基层垂直,并用水将凹槽冲洗干净。用配合比为 1:0.6 的水泥胶浆捻成与凹槽直径相接近的圆锥体,待胶浆开始凝固时,迅速将胶浆用力堵塞于凹槽内,并向槽壁挤压严实,使胶浆立即与槽壁紧密结合,堵塞持续半分钟即可,随即按漏水检查方法进行检查,确认无渗漏后,再在胶浆表面抹素灰和水泥砂浆一层,最后进行防水层施工。

(2) 下管堵漏法　水压较大,漏水孔洞也较大,可按下管堵漏法处理,如图 11-17 所示,先将漏水处剔成孔洞,深度视漏水情况决定,在孔洞底部铺碎石,碎石上面盖一层与孔洞面积大小相同的油毡(或铁片),用一胶管穿透油毡到碎石中。若是地面孔洞漏水,则在漏水处四周砌筑挡水墙,用胶管将水引出墙外,然后用促凝剂水泥胶浆把胶管四周孔洞一次灌满。待胶浆开始凝固时,用力在孔洞四周压实,使胶浆表面低于地面约 10mm。表面撒干水泥粉检查无渗漏水时,拔出胶管,再用直接堵塞法将管孔堵塞,最后拆除挡水墙,表面刷洗干净,再按防水要求进行防水层施工。

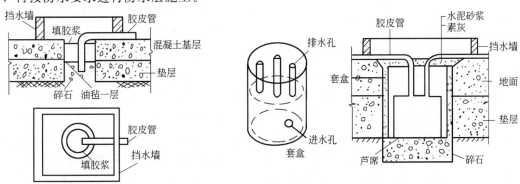

图 11-17　下管堵漏法　　　　图 11-18　预制套盒堵漏法

(3) 预制套盒堵漏法　在水压较大、漏水严重、孔洞较大时,可采用预制套盒堵漏法处理。将漏水处剔成圆形孔洞,在孔洞四周筑挡水墙。根据孔洞大小制作混凝土套盒,套盒外半径比孔洞半径小 30mm，套盒壁上留有数个进水孔及出水孔。套盒外壁做好防水层，表面做成麻面。在孔洞底部铺碎石及芦席，将套盒反扣在孔洞内。在套盒与孔壁的空隙中填入碎石及胶浆，并用胶管插入套盒的出水孔，将水引到挡水墙外。在套盒顶面抹好素灰、砂浆层，并将砂浆表面扫成毛纹。待砂浆凝固后拔出胶管，按"直接堵塞法"的要求将孔眼堵塞，最后随同其他部位按要求做防水层，如图 11-18 所示。

3. 裂缝渗漏水的处理

收缩裂缝渗漏水和结构变形造成的裂缝渗漏水，均属于裂缝漏水范围。裂缝漏水的修堵，也应根据水压大小采取不同的处理方法。

(1) 直接堵漏法 水压力较小的裂缝慢渗、快渗或急流漏水可采用直接堵漏法处理，如图 11-19 所示。先以裂缝为中心沿缝方向剔成八字形边坡沟槽，并清洗干净，把拌和好的水泥胶浆捻成条形，待胶浆快要凝固时，迅速填入沟槽中，向槽内或槽两侧用力挤压密实，使胶浆与槽壁紧密结合，若裂缝过长可分段进行堵塞。堵塞完毕经检查无渗水现象，用素灰和水泥砂浆把沟槽抹平并扫成毛面，凝固后（约 24h）随其他部位一起做好防水层。

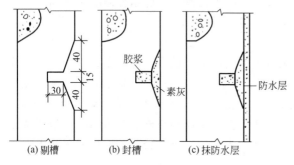

图 11-19 裂缝漏水直接堵漏法

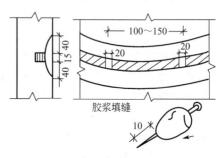

图 11-20 下线堵漏法与下钉法

(2) 下线堵漏法 适用于水压较大的慢渗或快渗的裂缝漏水处理，如图 11-20 所示。先按裂缝漏水直接堵塞法剔好沟槽，在沟槽底部沿裂缝放置一根小绳（直径视漏水量确定），长度为 200~300mm，将胶浆和绳子填塞于沟槽中，并迅速向两侧压密实。填塞后，立即把小绳抽出，使水顺绳孔流出。裂缝较长时可分段逐次堵塞，每段间留 20mm 的空隙。根据漏水量大小，在空隙处采用"下钉法"或"下管法"以缩小孔洞。下钉法是把胶浆包在钉杆上，插于空隙中，迅速把胶浆往空隙四周压实，同时转动钉杆立即拔出，使水顺钉孔流出。漏水处缩小成绳孔或钉孔后，经检查除钉眼处其他无渗水现象时，沿沟槽抹素灰、水泥砂浆各一层，待凝固后，再按"孔洞漏水直接堵塞法"将钉眼堵塞，随后可进行防水层施工。

(3) 下半圆铁片堵漏法 水压较大的急流漏水裂缝，可采用下半圆铁片堵漏法处理，如图 11-21 所示。处理前，把漏水处剔成八字形边坡沟槽，尺寸可视漏水量而定。将 100~150mm 长的铁皮沿宽度方向弯成半圆形，弯曲后宽度与沟槽宽相等，有的铁片上要开圆孔。将半圆铁片连续摆放于槽内，使其正好卡于槽底，每隔 500~1000mm 放一个带圆孔的铁片。然后用胶浆分段堵塞，仅在圆孔处留一空隙。把胶管插入铁片中，并用胶浆把管子稳固住，使水顺胶管流出。经检查无漏水现象时，再在槽的胶浆上抹素灰和水泥砂浆各一层加以保护。待砂浆凝固后，拔出胶管，按孔洞漏水直接堵塞法将管眼堵好，最后随同其他部位一道做好防水层即可。

(4) 墙角压铁片堵漏法 墙根阴角漏水，可根据水压大小，分别按上述三种办法处理。如混凝土结构较薄或工作面小，无法剔槽时，可采用墙角压铁片堵漏法处理。这种做法不用剔槽，可将墙角漏水处清刷干净,把长 300~1000mm、宽 30~50mm 的铁片斜放在墙角处,用胶浆逐段将铁片稳牢,胶浆表面呈圆弧形。在裂缝尽头,把胶管插入铁片下部的空隙中,并用胶浆稳牢。胶浆上按抹面防水层要求抹一层素灰和一层水泥砂浆,经养护具有一定强度后,再把胶管拔出,按孔洞漏水直接堵塞法将管孔堵好,随同其他部位一起做好防水层,如图 11-22 所示。

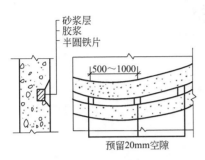

图 11-21 下半圆铁片堵漏法

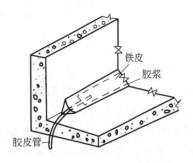

图 11-22 墙角压铁片堵漏法

4. 其他渗漏水的处理

(1) 抹面防水工程修堵渗漏水 常使用以水玻璃为主要材料的促凝剂掺入水泥中,促使水泥快硬,将渗漏水堵住。常见的灰浆有:促凝剂水泥浆;促凝剂水泥砂浆,这种砂浆凝固快,应随拌随用,不能多拌,以免硬化失效;水泥胶浆,直接用促凝剂和水泥拌制而成。

(2) 地面普遍漏水处理 地面发现普遍渗漏水,多由于混凝土质量较差。处理前,要对工程结构进行鉴定,在混凝土强度仍满足设计要求时,才能进行渗漏水的修堵工作。条件许可的,应尽量将水位降至构筑物底面以下。如不能降水,为便于施工,把水集于临时集水坑中排出,把地面上漏水明显的孔眼、裂缝分别按孔洞漏水和裂缝漏水逐个处理,余下较小的毛细孔渗水,可将混凝土表面清洗干净,抹上厚 15mm 的水泥砂浆(灰砂比为 1:1.5)一层。待凝固后,依照检查渗漏水的方法找渗漏水的准确位置,按孔洞漏水直接堵塞法堵好。集水坑可以按预制套盒堵漏法处理好,最后整个地面做好防水层。

(3) 蜂窝麻面漏水处理 这种漏水的原因主要是混凝土施工不良而产生的局部蜂窝麻面的漏水。处理时,先将漏水处清理干净,在混凝土表面均匀涂抹厚 2mm 左右的胶浆一层(水泥:促凝剂=1:1),随即在胶浆上撒上一层干薄水泥粉,干水泥上出现湿点即为漏水点,应立即用拇指压住漏水点直至胶浆凝固,漏水点即被堵住。按此法堵完各漏水点,随即抹上素灰、水泥砂浆各一层,并将砂浆表面扫成毛纹,待砂浆凝固后,再按要求做好防水层。此法适用于漏水量较小且水压不大的部位。

(4) 砖墙割缝堵漏法 砖墙因密集的小孔洞漏水,在水压较小时可采用割缝堵漏法处理,如图 11-23 所示。这种漏水部位一般在砖体灰缝处。堵漏前,先将不漏水部位抹上一层

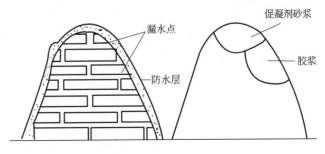

图 11-23 砖墙割缝堵漏法

水泥砂浆，间隔一天，然后再堵漏水处。堵漏时，先用钢丝刷刷墙面，把灰缝清理干净，检查出漏水点部位，将漏水处抹上促凝剂水泥砂浆一层，抹后迅速在漏水点用铁抹子割开一道缝隙，使水顺缝流出，待砂浆凝固后，将缝隙用胶浆堵塞，最后再按要求全部抹好防水层。

复习思考题

1. 涂料防腐的作用及施工特点是什么？
2. 埋地管道的防腐层主要有几种？施工时有哪些具体要求？
3. 钢筋的阻锈方法有哪些？
4. 有害介质对钢筋混凝土腐蚀的主要表现是什么？
5. 管道内部污水腐蚀的防治措施是什么？
6. 简述砖砌体腐蚀原因。
7. 试述埋地管道腐蚀的主要原因和防腐途径。
8. 试述刚性防水屋面各层的构造。
9. 卷材防水屋面如何施工？
10. 试述卷材防水屋面的质量要求。
11. 卷材防水屋面常见的质量通病有哪些？如何防止和处理？
12. 绿豆砂保护层如何施工？
13. 试述刚性防水屋面的质量要求。
14. 常用的防水涂料有哪些？
15. 试述地下刚性多层防水的施工步骤。
16. 试述地下防水工程卷材外贴法施工的步骤。
17. 试述下管堵漏法和下线堵漏法的原理。
18. 试述防水工程的堵漏技术。

第十二章 环境设备安装工程施工

环境设备的安装工程主要包括给水排水专业设备中的管道设备、泵设备、通风设备、环境电气设备和仪表自动控制系统。通风设备用于排出建筑内被污染的空气（如粉尘、潮气、有毒有害气体），并向建筑内送入符合人们要求质量的空气，以便改善建筑内的空气环境。在机械通风的建筑内，通风设备常包括风机、风管、送排风口、消声器等。在需进行空气处理的建筑中，还有空气处理设备。风管上安装所需的风阀，以便调节控制送排风的风量和风压。电气设备按功能分强电系统和弱电系统两类：强电系统供动力和照明用，其设备主要有变压器、分配电箱、各种导线、开关、用电设备（如各种电动机、照明灯具、电加热设备等）；弱电系统有楼宇自动化 BAS 系统管线设备，通信自动化 CAS 系统管线设备，办公自动化 OAS 系统管线设备，共用天线 CATV 系统管线设备，火灾自动报警系统管线设备，自动灭火系统管线设备，保安系统管线设备，电话、广播系统管线设备。

建筑环境设备在供水、采暖、供电、燃气、防雷等方面都起着十分重要的作用。首先，提高建筑本身的使用价值，如果建筑只有本身的围护结构，无水、无电、无暖气、无空气调节，人们很难在高层建筑内工作、学习和生活等，会有诸多不便。可以说，只有围护结构而无任何建筑设备的高层建筑在使用价值上还不如一般低层建筑。在建筑设备齐全的高层建筑内工作、学习和生活，不会有任何不便且在某些方面优于其他建筑。高层建筑占地少、空间大、功能全，提高了其使用价值。其次，为人们的活动提供方便条件，有了水设备，用水、饮水和排水方便；有了暖气、空气调节设备，改善了建筑内空气环境，使空气环境免受季节的影响，在好的空气环境下活动，能提高人的劳动效率，提高生活质量；有了电梯，人们在高层建筑内上下活动十分方便；有了燃气，可提供热能；有了电，使动力用电和照明用电十分方便，且可进行各种信息传输，实现自动化、防火防盗；有了防雷装置，可免受雷击，保障建筑和人们的安全。再次，保证建筑和人员的安全，消防系统、防火防烟排烟系统、防雷装置、各种报警自控系统均为建筑和人员提供了可靠的安全保证。

第一节 环境管道工程施工

一、管道的材料与特性

室内给水系统管材多采用给水铸铁管、镀锌钢管、给水塑料管、复合管、铜管。室外给水管道多采用给水铸铁管、复合管、PVC 管、焊接钢管、镀锌钢管、无缝钢管等。

生活污水管道多使用塑料管、铸铁管或混凝土管（由成组洗脸盆或饮用喷水器到共用水封之间的排水管和连接卫生器具的排水短管，可使用钢管）和硬聚氯乙烯排水管等。雨水管道宜使用塑料管、铸铁管、镀锌和非镀锌钢管或混凝土管等。悬吊式雨水管道应使用钢管、铸铁管或塑料管。易受振动的雨水管道应使用钢管。

二、管道的安装与质量检验

(一) 铸铁管的安装与质量检测

1. 铸铁管的安装

① 铺管宜由低向高处进行,铺设在平缓地面的承插口管道,承口一般朝来水方向;在斜坡地段,承口朝上坡。

② 根据施工图将阀门、管件放在规定位置,作为基准点。

③ 根据铸铁管长度及接口位置,确定管的工作位置,在铺管前把工作坑挖好。在铺设时,铸铁管轴向应留间隙,直管相互顶紧。

④ 将管道承口内部及外部飞刺、铸沙预先铲掉,沥青漆用喷灯或气焊烧掉,再用钢丝刷除去污物。铸铁管稳好后,在打口前应在靠近管道两端处填土覆盖,两侧夯实,并用稍粗于接口的麻绳将接口塞严,以防泥土及杂物进入。

⑤ 打口时,应先在承插口间隙内打上油麻,其粗度应比管口间隙大 1.5 倍,边塞边打,打实的最深处应是承口深度的 1/3。管道铺设或安装中断时,应用塞子临时堵塞管口,不得敞口搁置。

2. 铸铁管工程的质量检测。

铸铁管工程的质量检测见表 12-1。

表 12-1　铸铁管工程的质量检测

质量指标		合　格	不　合　格
重点指标	气密性	实际压力降小于允许压力降	实际压力降大于允许压力降
	管基	1. 挖土深度不超过管基标高。 2. 过交叉路口管段之长洞、阀门、配件基础要垫预制混凝土板;在非交叉路口管道上的 $DN\ 400mm$(包括 $DN\ 400mm$)阀门、$DN\ 200mm$ 以上(包括 $DN\ 200mm$)搭桥竖向弯管(1/16 以上)需砌筑基础,其他接头长洞和配件下基础要夯实。 3. 遇腐蚀性土壤要经过四面换土;换土处基础用黄沙袋或垫块分别垫于管子两端及管中三处	1. 挖土深度超过管底标高,回填土夯实不合要求并不加沙袋或预制垫块。 2. 过交叉路口管段之长洞、阀门、配件基础未垫预制混凝土块,$DN\ 400mm$ 以上阀门($DN\ 400mm$)、$DN\ 200mm$ 以上(包括 $DN\ 200mm$)管桥竖向弯管(1/16 以上)没有砌筑基础,其他接头长洞和配件下基础未夯实。 3. 遇腐蚀性土壤未处理、未换土或仅三面换土及未用黄沙袋或垫块垫实
	坡度	1. 低压管不小于 4/1000,绝缘白铁管不小于 5/1000,中压管不小于 3/1000,引入管不小于 10/1000。 2. 在管道上下坡度转折处或穿越其他管道之间时,个别地点允许连续三根管子坡度不小于 3/1000	1. 坡度倒落水。 2. 在管道上下坡度转折处或避让其他管道时,坡度小于 3/1000 的管子超过三根。 3. 用增设水井的方法来减少管道的排水量,水井设置不合理,工房支管上设置水井
	覆土	1. 覆土前沟内积水必须抽干,用干土覆盖。 2. 管道两侧必须捣实。 3. 车行道、管顶覆土要分层捣实。 4. 道管上方 30cm 不允许泥石混覆	1. 未抽干积水先覆土。 2. 管道两侧未捣实。 3. 车行道、管顶覆土不分层夯实。 4. 道顶上泥石混覆

(二) 钢管的安装与质量检测

1. 钢管的安装

钢管连接的主要方式见表 12-2。

表 12-2 钢管连接的主要方式

连接方式	操作程序	接口施工要求	适用调节
焊接法	1. 将管道内污物清除干净,并将管口边缘与焊口两侧打磨干净,使其露出金属光泽,制作坡口。 2. 将两管管端对口定出管道中心,沿管子圆周方向点焊 3 处(点焊缝长约 4mm,高约 5mm),并将两管定位。 3. 采用 2～3 层焊法焊满管子周缝	1. 焊缝表面光滑无裂缝、气孔、沙眼及其他缺陷。 2. 环境温度低于-20℃时,接口 10cm 附近需预热至 170℃ 左右再焊接。 3. 环境温度低于 0℃ 时,焊毕须用石棉毡覆盖。 4. 焊毕将焊皮撤掉	适用于管径大于 60mm 的钢管,具有电源及操作条件
法兰连接法	1. 将管道内杂物清除干净,将两个法兰盘放置平行,对正孔眼,使法兰盘与管道中心线垂直,并于法兰盘之间夹置橡胶垫。 2. 先插置 3～4 个定位螺栓。 3. 采用对角四个螺母同时拧紧的方式,插入的各螺栓拧紧即成	1. 法兰表面光洁,无气孔、裂缝、毛刺。 2. 橡胶垫圈厚度均匀,厚度均为 5mm。 3. 全部螺母在法兰同一面上	适用于管径大于 50mm 的钢管,适用于与带法兰管件连接的部位
螺纹连接法	1. 将管内杂物清除干净,而后套螺纹。 2. 将连接管件试旋螺纹合适,即在螺纹上涂铅油、缠麻丝或聚四氯乙烯带,再用手将管件上旋约 3 扣。 3. 继而用管钳上紧螺纹	1. 管端口外丝与管件内丝无毛刺或乱丝。 2. 断口与缺口尺寸小于全螺纹尺寸的 10%	适用于管径小于 50mm 的钢管

2. 钢管安装质量检测

钢管连接的主要检验方式见表 12-3。

(三) 预应力混凝土管的安装与质量检测

1. 安装施工要点

① 清理干净插口和承口,尤其是工作台部分,将胶圈均匀地套在插口,工作台前侧胶圈要各部分直径均匀,不得扭曲。

② 使插口管的中心与承口管的中心对准,利用牵引式拉入法将插口徐徐进入已连管的承口到进不动位置。或者依据承口深度在插口管处划出安装界限,至插口进入到界限为止。

③ 为保证胶圈顺利抵达工作面,可在插入管前,在套上胶圈插口处,加一点净水。插口进入承口的过程中,插口上套的胶圈滚到工作台上,插口、承口的工作台面将胶圈压扁,以阻止水流出。

④ 按接口质量要求进行检查,用插尺检查胶圈进入承口深度是否均匀,不均匀为不合格。

⑤ 安装完成后,承口与插口的安装界线误差不得超过±3mm。相接承插口的高度差及左右偏差不得超过 3～5mm。

2. 质量检测

预应力混凝土管质量检测见表 12-4。

(四) 塑料管道的安装与质量检测

1. 硬聚乙烯管 (PVC-U)

(1) 胶圈连接 检查管材、管件及橡胶圈质量。清理干净承口内橡胶圈沟槽、插口工作面及橡胶圈;将橡胶圈正确安在承口的胶圈沟槽内,不得装反或扭曲,为安装方便可用水浸渍胶圈，但不得涂润滑剂安装；橡胶圈连接的管材在施工中被切断时，须在插口端另行倒角，并应划出插入长度标线，然后进行连接，最小插入度符合相关规定。

表 12-3 钢管连接的主要检验方式

项别	项目	质量标准		检验方法	检查数量
保证项目	管子、部件、焊接材料	型号、规格、质量必须符合设计要求和规范规定		检查合格证、验收或试验记录	按系统全部查看
	阀门	焊缝表面及热影响区不得有裂纹；焊缝表面不得有气孔、夹渣等缺陷		检查合格证和试验记录	
	焊缝	焊缝表面及热影响区不得有裂纹；焊缝表面不得有气孔、夹渣等缺陷		观察和用放大镜检查	按系统内的管道焊口全部检查
	焊缝探伤	焊缝的射线探伤或超声波探伤必须按设计要求或规范规定的数量检验，有特殊要求者必须符合有关规定		检查探伤记录，必要时按规定检查的焊口数抽查 10%	按系统内的管道焊口全部检查
	焊缝机械性能检验	焊接接头的机械性能必须符合规定		检查试验记录	
	弯管	表面	弯管表面不得有裂纹、分层和过烧等缺陷	观察检查	按系统抽查 10%，但不应少于 3 件
		探伤、热处理	需做无损探伤和热处理者，必须符合设计要求和规范规定	检查探伤和热处理记录	
	管道试压	强度、严密性试压必须符合设计要求和规范规定		按系统检查分段试验记录	按系统全部检查
	清洗、吹除	管道系统必须按设计要求和规范规定进行清洗、吹除		检查清洗、吹除试样或记录	
基本项目	吊、托架安装	位置应正确、平正、牢固，与管子接触紧密。滑动、导向和滚动支架的活动面与支承面接触良好，移动灵活。吊架的吊杆应垂直，螺纹完整，有偏移量的应符合规定。弹簧支架的弹簧压缩度应符合设计规定		用手拉动和观察检查弹簧压缩度，检查安装记录	按系统内支、吊、托架的件数，各抽查 10%，但均不应少于 3 件
	法兰连接	对接应紧密、平行、同轴，与管道中心线垂直。螺栓受力应均匀，并露出螺帽 2~3 扣，垫片安置正确		用扳手拧试、观察和必须用量尺检查	按系统内法兰的类型各抽查 10%，但均不应少于 5 处
	管道坡度	应符合设计要求和规范规定		检查测量记录或用水准仪检查	按系统每 50m 直线管段抽查 2 段，不足 50m 抽查 1 段
	阀门安装	位置方向应正确，连接牢固、紧密，操作机构灵活、准确。有传动装置的阀门，指示器指示的位置应正确，传动可靠，无卡涩现象。有特殊要求的阀门应符合有关规定		观察和做自闭检查或检查调试记录	按系统内阀门的类型各抽查 10%，但均不应少于 3 个，有特殊要求的阀门应逐个检查
	除锈、油漆	铁锈、污垢应清除干净。管道需涂的油料品种、颜色及遍数应符合设计要求和规范规定，油漆的颜色和光泽应均匀，无漏涂，附着良好		观察检查	按系统每 20m 抽查 1 处

表 12-4 预应力混凝土管质量检测

项 目		要 求
允许相对转角度	DN 400~700mm	1.5
	DN 800~1400mm	1.0
	DN 1500~2000mm	0.5
埋设深度/m	最小管顶深度	0.8
	最大管顶深度	2.0
施工要求	运输要求	不允许承口、插口着地,需轻装轻放,严禁抛掷、碰撞,严禁用钢绳穿管装卸
	堆放层数 DN 400~600mm	5
	DN 700~800mm	4
	DN 900~1200mm	3
	DN 1400~1600mm	2
	安装间隙/mm	20

(2) 粘接连接 管道在施工中被切断时,需将插口处倒角锉成坡口后进行连接,切断管材时,应保证断口平整且垂直于管轴线。加工成的坡口长度一般不小于 3mm,坡口厚度为管壁厚度的 1/3~1/2,坡口完成应将残屑清除干净。管材或管件粘合前,应用棉纱或干布将承口内侧和插口外侧擦拭干净,使被粘接面保持清洁,无尘砂与水迹,当表面有油污时,需用棉纱蘸丙酮等清洁剂擦净。粘接前应将两管试插一次,使插入深度及配合情况符合要求,并在插入端表面划出插入承口深度的标线。

2. 聚丙烯塑料管

聚丙烯塑料管施工方法见表 12-5。

表 12-5 聚丙烯塑料管施工方法

施工方法	操 作 要 点	适用条件
焊接法	将待连接管的两端制作坡口,使焊枪焊接温度控制在 240℃ 左右,并用焊枪将阀端管材与聚丙烯焊条同时熔化,再将焊枪沿加热部位后退,焊条随着焊枪向前,两管端即焊成	适用于压力较低条件下
加热插粘接法	将甘油加热到 170℃ 左右,再将待接管管端插入甘油内加热,同时在另一管管端涂黏结剂,将在甘油内加热变软的待接管取出,最后将管端涂过黏结剂的已接管插入待接管管端,经冷却后接口即成	适用于压力较低条件下
热熔压紧法	将两待接管管端对好,使 250℃ 左右的恒温电热板夹置于两端之间,当管端熔化之后,即将电热板抽出,用力紧压熔化的管端面,经冷却后,接口即成	适用于中、低压力条件下
钢管插入搭接法	将待接管管端插入 170℃ 左右甘油中,再将钢管短节的一端插入到熔化的管端,经冷却后将接头部位用铁丝绑扎,再将钢管短节的另一头插入该熔化的另一管端,经冷却后用铁丝绑扎,这样即搭接完成	适用于压力较低条件下
螺纹法	如钢管施工,只是螺纹要硬些,便于接牢	适用于压力低的条件下

3. 塑料管

塑料管安装质量要求见表 12-6。

表 12-6 塑料管安装质量要求

项目	质量要求	检验方法	检查数量
水压和注水试验	在规定时间内,必须符合设计要求和规范规定	按系统检查分段试验记录	按系统全检查
焊接	不得有断裂、烧焦变色、分层鼓泡和凸瘤等缺陷	观察检查	按系统内接口数抽查10%,但不应少于5个口
坡度	应符合设计要求和规范规定	检查测量记录或用水准仪直尺拉线和尺量检查	按系统内每100m直线管段抽查3段,不足100m不应少于2段
支、吊、托架安装	位置应正确、埋设平正、牢固,砂浆饱满,但不应突出墙面。与管道接触紧密、固定牢靠,并宜垫以非金属垫片,铁锈、污垢应清除干净,油漆均匀无漏	用手拉动和观察检查	按系统内支、吊、托加架件抽查10%,但不应少于5件
焊缝表面	应光洁,焊条排列均匀、紧密,宽窄应一致	观察检查	按系统内接口数抽查10%,但不应少于5件
粘接	应牢固、连接件之间应紧密无空隙	观察检查	
螺纹连接	应紧固管端,清洁不乱丝,并留2~3扣螺纹		
法兰盘(包括松套法兰盘)	对接应平行、紧密。垫片不应适用双层,与管道中心线应垂直。螺帽应在同一侧,螺栓露出螺帽的长度不应大于螺栓直径1/2	用扳手拧试、尺量检查和观察检查	

(五) 不锈钢管的安装与质量检测

1. 不锈钢管的安装

① 不锈钢管安装前应进行清洗,并应吹干或擦干,除去油渍及其他污物。管子表面有机械损伤时,必须加以修整,使其光滑,并要进行酸洗和钝化处理。

② 不锈钢管不允许与碳钢支架接触,应在支架与管道之间垫入不锈钢片以及不含氯离子的塑料或橡胶垫片。当采用碳钢松套法兰连接时,由于碳钢法兰锈蚀后铁锈与不锈钢表面接触,在长期接触情况下,会发生分子扩散。为了防腐绝缘,应在松套法兰与不锈钢管之间衬垫绝缘物。

③ 不锈钢管穿过墙壁或楼板时,均应加套管,套管与管道之间的间隙不应小于10mm,并在空隙中填充绝缘物,绝缘物可用石棉绳。不锈钢管焊接时,一般采用手工氩弧焊或手工电弧焊,焊接温度不得低于-5℃,温度低时,应采用预热措施。

④ 根据输送的介质与工作温度和压力的不同,法兰垫片可采用软垫片或金属垫片,不锈钢管道用水作压力试验时,水的氯离子不得超过25mg/kg。

2. 安装质量标准检测

安装质量标准检测见表12-7。

(六) 铜及铜合金管的安装与质量检测

1. 铜及铜合金管的安装

铜及铜合金的切断,可用钢锯、砂轮切割机等方法,坡口可用锉刀锉削,夹持管子时,两侧用木板衬垫,以免夹伤管壁,铜及铜合金不能用氧乙炔焰切割成坡口。铜及铜合金的连接方法有焊接连接、螺纹连接、法兰连接,在给排水工程中多用到前两种方法。

2. 施工质量检测

施工质量检测方法见表12-8。

表12-7 安装质量标准检测

项目	质量标准	检验方法	检查数量
管材、部件、焊接材料	型号、规格、质量必须符合设计要求和规范规定	检查合格证、验收或试验记录	按系统全部检查
阀门	型号、规格和强度、严密性试验及需做解体检验的阀门,必须符合设计要求和规范规定	检查合格证和逐个试验记录	
焊缝外观	表面及热影响区不得有裂纹、过烧;焊缝表面不得有气孔、夹渣等缺陷	观察和用放大镜检查	按系统内的管道焊口全部检查
氢弧焊接	表面不得有发黑、夹渣和钨的飞溅物等缺陷		
焊缝无损探伤	焊缝的射线探伤必须按设计要求或规范规定的数量检查。有特殊要求者必须符合有关规定		
焊缝机械性能	焊接接头的机械性能必须符合有关规定	检查试验记录	
晶格腐蚀检查	需做晶格腐蚀检查者,必须符合设计要求和规范规定	检查试验记录	
弯管 表面	表面不得有裂纹、分层和过烧等缺陷	观察检查	按系统抽查10%,但不应少于3件
弯管 热处理	热处理后的晶格腐蚀试验,必须符合设计要求和规范规定	观察检查记录	
管道试压	强度、严密性试验必须符合设计要求和规范规定	检查分段试验记录	按系统全部抽查
清洗、吹扫	管道系必须按设计要求和规范规定进行清洗、吹扫	检查清洗、吹扫试样或记录	

表12-8 施工质量检测

项目	质量标准	检验方法	检查数量
管材、管件、焊接材料	型号、规格、质量必须符合设计要求和规范规定	检查合格证、验收或试验记录	按系统全部检查
阀门	型号、规格和强度、严密性试验须符合设计要求和规范规定	检查记录合格证和逐个检查记录	
焊缝表面	不得有裂纹、气孔和未熔合等缺陷	观察和用放大镜检查	按系统由管道焊口全部检查
焊缝探伤检查	黄铜气焊焊缝的射线探伤必须按设计或规范规定的数量检验	检查探伤记录,必要时可按规定检验的焊口数抽查10%	
焊缝机械性能检验	焊接焊头的机械性能必须符合有关规范的规定	检查试验记录	
弯管表面	不得有裂纹、分层、凹坑和过烧等缺陷	观察检查	按系统抽查10%,但不小于3件
管道试压	管道的强度、严密性试验必须符合设计要求和规范规定	按系统检查分段试验记录	按系统全部检查
清洗、吹除	管道系统必须按设计要求和规范规定进行清洗、吹除	检查清洗、吹除试样或记录	
支、吊、托架安装	位置正确、平整、牢固,锈蚀、污垢应清除干净,油漆均匀、无漏涂,附着良好	用手拉动和观察检查	按系统由支、吊托架的件数抽查20%,但不小于3件
阀门安装	位置、方向应正确,连接牢固、紧密,操作机构灵活、准确,有特殊要求的阀门应符合有关规定	观察和做启闭检查或检查调试记录	按系统由阀门的类型各抽查10%,但均不应少于2个,有特殊要求的逐个检查
管道坡度	应符合设计要求和规范规定	检查测量记录或用水准仪(水平尺)检查	按系统每50m直线管段抽查2段,不足50m的抽查1段

(七）玻璃钢管的安装与质量检测

玻璃钢管的安装与质量检测见表12-9。

表 12-9　玻璃钢管的安装与质量检测

类型	方式	安装要点	适用条件
胶接接口	搭接胶接	在两根管的连接部位均加工出不大于 1/6 的坡度。用丙酮等试剂清除粘接区的污物。涂胶要均匀，厚度宜为 0.05～0.15mm，胶接面上的胶应无遗漏和气泡等	管径较小，工作压力较低，不常拆卸的地下压力管道的施工
胶接接口	对接，用毡、布袋包缠	除上述做法外，还可用玻璃毡、布袋涂正	适用于中、小直径。低、中压工作压力的管道及直线形管道和配件的连接
胶接接口	承插口胶接加毡、布袋包缠	常温固化树脂	适用于中、小直径。低、中压工作压力的管道及直线形管道和配件的连接
承插接口	单圈密封	承插口及密封沟槽凡与胶圈接触的密封表面均应平整、光滑、无气孔及影响密封的缺陷。放置在插口上的密封胶圈安装时伸长量不得超过 30%。相接承插口允许倾角为 2°	适用于轴向荷载较小的、直径在 2000mm 以下的中、高压力地下管道
承插接口	双圈密封	承插口及密封沟槽凡与胶圈接触的密封表面均应平整、光滑、无气孔及影响密封的缺陷。放置在插口上的密封胶圈安装时伸长量不得超过 30%。相接承插口允许倾角为 2°	适用于轴向荷载较小的、直径在 2000mm 以下的中、高压力地下管道
法兰接口	固定法兰	与钢法兰接口要点相同，采用橡胶垫时厚度不小于 1.5mm	适用于各种压力和管径的管道的连接
法兰接口	活套法兰	与钢法兰接口要点相同，采用橡胶垫时厚度不小于 1.5mm	适用于各种压力和管径的管道的连接

三、管道的防腐与保暖

（一）管道的防腐

1. 管道防腐刷油

明装管道必须先刷一道防锈漆，待交工前再刷两道面漆，如有保温和防结露要求刷两道防锈漆即可，镀锌钢管外露螺纹处刷 1～2 道防锈漆，交工前再刷 1～2 道面漆。暗装管道刷两道防锈漆，镀锌钢管外露螺纹处刷两道防锈漆；埋地钢管作防腐层时，按照相关规范处理。

2. 涂防腐漆的方法

油漆使用前，应先搅拌均匀。表面已起皮的油漆，应加以过滤，除去小块漆皮。然后根据喷涂的方法需要，选择稀释剂稀释至适宜稠度，调成的油漆应及时使用。

① 手工涂漆是用刷子将油漆涂刷在金属表面，每层应往复进行，纵横交错，并保持涂层均匀，不得漏涂或有流淌现象。对于管道安装后不易涂漆的部位，应预先涂漆，第二道漆必须待第一道漆干后再刷。

② 机械喷涂时漆流应和喷漆面垂直，喷漆面为平面时，喷嘴与漆面应相距 250～350mm；漆面为圆弧面，喷嘴与喷漆面的距离应为 400mm 左右。喷漆时，喷嘴的移动应均匀，速度宜保持在 10～18m/min，喷漆使用的压缩空气压力为 0.2～0.4MPa。喷漆时，涂层厚度以 0.3～0.4mm 为宜，喷涂后，不得有流挂和漏喷现象。涂层干燥后，需要用砂纸打磨后再喷涂下一层，其目的是为了打掉油漆层上的粒状物，使油漆层平整，并增加与下一层油漆之间的附着力，为了防止漏喷，前后两次油漆的颜色配比可略有不同。

③ 埋地钢管的防腐材料主要由冷底子油、石油沥青、玛琋脂、防水卷材及牛皮纸等组成。

3. 需要注意的质量问题

① 管材表面脱皮、漆膜反锈。主要原因是管子表面除锈不净，有水分；涂刷过程中，漆面有针孔等弊病或有涂漏的空白点，漆膜过薄。

② 管子涂漆后，有的部位漏漆。离地面或墙面较近，由于不便操作往往只刷表面，底面或背面刷不到造成漏刷。

③ 管道表面油漆不均匀，有流淌现象，主要是由于刷子沾油太多、油漆中加稀释剂过多、涂刷漆膜太厚、管子表面清理不彻底、喷涂时喷嘴口径太大、喷枪距离喷涂面太近、喷漆的气压太大或过小等。

（二）管道的保温

1. 保温材料

常用的保温材料有预制瓦块（泡沫混凝土、珍珠岩、石棉瓦等）、管壳制品（岩棉、矿渣棉、玻璃棉、聚苯乙烯泡沫塑料管壳等）、卷材（岩棉、矿渣棉、玻璃棉、聚苯乙烯泡沫塑料等）和其他材料（铅丝网、石棉灰、硅藻土、石棉硅藻土和草绳等）。保护层材料有麻刀、白灰或石棉、水泥、玻璃丝布、塑料布、浸沥青油的麻布、油毡、工业棉布、铁皮等。

2. 保温操作

① 用预制瓦块保温。应将瓦块内侧抹 5~10mm 的石棉灰泥，作为填充料。预制瓦块的纵缝搭接应错开，横缝应放在上下方位置上。预制瓦块根据直径选用 18~20 号镀锌铅丝进行绑扎，固定铅丝间距为 150~200mm，且距瓦块的边缘为 50mm。绑扎不宜过长，并将接头插入瓦块内。在管道弯头等处，须将预制瓦块按弯头等形状锯割成若干节，再按上述方法安装固定。预制瓦块绑扎完成后，应用石棉灰将缝隙处填充、勾缝，外面用抹子抹平。用预制瓦块作保温层，在直线管段每隔 5~7m 应留一条间隙为 5mm 的膨胀缝，膨胀缝用石棉绳或玻璃棉填充。

② 用管壳制品保温。一般由两人配合，一人将管壳缝剖开对包在管上，两手用力挤压，另外一人缠裹保护层，缠裹时用力要均匀，压茬要平，粗细一致，也可将管壳用铅丝扎牢后，再缠裹保护层。

③ 用卷材保温。应先将材料按照管子外壁的周长加搭接长度的总长，将材料裁好；包扎顺序应由下往上包扎在管子上，将搭接缝留在上部或管子内侧，搭接宽度 40~50mm。保温厚度不够时可继续加层，横向搭接缝若有间隙，可用相同卷材填塞；包扎时需要用 18~20 号镀锌铅丝进行绑扎，间距为 150~200mm；当管径大于 500mm 时，还应包以网孔为 20mm×20mm~30mm×30mm 的镀锌铅丝网。

④ 用石棉灰、硅藻土、石棉硅藻土等粉粒状的保温材料时，先将粉状的材料和水调制成胶泥状准备涂抹；在保温管上均匀地缠上草绳，草绳应紧挨着，缝隙很小；直接将胶泥往草绳表面涂抹，也可将调好的保温材料制成团，直接将其贴在管子上，然后再用草绳缠住胶泥，草绳表面最后抹一层保护层。

⑤ 管道保温用铁皮做保护层，应压边、箍紧，不得有脱壳或凹凸不平现象，其环缝和纵缝应搭接或咬口，搭接长度环向为 20mm，纵向不得少于 30mm，其纵向搭口应朝下，铁皮间用自攻螺钉紧固，不得刺穿防潮层，螺钉间距不大于 200mm，保护层的端头应封闭，弯头处做成虾壳弯形式。

⑥ 棉毡缠包保温。先将成卷的棉毡按管径大小裁剪成适当宽度的条带（一般为 200~300mm），以螺旋状包缠到管道上。边缠边压边抽紧，使保温后的密度达到设计要求。当单层棉毡不能达到规定保温层厚度时，可用两层或三层分别缠包在管道上，并将两层接缝错开。每层纵横向接缝处必须紧密接合，纵向接缝应放在管道上部，所有缝隙要用同样的保温材料填充。表面要处理平整、封严。保温层外径不大于 500mm 时，在保温层外面用直径为 1.0~1.2mm 的镀锌铁丝绑扎，绑扎间距为 150~200mm，每处绑扎的铁丝应不小于两圈。当保温层外径大于 500mm 时，还应加镀锌铁丝网缠包，再用镀锌铁丝绑扎牢。如果使用玻

璃丝布或油毡做保护层时就不必包铁丝网了。

⑦ 弯管绑扎保温施工。对于预制管壳结构，当管径小于80mm时，施工方法是将空隙用散状保温材料填充，再用镀锌铁丝将裁剪好的直角弯头管壳绑扎好，外做保护层。当管径大于100mm时，施工方法是按照管径的大小和设计要求选好保温管壳，再根据管壳的外径及弯管的曲率半径做虾米腰的样板，用样板套在管壳外，划线裁剪成段，再用镀锌铁丝将每段管壳按顺序绑扎在弯管上，外做保护层即可，若每段管壳连接处有空隙可用同样的保温材料填充至无缝为止。当管道采用棉毡或其他材料保温时，弯管也可用同样的材料保温。

第二节 环境通用设备安装

一、泵的安装与调试

1. 卧式水泵的安装

（1）安装底座 当基础的尺寸、位置、标高符合设计要求后，将底座置于基础上，套上地脚螺栓，调整底座的中心位置与设计位置相一致；测定底座的水平度，用精度为0.005mm/m的方形水平尺在底座的加工面上进行水平度的测量。其允许误差横向、纵向均不大于0.1/1000。底座安装时应用平垫铁片使其调成水平，并将地脚螺栓拧紧。地脚螺栓拧紧后，用水泥砂浆将底座与基础之间的缝隙嵌填充实，再用混凝土将底座下的空间填满填实，以保证底座的稳定。

（2）安装水泵机组

① 水泵找正。在水泵外缘以纵横中心线位置为桩，并在空中拉相互角度为90°的中心线，并在两根中线上互挂垂线，使水泵的轴心和横向中心线的垂线相重合，使其进出口中心与纵向中心线相重合，水泵找正允许误差横向平行不大于0.5mm，交叉误差不大于0.1/1000。

② 水泵找平。利用水泵安装附近已知水准点的高程，用水准仪进行测量，实际标高允许误差为单机组不大于±10mm，多机组不大于±5mm。在进行调试时，各项安装工作会相互影响，所以经过几次调整直至符合要求为止，最后拧紧地脚螺栓，调整铁垫片一次使用不得超过3片。

（3）电机安装 水泵和电机两轴不同心度要求及弹性圈柱销联轴器断面轴向间隙见表12-10、表12-11。

2. 立式轴流泵的安装

① 电机机座以轴承座面为标准面，出水弯管以上橡胶轴承座面为校准面，校正电机机座以及出水弯管的水平度使其达到技术说明书上的规定要求。安装泵体，将导叶体吊到出水弯管下面，装上导叶轮，再把泵轴吊入泵体，装上叶轮，然后再装上喇叭管。叶轮外缘与叶轮外壳间隙应均匀，最后将填料函装上。

表12-10 水泵和电机两轴不同心度要求

联轴节外形最大半径/mm	轴不同心度不应超过	
	径向位移/mm	倾斜
105~250	0.05	0.2/1000
290~500	0.10	

表 12-11　弹性圈柱销联轴器断面轴向间隙的要求

轴孔直径/mm	标准型			轻型		
	型号	外形最大直径/mm	间隙/mm	型号	外形最大直径/mm	间隙/mm
25～28	B_1	120	1～5	Q_1	105	1～4
30～38	B_2	140	1～5	Q_2	120	1～4
35～45	B_3	170	2～6	Q_3	145	1～4
40～55	B_4	190	2～6	Q_4	170	1～5
45～65	B_5	220	2～6	Q_5	200	1～5
50～75	B_6	260	2～8	Q_6	240	1～6
70～95	B_7	330	2～10	Q_7	290	1～6
80～120	B_8	410	2～12	Q_8	350	1～8
100～150	B_9	500	2～15	Q_9	140	1～10

② 将推力盘和轴承压装到传动轴上，同时将轴承盖、螺母等套在轴上，然后装上弹性联轴器。将推力轴承装入电机机座的轴承体内，将传动轴插入机座轴孔中，传动轴下端装上刚性联轴器，拧紧螺栓，检查传动轴和泵轴的垂直度，符合要求后拧紧刚性联轴器上的螺栓，最后调解传动轴上的圆螺母，使叶轮与叶轮外壳的间隙符合要求。

③ 基础灌浆、泵体和电机机座安装完毕，用水泥砂浆将地脚螺栓孔和底座触梁面的空隙全部填实；吊装电机到机座上，装上弹性联轴器，拧紧地脚螺栓。

3. 深井泵的安装

(1) 井下部分安装　用管卡夹紧泵体上端将其吊起，徐徐放入井内，使管卡夹搁在基础之上的方木上；将传动轴插入支架轴承内，联轴器向下，用绳扣住，将它吊起；传动轴的联轴器旋入泵体的叶轮伸出端，用管钳上紧，然后安装短水管、长输水管和泵轴；将泵座下端的进水法兰拆下，并将其旋入最上面的一根输水管的一端；每装好几节长输水管和泵轴后，应旋出轴承支架，观察泵轴是否在输水管中心，如有问题及时校正。

(2) 井上部分安装　取下泵座内的填料压盖、填料，并将涂有黄油的纸垫放在进水法兰的端面上，将泵底座吊起，移至中央对准电机轴慢慢放下，电机轴穿过泵座填料箱孔与法兰对齐，用螺栓紧固。稍稍吊起泵座，取掉管卡和基础上的方木，将泵座放在基础上校正水平，完成后将地脚螺栓进行再次灌浆，待砂浆达到设计强度后，固定泵座。装上填料，卸下电机上端的传动盘，起吊电机，使电机轴穿过电机空心转子，将电机安放在泵座上并紧固，然后进行电机试运转，检查电机旋转方向无误后，装上传动盘，插入定位键，最后将调整螺母旋入电机轴上，调整轴向间隙，安上电机防水罩。

4. 潜水泵的安装

将电源电缆、信号电缆传入泵管月牙形盖板的电缆孔内，然后用起重设备将潜水泵缓缓放入泵管中，吊装时应注意水泵不能碰撞泵管，特别是水泵上的动力、信号引出电缆不能受到任何损伤，水泵上的锥形固定圈与密封 O 形圈一道压实在泵管下部的定位环上，将月牙形盖板定位，调整拉直电缆并压紧密封压盖，接紧固定吊环尼龙绳千万不能掉入泵管内。注意电缆、尼龙绳之间不要产生任何交叉，以防在运行过程中相互摩擦，损坏电缆。先将大盖板固定，放上密封条，再将月牙形盖板压上固定，水泵运行时发现此处密封不良，可再加石棉绳提高密封效果。

5. 泵的调试

① 调试前检查电动机的转向是否与水泵转向一致，各固定连接部位有无松动，各指示仪表、安全保护装置及电控装置是否灵敏、准确可靠。

② 泵运转时，检查转子及各运动部件运转是否正常，有无异常声响和摩擦现象，检查

附属系统运转是否正常，管道连接是否牢固无渗漏。

③ 以上检查合格后，在设计负荷下连续运转不少于 2h，运转中不应有异常振动和声响，各密封处不得泄漏，紧固连接部位不应松动。滑动轴承的最高温度不得超过 70℃，滚动轴承的最高温度不得超过 75℃。做好试运转记录，水泵试运转结束后将水泵出入口的阀门关闭，排净泵内的积水以防锈蚀。

二、风机的安装与调试

1. 风机安装的一般规定

① 风机的基础、消声和防振装置，应符合设备技术文件的要求；现场组装风机时，绳索的捆绑不得损伤机件表面。

② 风机的润滑、油冷却和密封系统的管路等受压部分应做强度试验。当设备技术文件无规定时，水压试验的压力应为最高工作压力的 1.25～1.5 倍，气压试验的压力应不高于工作压力的 1.05 倍。

③ 风机的进风管、排风管、阀件、调节装置等，均应有单独支撑，各管路与风机连接时法兰应对中贴平，不得强制连接，机壳不应承受外加荷载，以防机壳变形。

④ 风机连接的管路需要切割或焊接时，不应使机壳发生变形，一般宜在管路与机壳脱开后进行。

⑤ 风机的横向中心线以进出口管道中心为准，纵向中心线以传动轴为准，其偏差不得大于±5mm，风机的标高以传动轴为基准点，其偏差不得大于±1mm，风机水平度为 0.2mm/m。

2. 离心机的安装

① 地基基础检查，检查地基是否和图纸或设备文件相一致，是否符合轴承支架、机壳支架和驱动端基础底板混凝土基础的要求。

② 应当注意，两个轴承支架的找正调整是最重要的，为了便于灌浆，每个螺栓的两侧均用钢垫垫平，把固定端轴承支架放在底板上的双头螺栓上，用螺栓把机壳支架、轴承支架松散地联在一起，并且把地脚螺栓安放进预留孔内，按要求粗找正后灌浆，当水泥浆已把活动的地脚螺栓紧紧地凝固在一起时，开始着手找正调整（利用气泡水准仪）。需要时利用薄垫片在轴向、横向对固定端轴承支架和垫板校平，拧紧螺栓，重新校平调整。

③ 对非固定端轴承支架，重复上述的校平步骤，以确保和固定轴承支架在同一高度上，拧紧螺栓，重新校平调整；然后找正调整机壳支架，灌浆、凝固、校正，拧紧螺栓，重复校平，最后装配三角连接板，如可能，全部用销钉连接。

④ 机壳/进气箱下半部和支架组装。机壳/进气箱总成被分为两部分，上下部分通过水平中心线的接合面连接成一体，安装时，先把下半部机壳/进气箱与支架连接，但不要拧紧，以便做最后的调整。

⑤ 轴承箱下半部对支架，把固定和非固定端轴承箱的下半部安装在所对应的支架上，不要拧紧固定螺栓，以便调整，安装调整后，才可拧紧螺栓，并钻销钉孔，用销钉定位。

⑥ 轴承联轴器和轴的装配。清除主轴装配轴承和联轴器部位上的任何防护物品，仔细擦净这些部位，并确保不得有任何损伤。在轴承和主轴装配期间，必须保持严格的清洁度，并且直到把轴承安装到轴上之前，整个轴承应存在原包装里。

⑦ 进风口和机壳/进气箱下半部安装。调整进风口，使它的中心在水平中心线上与叶轮进风口保持一致，在铅垂中心线上有所偏移，由于在工作温度下机壳/进气箱产生铅垂方向

膨胀的位移量，这样就保证了运转间隙，当该间隙调整合适后，拧紧进风口螺栓。

⑧ 机壳/进气箱上下组合。转子组与机壳/进气箱下部装配完后，吊装机壳/进气箱上部与下部组合，中间加耐热石棉橡胶板垫予以密封，内侧用定位板固定，外侧用三角板和方形板加大，然后把紧进风口螺栓。

3. 轴流式风机的安装

电动机轴与风机轴应符合：无中间传动轴的联轴器找正时，其径向位移偏差不大于 0.025mm，两轴线倾斜度偏差不应大于 0.2/1000；具有中间传动轴机组，应计算并留出中间轴的热膨胀量，同时使电动机转子位于电动机所要求的磁力中心位置上，然后再确定两轴之间的距离；测量同轴度时，每隔 90°分别测量中间两轴两端与每对半联轴器两端面之间四个位置的间隙差。机身纵、横方向水平度小于 0.2/1000。

① 风机卧地式安装。将减振器通过连接螺栓固定于风机机座，用中心高调整垫板调节各减振器水平高度，用固定螺栓将风机固于已焊接在基础上的连接钢板上，如风机由于抗震等原因无须减振器，则将风机机座上的螺孔与基础上的预埋螺栓直接连接即可。

② 侧墙卧式安装。风机安装的基本要求与卧地式安装相同，只是安装托架做成斜臂支撑式，托架要有足够的强度和刚度，10 号以上风机不宜采用此种安装方式。

③ 悬挂式安装。先将减振器与风机用螺栓连接成一体，减振器对称安装，布置于风机重心两侧，直接将风机提升插入安装于悬挂支架，悬挂支架的高度，视实际空间距离由用户自定，16 号以上风机一般不采用此种安装形式。

④ 立式安装。风机立式安装方法与卧地式安装一致，对风机基础的强度与刚度要求更严格。

4. 罗茨和叶式安装

风机的纵向和横向安装水平应在主轴和进气口、排气口法兰面上进行测量，其偏差不应大于 0.2/1000。风机安装时，应检查正反两个方向转子与转子间、转子与机壳间、转子与墙板间以及齿轮副侧的间隙，其间隙值均应符合设备技术文件的规定；电动机与风机两半联轴器连接时，径向位移不应大于 0.025mm，两轴线倾斜度偏差不应大于 0.2/1000。

5. 风机运行调试

① 风机试运转前应符合：加注润滑油的规格、数量符合设计的规定；接通冷却系统的冷却水；全开鼓风机进气和排气阀门；盘动转子无异常声响；电机转向与风机转向相符。

② 风机运转技术要求：离心、轴流式运转时间在 2h 以上，罗茨、叶式运行 4h 以上，风机运转平稳，转子与定子无摩擦，无漏油、漏水现象，滑动轴承的最高温升小于 35℃，最高温度小于 70℃，滚动轴承的最高温升小于 40℃，最高温度小于 80℃，径向振幅在设计范围内。

复习思考题

1. 污水管道用材料有何特性？
2. 铸铁管工程检测的重点指标包括什么？其要求怎样？
3. 管道防腐的方法有哪几种？
4. 简述管道保温的方法。
5. 试论述水泵安装的过程。

第十三章　污水处理系统工程施工组织设计实例

一、工程概况

某集团为了保护环境,新建某项目污水处理系统,采用厌氧+好氧污水处理工艺,对其液奶、冷饮、酸奶三个部分的生产污水进行处理,使处理后出水保证达到 COD_{Cr}<100mg/L、BOD_5<20mg/L、P<0.5mg/L、SS<70mg/L、动植物油脂<10mg/L、pH 值 6~9、NH_3-N<15mg/L。

二、施工总体部署

(一) 施工总体部署指导思想

本工程的总体规划是以先土建施工后设备安装,不同专业、工种交叉,流水作业的原则,确保在合同规定的工期内完成,并谋求工程质量优良为目标进行部署的,规划过程按照以下几方面进行部署。

① 总结以往污水处理工程施工的经验教训,保证工期达标,施工质量优良。

② 尽可能提高实际劳动生产力水平,合理配置劳动力资源,加快施工进度。

③ 制订详细工作计划,科学安排各分项工程,紧密衔接,保证各分部项目实施的流畅性。

④ 保障后勤供应,周密部署安全施工措施,杜绝安全隐患。

(二) 工程管理人员部署

为保证工程高效率、高质量地施工,工程管理具体组织分工如下:

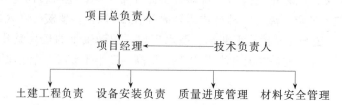

(三) 土建施工部分

该部分包括半地下盛水构筑物和地上建筑物(设备间、控制间等)。盛水构筑物中调节预酸化池、曝气池、兼氧池、二沉池、污泥混合池、滤液池等为钢筋混凝土结构;设备间、控制间等为混合结构。

1. 施工条件

本工程厂区土质依次为素填土、淤泥质粉质黏土、粉土、粉砂土层、淤泥质黏土、粉砂、黏土夹粉砂、细砂。地下水位线在-1.6~3.15m,而集水井为地下深3.5m,需要人工降低水位来施工,土方工程可以采用敞开式全面机械二次开挖土方,基坑内周边设排水沟,明排法降水保证施工。水池采用机械搅拌混凝土浇注。

2. 土建施工总体安排

① 根据工程具体情况，科学地组织施工，合理地穿插工序。首先确定塔吊具体位置，开工前准备完毕，保证施工过程中供料及时。

② 合理规划施工现场的布置，做到材料堆放有序、通道畅通。

③ 土方工程采用挖掘机全面开挖，残土由运输车一次排出。

④ 组织土方开挖前，确定土方开挖的方向和退土路线，由放线员跟随挖掘，边挖边测量，一旦挖至设计标高马上组织设计、勘测、监理部门验槽，合格后马上进行下道工序施工。

⑤ 考虑初见地下水位和雨季降水有可能影响施工，开挖后基坑内周边设1m深排水沟，以便出现降水后采取机械排水或轻型井点降水。

⑥ 钢筋采用现场机械制作、人工绑扎。

⑦ 模板采用复合木模板和钢模板，商品混凝土或人工搅拌混凝土浇筑。

⑧ 回填土采用人工回填，边回填边机械夯实。

根据地勘部门提供的勘查报告，地下水位在-3.15m左右，需要考虑机械排水，方式根据现场实际情况确定。砂滤间、曝气池、调节池等基坑考虑降雨的因素，开挖后基坑内周边设深度为1m的排水沟，以备降雨后采取机械排水。

3. 施工前准备

① 临建和塔吊的搭设和准备均由施工员、技术员负责组织实施。

② 确定排出降水流向，现场的堆土、施工道路、设备摆放、施工场地的布置由施工员来完成，施工用电和生活用水的设计由工程师来完成，施工班组安装。

③ 定位放线测量控制点、放坡大小均由放线员、技术员来复核校验。

④ 降水设备安装前进行检查、调整，确保完好无损。

⑤ 劳动力调配见表13-1。

表13-1 劳动力调配表

序号	工种名称	最大需要人数	备注
1	钢筋工	25	
2	木工	20	
3	水泥工	25	
4	机械工	5	
5	瓦工	10	
6	力工	40	各工种施工人员均由公司统一调配，随施工进度随时进现场
7	抹灰工	8	
8	防水工	10	
9	电焊工	8	
10	电工	4	
11	水暖工	4	
12	架子工	10	

4. 后勤准备

由于本工程工期长，施工人员需要吃住在现场，后勤工作应由专人负责。临时供电、供水设计经双方协商后确定。

5. 主要施工技术措施及施工方法

施工测量放线工作是设计与施工之间的桥梁，它既是建筑结构各施工阶段的先行工序，又是竣工阶段检查的工序，它贯穿于整个工程的始终，起着指导与连接各施工阶段、各工序之间的施工与配合作用。

根据现场实际情况，现场测量定位工作完成后，请规划设计部门、建设监理单位等共同复核，检验合格后方可进行土方工程施工，规划院将定水准点引至现场内进行保护。

排水泵共设3台（2开1备），单台水泵最大排水量不应小于40t/h，基坑总体开挖采用挖掘机及运输车辆随挖随运出，放线人员跟随机械施工随时检测基底标高以防挖深，如有挖深，挖深部分要采取级配混砂人工夯实或水撼砂处理。

6. 土方工程

土方开槽采用挖掘机及运输车辆随挖随运出。技术员跟随施工机械定期检查标高以防挖深。

挖出的土结合现场实际情况外运及储存，采用人工清理到设计标高，然后设计勘察建设监理等有关部门验槽，合格后方可进行下道工序施工。

7. 钢筋工程

(1) 材料要求　所有进场钢筋必须有出厂合格证明书，并要做到按规范规定抽样进行复试，复试合格后方可使用在工程上，不合格钢材一律不准进入施工现场。

要求购买正规厂家钢材，不合格钢材禁止使用。钢筋不得锈蚀、油污。

(2) 钢筋储存　钢筋在运进现场后应按批分别堆放整齐，避免钢筋锈蚀和油污。钢筋堆放要做好标识，标识出成品、非成品、废料、用途等。钢筋在运输储存时，不准损坏标志。钢筋分类堆放，底部要垫好木方，以免污染。

(3) 钢筋下料绑扎

① 由于施工现场场地都是泥土，钢筋需要在作业场集中下料后运抵施工现场，不得混放，不许放在泥土上。

② 钢筋加工的形状、尺寸必须符合设计要求。

③ 钢筋要求平、直、无局部曲折。

④ HPB235级钢筋末端需做180°弯钩，箍筋的末端必须做出135°弯钩。

⑤ 搭接焊接头的钢筋要弯折15°角，焊缝长单面焊大于$10d$，双面焊大于$5d$，并按规定做试验，复试合格后方可大量施工。

⑥ 钢筋的接头必须相互错开，钢筋接头的截面面积占受力钢筋总截面面积的百分率为焊接50%，搭接、绑扎钢筋受拉区25%，受压区50%，绑扎接头搭接长度要符合规范要求，水平筋搭接长度为$45d$，钢筋代换必须通过设计院同意。

⑦ 绑扎钢筋时必须按图施工，绑扎的顺序是先绑扎主要钢筋，然后再绑扎次要钢筋，交叉时穿插就位后再进行绑扎。

⑧ 绑扎前必须做好放线抄平工作，做好明显标志。

(4) 钢筋验收

① 根据图纸检查钢筋的钢号、直径、根数、间距是否正确。

② 检查钢筋的保护层。

③ 检查钢筋绑扎是否牢固,有无松动。
④ 检查是否清洁。
⑤ 做好质量验收等各项工程评定工作。

8. 模板工程

(1) 模板基础支法

① 池壁外模板采用定型钢模板支撑、钢管加固、钩头螺栓调平,对拉螺栓与固定支撑相结合。

② 钢模板不配套时,与木模板相结合,钢管加固间距由混凝土侧压力(单项技术措施)计算确定。

施工中严格控制材料的质量是否与设计方案相符。

池盖支模板要考虑到拆除的方便及支撑中的稳固作用,在完成支撑体系后,把拆模时从入孔出入的梯格尽可能完善。

(2) 模板拆除

① 模板的拆除时间必须符合施工规范的规定。
② 拆除模板必须在同条件养护试块达到施工规范所规定强度后方可拆除。
③ 顶板底模在同条件养护试块达到80%设计强度时方可拆除。
④ 拆除后因需受上部的施工荷载,通过计算看强度是否能承受上部施工荷载以确定拆除时保留部分支撑。或拆除后马上打回头支撑,以确保施工强度。
⑤ 模板工程施工注意事项:模板使用前要将表面清理干净,涂刷脱模剂要均匀不漏刷;对变形、有孔洞的模板要进行修复,确保模板工程质量;支模所用的卡具必须使用前检查,不合格不能用;模板工程的施工一定要按照技术措施执行,一切变动必须通过主管技术人员认可后方可更改。

9. 混凝土工程

(1) 原材料要求

① 水泥要选用有信誉的、质量可靠厂家的产品。提前沟通混凝土施工方案,以确保施工顺利进行,确定合理的浇筑顺序及施工人员的施工部署。一经开始浇灌,必须浇到要求部位或合理部位方可停止。

② 对施工人员进行交底。

③ 混凝土搅拌时,水泥、砂石的比例要准确,微膨胀剂投加量严格按要求投加,并有专人负责。

④ 对模板工程进行交接验收,做好交接记录;对隐蔽工程进行隐蔽验收,填好记录,同时向监理提出混凝土浇灌报验单。

⑤ 对浇筑设备进行检查,准备好施工用具。

(2) 混凝土施工 在混凝土浇筑前用水湿润模板,混凝土接茬必须用水充分湿润后再浇30~50mm厚砂浆然后再进行浇筑。混凝土浇筑厚度不得大于100mm,进行振捣,振捣必须插入下层50~100mm,以保证层与层的均匀一致,振捣棒要快插慢拔,不得漏振,对套管、预留洞和预埋铁件等处要特别小心,套管的两侧均匀施振以确保套管周边混凝土的密实度。

对于混凝土的缺陷处理,必须由技术人员鉴定后,出具单项技术措施来进行弥补,对于严重的混凝土质量事故,由专业工程技术人员鉴定后出具体方案,另行补救施工以至返工。

10. 脚手架工程

本工程采用简易脚手架,主要支护坑周边简易绑钢筋支模板用的防护设施,主要支撑系统必须确保足够的强度和刚度,每步架的跳板不少于 3 块,以确保施工人员的安全。

对于现场的排水沟、临时道路、临时电器线路经常设人检查、维修,以防影响正常施工。

11. 装饰工程

(1) 抹灰工程

① 抹灰前基层表面的尘土、污垢、油渍等应清除干净,并洒水润湿。

② 抹灰层与基层之间必修粘接牢固,应无脱层、空鼓,面层应无裂缝。

③ 抹灰总厚度应符合设计要求,水泥砂浆不得抹在石灰砂浆上。

(2) 门窗工程

① 门窗的防腐处理及填嵌、密封处理应按设计要求进行。

② 门窗框和副框的安装必须牢固,预埋件位置、数量和埋设方式必修符合设计要求。

③ 门窗框与墙体之间的缝隙填嵌饱满,用密封胶密封。密封胶表面要光滑、顺直、无裂纹。

④ 门窗密封条不得脱槽,旋转窗间隙应基本均匀。

(3) 涂饰工程　涂料应涂饰均匀、粘接牢固,不得漏涂、透底、起皮和掉粉。

(四) 设备安装工程

1. 施工部署

该部分由泵格栅风机、刮泥机、UASB 反应器、罐式及塔式设备等以及电气和管线安装工程组成。

设备、管道安装质量要求:安装质量应符合工艺图纸和相关验收规范的要求,刮泥机、脱水机按照产品要求由生产厂家指导现场安装。

2. 施工技术准备

① 收到图纸后,组织人员对图纸进行初审,提出问题,再由甲方、设计院进行联合图纸会审。

② 设计院在进行设计技术交底时,把设计中的关键环节、重点部位向施工单位明确。

③ 把有关的技术标准(设计院标准及特殊要求)提到图纸审核小组,以便共同参照执行。

④ 施工规范准备。

3. 机具、材料、人员准备

① 根据平面布置,编制材料采购、进场计划,对主要材料(管、钢管、UPVC 管)要进行实地考察,对甲供设备更要严把质量关(如产品质量合格证、机械性能及说明书等),以免出现问题无据可查。

② 组织施工机械及工具进场、安装、调试。

③ 组织劳保用品、安全防护用品进场。

④ 组织施工人员(按劳动力配备)进入现场,并对其进行安全生产教育,明确责任,确保施工中不出现问题。

⑤ 要对特殊工程进行培训,不合格者不上岗。

⑥ 按生产设施准备措施用料。

4. 机械格栅施工

① 安装前检查设备及随机文件是否齐全。

② 安装要严格执行图纸及设备安装调试说明书。
③ 吊装就位过程中保护好栅齿、传动链、电机等不受损伤。
④ 吊装结束后应妥善保存成品设备。

5. 泵及潜水设备安装
① 安装前对设备进行有无缺件、损坏和锈蚀等常规性检查。
② 泵的基础应牢固可靠，泵座不平时，应用楔形垫铁填实。
③ 对于潜水设备，保护电缆的凹槽，不得有毛刺或尖刺。
④ 潜水搅拌器的安装应严格按照设备随机安装图进行。
⑤ 其他技术要求，严格按厂商提供的参数进行检测。

6. 风机安装
① 清点风机的零件、部件，进行有无缺件、损坏和锈蚀等常规性检查。
② 检查风机进、出风口包装有无破损，如发现破损应立即检查腔体内是否存在异物。
③ 进、出口方向（或角度）应与设计相符，叶轮旋转方向和定子导流叶片的导流方向应符合设备技术文件的规定。
④ 管线与机壳连接时，机壳不应受力。

7. 管线安装
UPVC管安装采用胶黏接口，玻璃钢管采用糊口连接，普通钢管采用电弧焊接，薄壁不锈钢管采用氩弧焊，厚壁不锈钢管采用电弧焊。不同材质管道连接为法兰连接。
① 安装前检查管子是否合格，合格后方可安装。
② UPVC直管用角向磨光机磨出坡口，涂胶后应用木锤敲击使承插严密。
③ 管线安装要横平竖直，转弯处不应有应力。
④ 管道安装完毕后进行漏水试验。

8. 污泥收集设备安装
① 二沉池、污泥混合池进泥管线应在土建垫层施工前铺设完毕。
② 刮泥机设备安装应在厂家指导下安装。

9. 其他设备安装
其他设备应遵照以下要求进行：
① 设计图纸和工艺包的要求。
② 国家相关规范的要求。
③ 设备的特殊要求。

10. 电气工程施工
（1）电气施工程序　施工准备工作→基础槽钢制作安装→盘柜安装→支架制作安装→桥架安装→保护管敷设、电缆敷设→母线安装→管内穿线→盘柜配线→照明系统的安装→设备单体送电→系统调试→联合试运行→工程预验收→技术资料交验→工程交工。

（2）施工技术准备　在开工前向施工人员做全面技术交底，对较复杂的工艺或有特殊要求的工艺做详细的交底并做好记录。

（3）电气设备及材料的检查与验收　工程所需的设备材料、规格、型号、材质均应符合设计要求，产品说明书、材质合格证应齐全有效。设备应双方开箱检查，验收时应根据装箱单详细核对备品、备件和工具技术文件及出厂合格证，做好开箱检查记录，做好标识。材料运输、保管要专人负责。

设备开箱应立即对其部件等进行编号，分类保管，对暂不用的部件、附件和技术文件等应做好标识并妥善保管。

对移交时不能发现的问题而在施工中发现有缺件、缺陷损坏和锈蚀等情况时,应由甲乙双方分析其原因并及时处理。设备交接中发现问题如实记录,甲乙双方共同确认,对于无法预见的问题经校验后及时通知业主共同解决。

电缆、导线、桥架、母线槽、变压器、配电柜、照明箱等设备材料必须有材质单、合格证,技术资料齐全方可使用。全部技术资料由保管员分类存放,妥善保管,待工程完工后由施工人员归档,严防损坏和丢失。

（4）施工方法　盘、柜、箱等设备,电缆、钢材、管材等大宗材料运输应用绳索将其绑扎牢固,防止磕碰,行车平稳尽量减少振动,避免因运输不当造成元件或油漆损坏,产品质量出现问题。

盘、柜、箱装卸就位顺序应根据现场条件确定,进场顺序以不妨碍其他盘、柜、箱的进场和就位为原则,一般先内后外,按设备布置图大致放在安装位置上。盘、柜、箱就位后,先调到大致的水平位置,然后再进行精调。

土建基础、预埋件等按图纸及规范要求进行复查。

接地工程应与土建专业密切配合,做好分支接地线引进建筑物的预留和预埋,防止二次返工,影响工程质量。

各种安装支架应保证其横平竖直,表面油漆完整、均匀,焊接应牢固。

电缆、导线敷设前必须进行绝缘测试,试验合格后要在无外界干扰破坏的情况下,在电缆沟、保护管、过道管施工完毕并且当时的环境温度满足规程要求的前提下进行敷设。

导线、电缆进入盘、柜、箱中间交叉、转弯处等应留有足够的余量,并固定牢固,敷设时中间不得出现接头现象。

$G1\frac{1}{2}''$及以下钢管采用手动弯管器煨弯,$G1\frac{1}{2}''$以上规格的钢管采用标准弯管,$G\ 2''$以下的钢管套扣全部采用电动套丝机。钢材、管材切割采用无齿锯。金属支架焊接可根据实际情况确定水焊或电焊焊接,钻孔采用抬钻或手电钻,打毛边采用手提砂轮机。电缆桥架的螺栓连接采用自动扳手紧固。电缆桥架安装程序应先主干线,后分支线,先将弯头、三通和变径定位,后安装直线段。

（5）施工过程防护　导线穿管时在管口套上塑料护口,防止绝缘层损坏;电缆敷设应使用电缆升降架,架起电缆盘,人工扛抬方法或机械牵引方法施工,架盘前注意在展放电缆时电缆应从上部引出,不应使电缆在支架上或地面摩擦拖拉。

灯具安装时要防止磕碰,起吊灯具时要绑牢,缓慢起升;安装配电柜等设备时要注意不要碰到易损配件,如指示灯、温感器等。

11. 施工技术要求

（1）盘、柜安装　盘、柜所有附件、备件应齐全,外表不应有任何机械损伤。盘、柜基础型钢安装的允许偏差应符合表13-2的要求。

表13-2　盘、柜基础型钢安装的允许偏差

项次	项目	允许偏差	
		mm/m	mm/全长
1	垂直度	<1	<5
2	水平度	<1	<5
3	位置误差及不平行度		<5

盘、柜安装的允许偏差应符合表 13-3 的要求。

表 13-3　盘、柜安装的允许偏差

项次	项　目		允许偏差/mm
1	垂直度（每米）		<1.5
2	水平偏差	相邻两盘顶部	<2
		成列盘顶部	<5
3	盘面偏差	相邻两盘边	<1
		成列盘面	<5
4	盘间接缝		<2

盘、柜、箱及基础槽钢的接地应牢固良好。盘、柜、箱基础槽钢安装后，其顶部宜高出抹平地面 10mm；基础型钢应有明显的可靠接地。

（2）二次回路接线　按图施工、接线正确。引入盘、柜的电缆、导线应排列整齐，编号清晰且不易脱色。导线绝缘良好，外皮无损伤，接线时应避免交叉，并固定牢固，不得使所接的子排受到机械应力。每个接线端子的每侧接线不得超过 2 根，对于插接式端子，不同截面的两根导线不得接在同一端子上；对于螺栓连接端子，当固接两根导线时，中间应加平垫片。

（3）电缆桥架、导线线槽敷设　电缆桥架、导线线槽安装前要找好埋设件（或埋设膨胀螺栓），事前两端必须用吊架、托架或立柱进行定位，拉线找平所有吊架和立柱位置，然后再进行吊架和立柱的固定。桥架支架两端定位后拉线找平，间距要相等对称，托架采用螺栓固定。桥架之间用连接板固定。桥架与桥架连接时螺母一律朝外，以免电缆、导线敷设时划伤电缆、导线。

跨距较大或安装高度较高处的电缆桥架、导线线槽架安装前用测量仪进行两端立柱、支臂的水平度测量，确保电缆吊架的水平度，桥架、线槽用角钢支撑（吊），用托臂安装固定，具体尺寸可视现场实际确定，高空作业要做好安全保护措施。

桥架的螺栓连接采用自动扳手紧固，电缆桥架（托盘）、线槽的支（吊）架、连接件和附件的质量应符合现行的有关技术标准。

电缆桥架（托盘）、线槽的规格、支吊跨距、防腐类型应符合设计要求。

桥架（托盘）在每个支吊架上的固定应牢固；梯架（托盘）连接板的螺栓应紧固，螺母应位于桥架（托盘）的外侧。

当直线段电缆桥架长度超过 30m 时，应有伸缩缝，其连接宜采用伸缩连接板，电缆桥梁跨越建筑物伸缩缝处应设置伸缩缝装置。垂直安装的线槽根据图纸要求沿墙暗装，安装之前应及时与土建部门取得联系，以便做好预留工作。安装后应做好面板的美化配制、固定。全部线槽安装要做好电气接地性能连接，接地干线采用 BV-16mm^2 铜芯导线，电缆支架全长均应有良好的接地。

（4）电缆敷设　电缆保护管内壁应光滑无毛刺，管口应做成喇叭口形或管口套螺纹戴护线箍。不准对口焊，应采用大一级规格的套管套接。埋地部位应做沥青防腐。镀锌管外皮焊接处镀锌皮脱落处，均应加涂沥青防腐。

电缆管内径的型号、电压、规格应符合设计，并试验合格。电缆敷设时，不宜交叉，电缆应排列整齐，加以固定。当电力电缆和控制电缆敷设在同一托盘内时，应将控制电缆放在电力电缆的下面，1kV 及以下电力电缆应放在 1kV 以上电力电缆的下面。

在有可能带电的区域内敷设电缆，应有可靠的安全措施。

电缆不得有铠装压扁、电缆绞拧、护层折裂等未消除的机械损伤。电力电缆的终端头，电缆外壳与该处的电缆金属护套及铠装层均应良好接地。接地线应用铜绞线，其截面不宜小于 $10mm^2$。

各配电装置的电缆孔洞均应用耐火材料严密封堵，防止火灾事故。

（5）电气装置的接地　凡正常不带电的配电、控制、保护用的屏（柜、箱、台）的金属框架和底座及其各种金属支架都应接地。

本工程电气接地的接地电阻值应满足施工图纸的设计要求。各种电气装置的接地严禁串联，地下部分不得用螺栓连接。接地体（线）的连接应采用焊接，焊接必须牢固无虚焊。接地体（线）的焊接应采用搭接焊，其搭接长度必须符合下列规定：扁钢为其宽度的 2 倍（且至少三个棱边焊接）；圆钢为其直径的 6 倍；圆钢与扁钢连接时，其长度为圆钢直径的 6 倍。

（6）保护钢管敷设　钢管明敷设时弯曲半径不小于钢管外径的 6 倍，如有一个弯时不小于钢管外径的 4 倍，暗配管时弯曲半径不小于 6 倍，埋在地下或混凝土楼板内时不小于钢管外径的 10 倍。

水平或垂直敷设的钢管允许偏差值，在 2m 以内均为 3mm，全长不应超过管子内径的 1/2。

（五）系统调试

1. 单机调试

① 安装完毕后，对转动部先用手进行盘车运转，运转时应无卡阻、摩擦撞击等现象。

② 接通电源（或临时电）进行空负荷试运转或清水运转，时间不得少于 5min。

③ 泵的试运转必须有介质或代用介质，且符合设计要求。无负荷运转合格后，方可进行联动负荷试运转。

2. 联动调试

联动负荷试运转应符合下列要求：

① 传动部分的齿轮、地脚螺栓、连接螺栓、键和焊缝等，确认牢固可靠、情况良好后方可进行。

② 严格按说明书和生产操作程序进行。

③ 控制系统、安全装置报警信号等，经试验均应正确、灵敏、可靠。

④ 联动操作位置、按钮、控制显示和信号等，应与实际动作及运动方向相同，压力、温度、流量等仪表仪器指示均应正确、灵敏、可靠。

⑤ 试运转的人员，应熟悉设备的构造、性能、设备技术和掌握操作规程及操作方法。

⑥ 电气及操作控制系统调整试验，应按电气原理图和安装接线图要求进行，设备内部接线和外部接线应正确无误。

⑦ 电气系统调整用模拟操作，检查其动作、指示、信号和连锁装置，要求应正确、灵敏、可靠。

⑧ 泵、风机试运转严格执行技术说明书及 GB 50275—2010。

⑨ 好氧处理进行启动。

（六）质量安全、劳动纪律

1. 质量要求

做好技术交底，切实掌握技术要求，严格按图施工，保证质量达到预期目标。

（1）质量目标　工程质量达到优质标准。

① 分项工程合格率100%，优良率90%以上。

② 分部工程合格率100%，优良率90%以上。

③ 保证资料得分率90%，观感得分率90%。

(2) 质量方针　信守质量承诺，提供优质服务，奉献精品工程。

2. 雨季施工

本工程施工期间如遇到下雨要防患于未然，保证施工质量，需要做好雨季施工准备。

① 雨期施工主要做好防雷、防电、防漏等工作。

② 做好现场排水地面排水沟，保证排水顺畅。

③ 机电设备做好遮盖防雨，零线和漏电断电器设备由专人负责，非专业人员不准乱动机电设备。

3. 安全要求

① 严格遵守安全生产制度、安全操作规程和各项安全措施规定，做好安全交底，加强安全检查。

② 浇筑混凝土时，操作人员要戴好安全帽，在经常蹬踩的地方要做好防护，以免造成碰伤事故。

③ 夜间操作应有足够照明。

④ 雨天施工所有机电设备做好防雨措施，各项安全防护要齐全。

⑤ 凡现场工作人员均按其工种严格遵守安全施工条例，执行安全例会制。

⑥ 现场必须戴安全帽，否则禁止进入现场。

⑦ 严禁酒后作业。

⑧ 施工人员要有组织，分工明确，各尽其责。

⑨ 动工需办理有关手续。

⑩ 非机械工、电工严格禁止无证作业，任何人不许随意动用机械、电器设备及钢筋设备。

⑪ 所有电气设备接地要良好，电焊机等要单独开关。

⑫ 电焊把线、照明电线绝缘外皮必须良好。

⑬ 起吊设备时，吊车吊臂下禁止站人。

⑭ 洞口防护到位，临时要有保护圈，同时挂警示牌。

⑮ 24h不间断作业时，每班必须有干部值班。

4. 劳动纪律

① 劳动组织的任务在于合理使用劳动力，合理安排工时，恰当处理施工过程中劳动分工协作关系。

② 加强劳动纪律是施工生产过程的团队协作和不可间断的客观要求。

③ 遵守公司的一切规章制度，下级服从上级，个人服从组织。

④ 遵守甲方的厂规厂纪。

(七) 施工机械、工具、材料管理

1. 机械设备管理

机械设备必须合理使用，使之正常工作。对于电焊机、吊车、汽车及其电子设备应配备专职人员进行日常维护，发现问题及时解决，保证良好率为100%。

2. 工具管理

工具是劳动手段，管理不好会影响施工进度。对千斤顶、量具、倒链、角向磨光机等小型工具应由专人发放、收回。每天清点一次，丢失、损坏按价赔偿，有问题的及时修理。

3. 进场材料管理

对于材料的现场堆放要有合理的过道，标识明了、准确。材料堆放管理应由材料保管员负责，对于主要材料，如钢板、钢管等要有材料质量化验单，建立账卡，以便检查、领发、存放、余料回收。

复习思考题

1. 编制工程施工组织设计包括哪些内容？
2. 施工总体部署指导思想包括哪些方面？
3. 施工前准备有哪些？
4. 钢筋绑扎需要注意哪些事项？
5. 设备安装的主要依据是什么？
6. 处理系统调试分几种？每种将如何调试？

附 录

附录1 环保设施工艺图

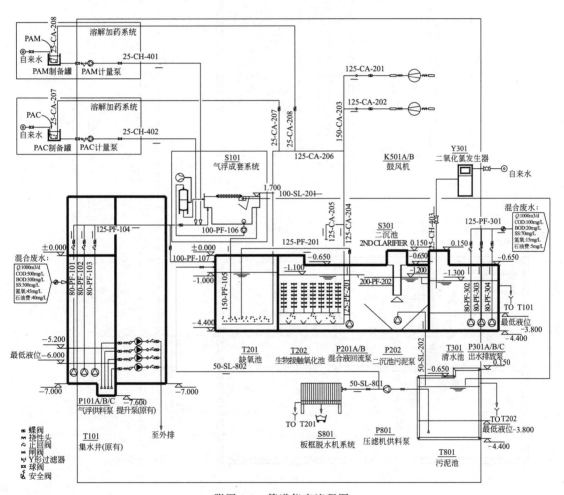

附图 1-1 管道仪表流程图

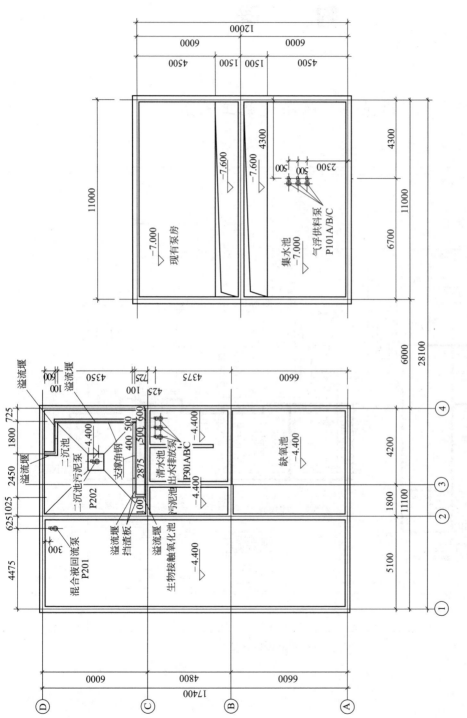

附图 1-2 地下层设备平面布置图

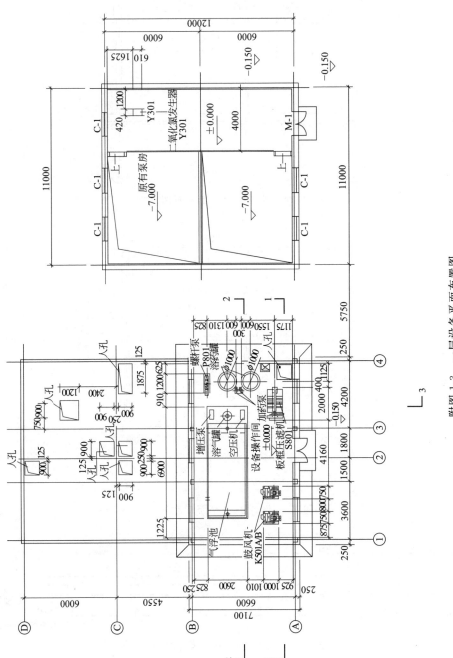

附图 1-3 一层设备平面布置图

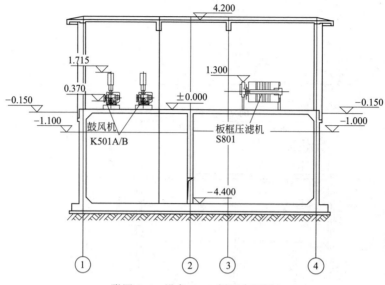

附图 1-4　设备 1—1 剖面布置图

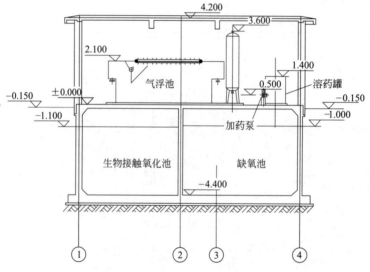

附图 1-5　设备 2—2 剖面布置图

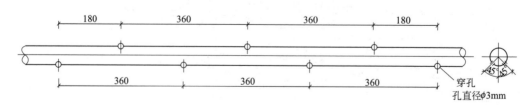

附图 1-6　缺氧池穿孔关大样图

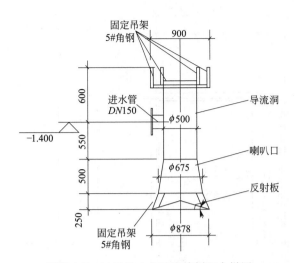

附图 1-7 二沉池中心导流筒剖面大样图

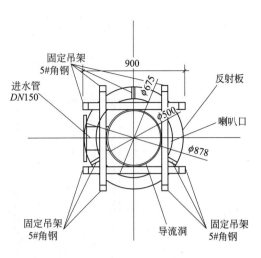

附图 1-8 二沉池中心导流筒大样图

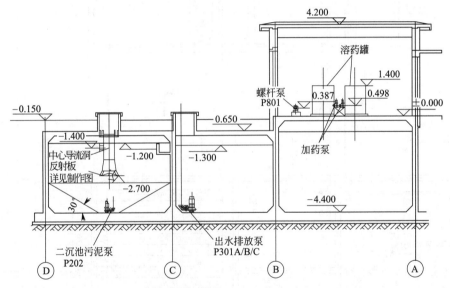

附图 1-9 设备 3—3 剖面布置图

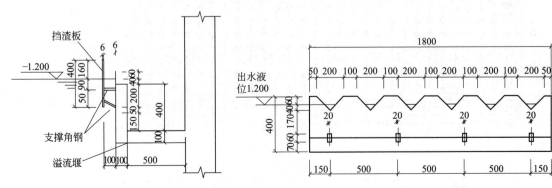

附图 1-10 二沉池溢流堰挡渣板

附图 1-11 二沉池溢流堰大样图

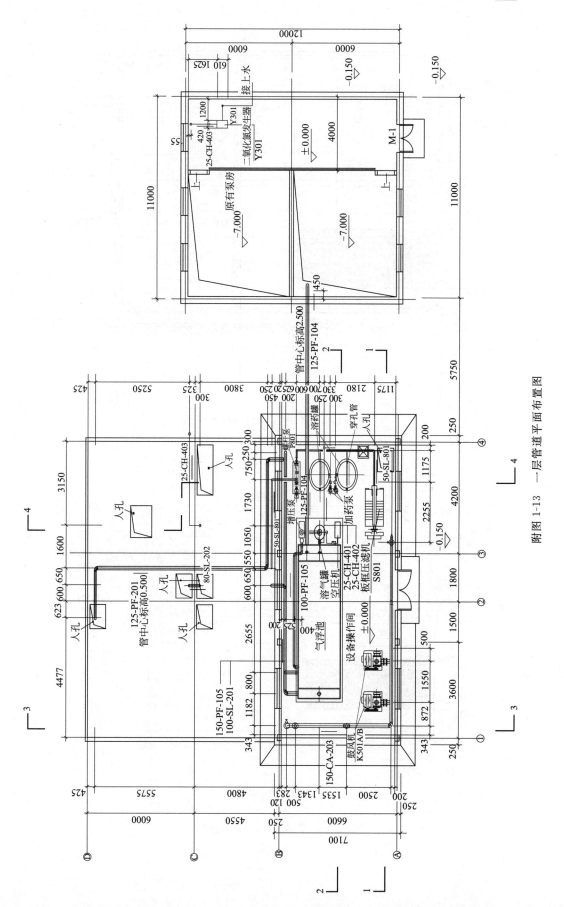

附图 1-13 一层管道平面布置图

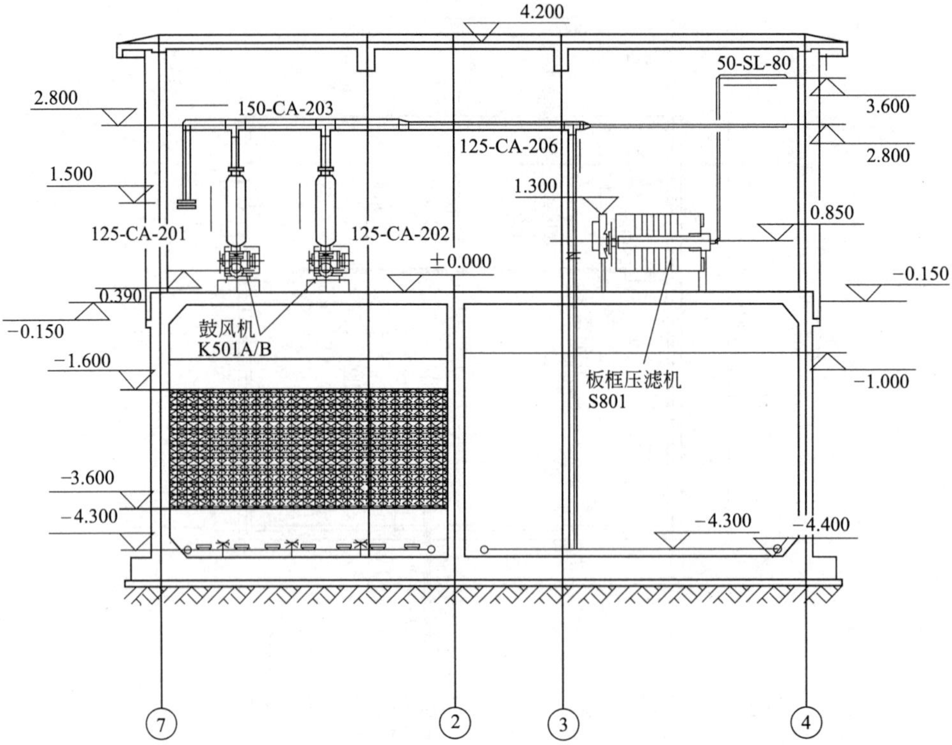

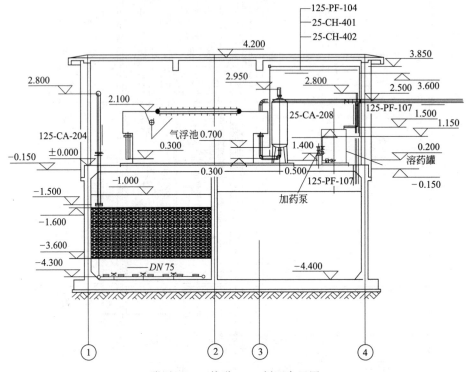

附图 1-14　管道 1—1 剖面布置图

附图 1-15　管道 2—2 剖面布置图

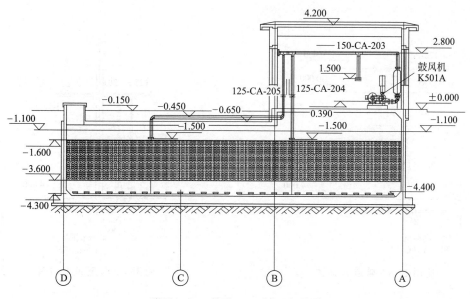

附图 1-16　管道 3—3 剖面布置图

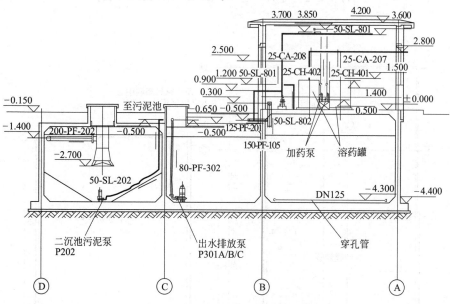

附图 1-17　管道 4—4 剖面布置图

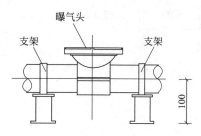

附图 1-18　曝气器及支架大样图

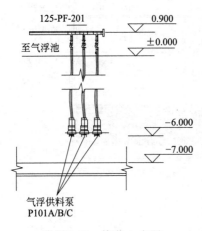

附图 1-19 管道 A 向图

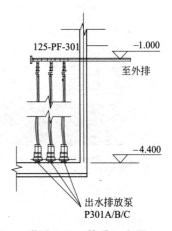

附图 1-20 管道 B 向图

附录 2　环境工程建筑施工图

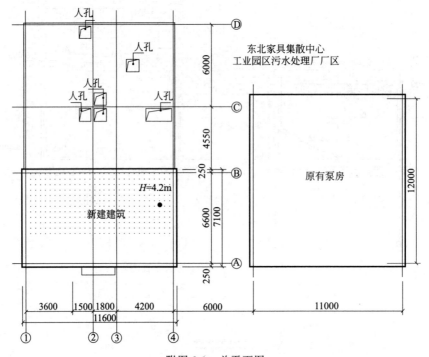

附图 2-1　总平面图

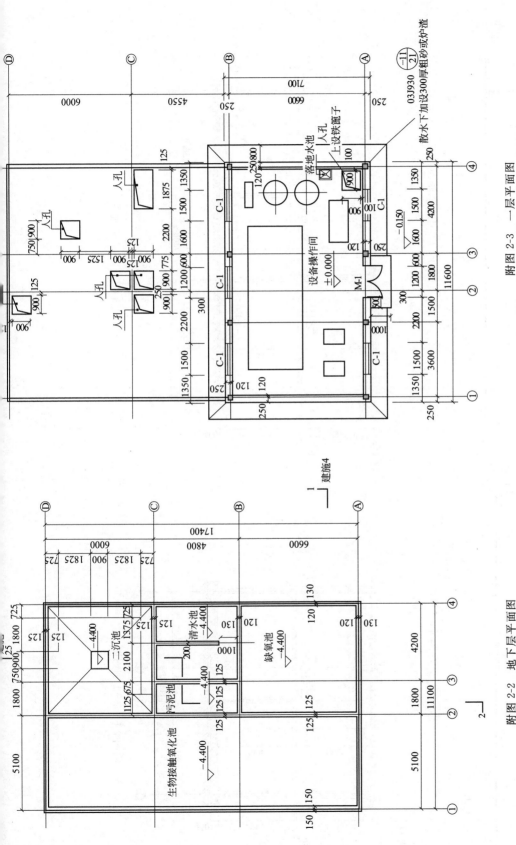

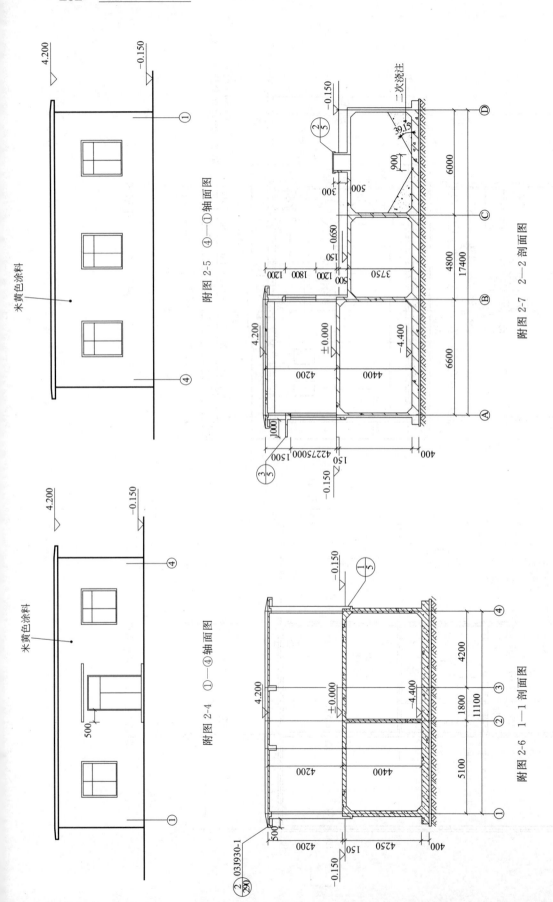

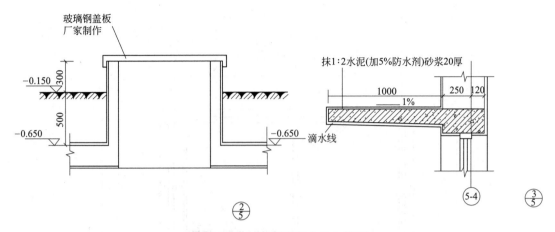

附图 2-8　2—2 剖面图中的大样图

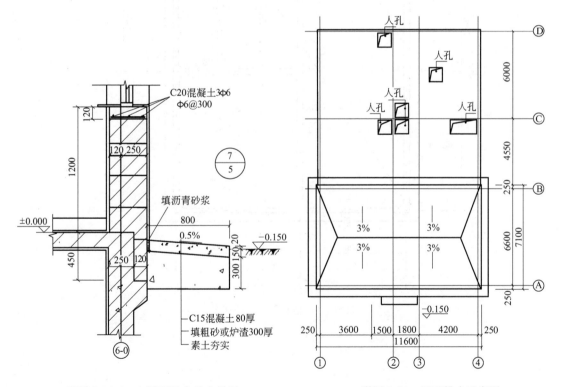

附图 2-9　1—1 剖面图中的大样图　　　附图 2-10　屋面排水示意图

附录3 环境工程结构施工图

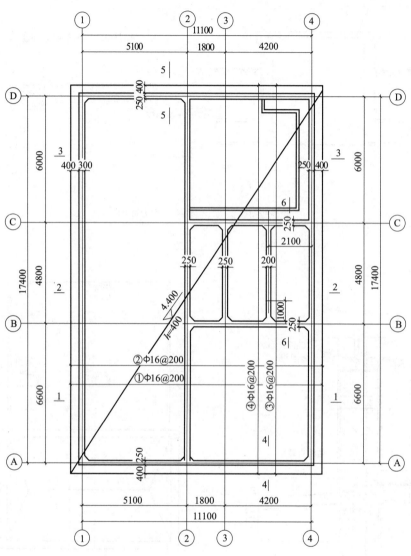

附图 3-1 地板模板及配筋图

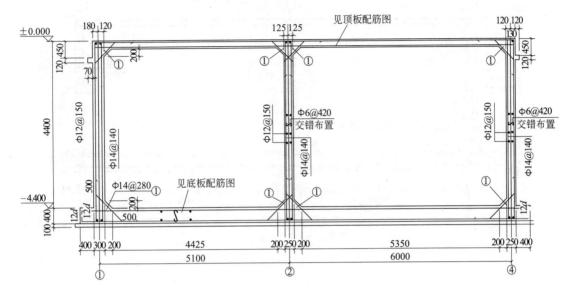

附图 3-2　1—1 剖面图

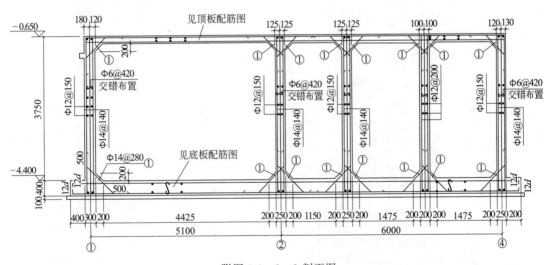

附图 3-3　2—2 剖面图

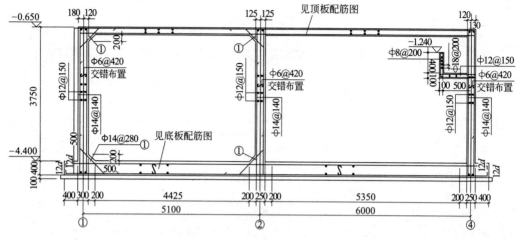

附图 3-4 3—3 剖面图

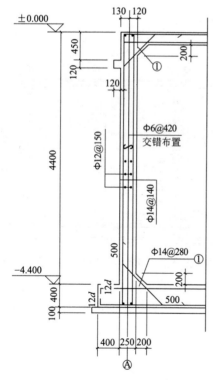

附图 3-5 4—4 剖面图

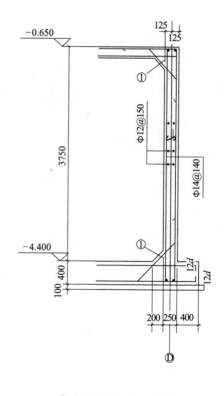

附图 3-6 5—5 剖面图

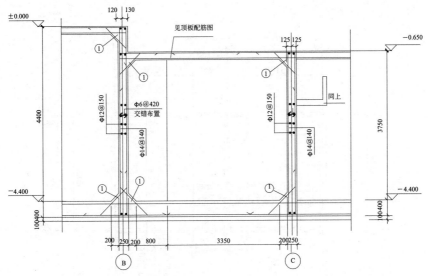

附图 3-7　6—6 剖面图

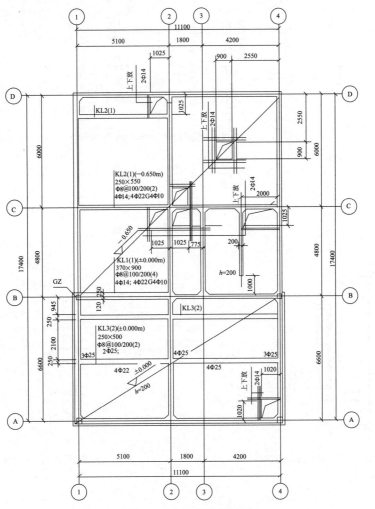

附图 3-8　水池顶板模板图

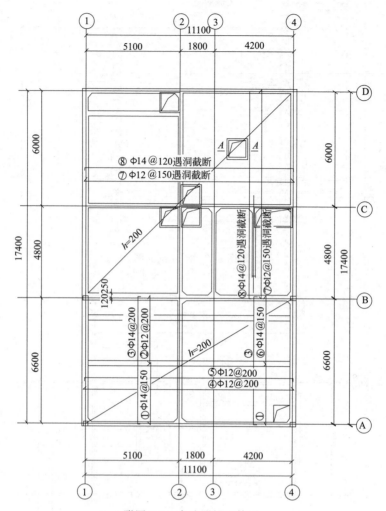

附图 3-9 水池顶板配筋图

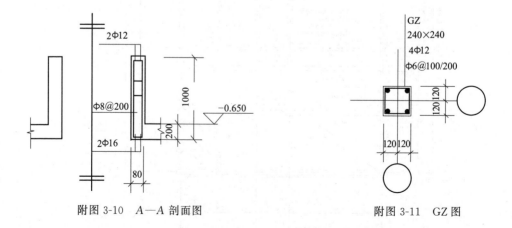

附图 3-10 A—A 剖面图

附图 3-11 GZ 图

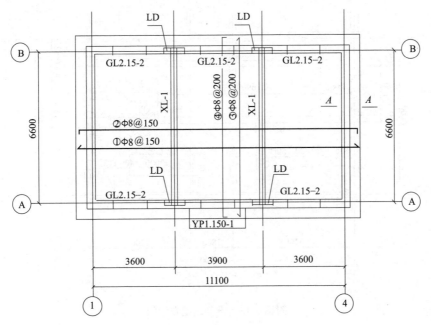

附图 3-12　屋面板配筋图

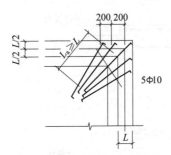

附图 3-13　挑檐转角配筋图

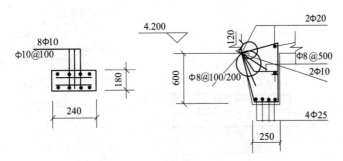

附图 3-14　屋面板配筋大样图

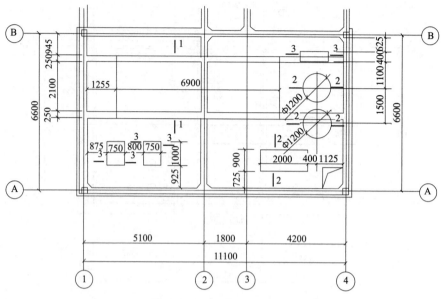

附图 3-15 设备基础布置图

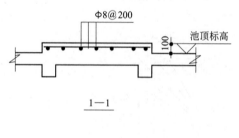

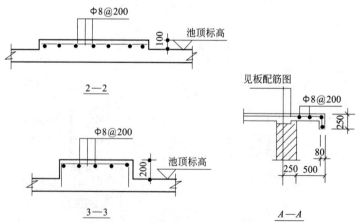

附图 3-16 设备基础中的剖面图

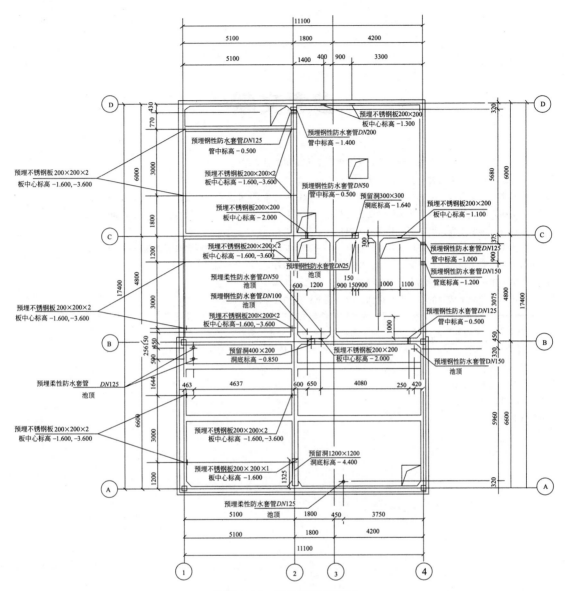

附图 3-17 埋件预留套管图

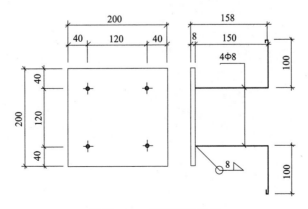

附图 3-18 预埋不锈钢板

参考文献

[1] 闫波. 环境工程土建概论. 哈尔滨:哈尔滨工业大学出版社, 2004.
[2] 张智强, 等. 化学建材. 重庆:重庆大学出版社, 2000.
[3] 中国建筑工业出版社. 现行建筑设计规范大全(修订缩印本). 北京:中国建筑工业出版社, 2002.
[4] 公安部天津消防研究所. 建筑设计防火规范:GB 50016—2006. 北京:中国计划出版社, 2006.
[5] 张自杰. 排水工程:第4版. 北京:中国建筑工业出版社, 2000.
[6] 中国建筑工业出版社. 现行建筑结构规范大全(修订缩印本). 北京:中国建筑工业出版社, 1999.
[7] 郭正. 环境工程施工与核算. 北京:中国环境科学出版社, 2005.
[8] 张雄. 建筑功能材料. 北京:中国建筑工业出版社, 2002.
[9] 周新刚. 混凝土结构的耐久性与损伤防治. 北京:中国建材工业出版社, 1999.
[10] 张小平, 包承纲. 环境岩土工程中废弃物的处理及利用现状. 水利水电科技进展, 2000(8):65-69.
[11] 丁亚兰. 国内外废水处理工程设计实例. 北京:化学工业出版社, 2000.
[12] 黎青松, 郭祥信. 城市生活垃圾填埋场封场技术. 环境卫生工程, 1999, 7(2):45-48.
[13] GB/T 50001—2017.
[14] GB/T 50002—2013.
[15] GB/T 50105—2010.
[16] GB/T 50531—2009.